国家"十三五"重点图书出版规划项目

常 青 主编 | 城乡建成遗产研究与保护丛书

U0324551

建筑遗产保护思想的演变

THE EVOLUTION
OF ARCHITECTURAL HERITAGE
CONSERVATION
THEORY

陈曦 著

同济大学 出版社

TONGJI UNIVERSITY PRESS

图书在版编目(CIP)数据

建筑遗产保护思想的演变/陈曦著.--上海:同
济大学出版社,2016.12
(城乡建成遗产研究与保护丛书/常青主编)
国家"十三五"重点图书出版规划项目
ISBN 978-7-5608-6580-5

Ⅰ.①建⋯ Ⅱ.①陈⋯ Ⅲ.①建筑－文化遗产－保护
－研究－中国 Ⅳ.①TU-87

中国版本图书馆 CIP 数据核字(2016)第 256324 号

国家自然科学基金青年科学基金项目
"国际建筑遗产保护思想的演进及其本土化研究"资助(51508361)

城乡建成遗产研究与保护丛书

建筑遗产保护思想的演变

陈 曦 著

策划编辑 江 岱 责任编辑 罗 璇 责任校对 徐春莲 封面设计 张 微

出版发行 同济大学出版社 www.tongjipress.com.cn

     (地址:上海市四平路1239号 邮编:200092 电话:021－65985622)

经 销	全国各地新华书店
印 刷	上海安枫印务有限公司
开 本	787mm×960mm 1/16
印 张	17
字 数	340000
版 次	2016 年 12 月第 1 版 2019 年 8 月第 2 次印刷
书 号	ISBN 978-7-5608-6580-5
定 价	88.00 元

总　序

国际文化遗产语境中的"建成遗产"（built heritage）一词，泛指历史环境中以建造方式形成的文化遗产，其涵义大于"建筑遗产"（architectural heritage），可包括历史建筑、历史聚落及其他人为历史景观。

从历史与现实的双重价值来看，建成遗产既是国家和地方昔日身份的历时性见证，也是今天文化记忆和"乡愁"的共时性载体，可作为所在城乡地区经济、社会可持续发展的一种极为重要的文化资源和动力源。因而建成遗产的保护与再生，是一个跨越历史与现实、理论与实践，人文、社会科学与工程技术科学的复杂学科领域，有很强的实际应用性和学科交叉性。

显然，就保护与再生而言，当今的建成遗产研究，与以往的建筑历史研究已形成了不同的专业领域分野。这是因为，建筑历史研究侧重于时间维度，即演变的过程及其史鉴作用；建成遗产研究则更关注空间维度，即本体的价值及其存续方式。二者在基础研究阶段互为依托，相辅相成，但研究的性质和目的已然不同，一个主要隶属于历史理论范畴，一个还需作用于保护工程实践。

追溯起来，我国近代以来在该领域的系统性研究工作，应肇始于 1930 年由朱启钤先生发起成立的中国营造学社，曾是梁思成、刘敦桢二位学界巨擘开创的中国建筑史研究体系的重要组成部分。斗转星移 80 载，梁思成先生当年所叹"逆潮流"的遗产保护事业，于今已不可同日而语。由高速全球化和城市化所推动的城乡巨变，竟产生了未能预料的反力作用，使遗产保护俨然成了各地趋之若鹜的社会潮流。这恰恰是因为大量的建设性破坏，反使幸存的建成遗产成为了物稀为贵的珍惜对象，不仅在专业研究及应用领域，而且在全社会都形成了保护、利用建成遗产的价值共识和风尚走向。但是这些倚重遗产的行动要真正取得成功，就要首先从遗产所在地的实际出发，在批判地汲取国际前沿领域先进理念和方法的基础上，展开有针对性和前瞻性的专题研究。唯此方有可能在建成遗产的保护与再生方面大有作为。而实际上，迄今这方面提升和推进的空间依然很大。

与此同时，历史环境中各式各样对建成遗产的更新改造，不少都缺乏应有的价值判断和规范管控，以致不少地方为了弥补观光资源的不足，遂竞相做旧造假，以伪劣的赝品和编造的历史来冒充建成遗产,这类现象多年来不断呈现泛滥之势。对此该如何管控和纠正,也已成为城乡建成遗产研究与实践领域所面临的棘手挑战。

总之,建成遗产是不可复制的稀有文化资源,对其进行深度专题研究,实施保护与再生工程,对于各地经济、社会可持续发展具有愈来愈重要的战略意义。这些研究从基本概念的厘清与限定,到理论与方法的梳理与提炼;从遗产分类的深度解析,到保护与再生工程的实践探索,需要建立起一个选题精到、类型多样和跨学科专业的研究体系,并得到出版传媒界的有力助推。

为此,同济大学出版社在数载前陆续出版"建筑遗产研究与保护丛书"的基础上,规划出版这套"城乡建成遗产研究与保护丛书",被列入国家"十三五"重点图书。该丛书的作者多为博士学位阶段学有专攻,已打下扎实的理论功底,毕业后又大都继续坚持在这一研究与实践领域,并已有所建树的优秀青年学者。我认为,这些著作的出版发行,对于当前和今后城乡建成遗产研究与实践的进步和水平提升,具有重要的参考价值。

是为序。

同济大学教授、城乡历史环境再生研究中心主任
中国科学院院士

丁酉正月初五于上海寓所

目 录

前言 为什么研究保护思想史

哲学所关怀的并非是思想本身，而是思想与客体的关系，故而它既关怀客体，又关怀着思想。

——科林武德（Robin Georg Collingwood）[1]

建筑遗产保护的历史充满了矛盾和悲剧色彩。保护主义者和修复建筑师们往往陷入了自身话语的迷宫，连拉斯金（John Ruskin）这样坚定的保护主义旗手在晚年也陷入了自己学说的谵妄。1882 年 10 月 18 日，他在日记中写下了这样辛辣的一笔："昨晚睡得不好，我在梦中向维奥莱特-勒-杜克（Eugène Emmanuel Viollet-le-Duc）作介绍。可是他不愿和我说话。"[2] 令人惊讶的是，这位顽固的诗人居然也对他的敌人心生叹服，对《建筑词典》（*Dictionnaire raisonné de l'architecture française du XIe au XVIe siècle*）完全不吝啬赞美之词，早已忘记 11 年前他对这本书的不屑。实际上，建筑保护史上每一位大师都充满了争议，这与它的近邻建筑学形成了鲜明的对比。这种差异源自于他们与历史对话的不同方法：建筑师们可以骄傲地宣称我创造了历史、我在向历史致敬，而修复建筑师们只能唯唯诺诺地说，我回归了历史，而他们所身处的时代早已使这种回归成为一厢情愿的想法。正是这种根本上的矛盾造成了斯科特（Sir George Gilbert Scott）、维奥莱特-勒-杜克等建筑师实践与意识上的疏离，以及普金（A. W. N. Pugin）、拉斯金、博伊托（Camillo Boito）、乔瓦诺尼（Gustavo Giovannoni）、里格尔（Alois Riegl）等理论家思想上的困境，甚至现代保护思想的成熟表现——《雅典宪章》《威尼斯宪章》也充满争议。

保护思想史是一部在重重矛盾中寻求理性的历史：看待历史的理性、审美的理性、价值的理性、方法的理性。但是它却在成熟的过程中离它的初衷越来越远。今天的建筑保护要么是蜷缩进实验室，成为专业人士"标本式"的呵护；要么走向街头，成为社会复兴运动的一部分。这两种极端的模式下，建筑，作为人类生活场景的载体，以及具有

---

[1] 科林武德.历史的观念[M].何兆武,张文杰,译.北京:商务印书馆,1999:3.

[2] 罗宾·米德尔顿.新古典主义与 18、19 世纪建筑[M].北京:建筑工业出版社,2000:385.

诸多价值的实体必须要被人们评判和选择。而这种与历史对话的过程必然是主观和善变的。所以,保护这件事本身就充满了历史的悖论和不确定性。保护的历史何尝不是一部批判的历史,只不过它被解读得太少。这也是本书写作的初衷。

由于对保护思想缺乏批判的阅读,尤其缺乏对保护主义者以及修复建筑师自身历史性的认知,因此,保护上的难题往往是陷入了无限循环的怪圈。例如,英国保护学者约翰·厄尔(John Earl)在《建筑保护哲学》(*Building Conservation Philosophy*)一书的开篇就发问:"我们如何定义纪念物或历史建筑? 为什么有的建筑要区别对待? 又该如何对待? 为什么我们希望保护而不仅仅是维护? 这种动机又是如何影响实践的? 是不是所有的历史构件都需要被不计代价地保存起来?"[①]

这些疑问一直重复出现在建筑遗产保护进程中,维奥莱特-勒-杜克在 1854 年的《论修复》(*Restoration*)一文中,就这样设问:"为了风格的统一性,在修复时可以不考虑该建筑后来的改动吗? 是否一栋建筑就应该精确地修复到它原初的风格、原初的状态? 后来的改动怎么办?"[②]在经历了 18、19 世纪保存与修复针锋相对的论战之后,这些答案似乎在二战后的一系列国际宪章中被盖棺定论,但是今天这些答案又被重新审视,萨尔瓦多·穆尼奥斯·比尼亚斯(Salvador Muñoz Viñas)在《当代保护理论》(*Contemporary Theory of Conservation*)一书中,再次发问:"哪些意义塑造了保护对象? 应该如何看待真实和客观性的式微? 真实性、可逆性在今天遭到了怎样的批判?"[③]

本书并不是要重复和回答这些关于保护的问题,而是要讨论在不同的时期人们提出各种观点和理论背后的原因。这些保护思想或者说伦理,折射的是不同时期、不同的文化背景下,不同社会群体的人们对过去和当下的看法、对古迹的态度、对于技术措施的选择。岁月流逝,一切看似坚固的"答案"都会烟消云散,我们只有尝试去理解这种历史演进的逻辑。历史不是一条连续的线,而是若隐若现的,它受到决定价值的各种主观因素的制约。

18 世纪,伴随着着启蒙运动,诞生了现代保护意识。首先,启蒙时代形成新的时间观念,人们普遍接受了过去与今天是有距离的观念,因此,便可以将过去视为研究的客体,而遗产成为了具有现实意义的媒介;其次,启蒙诞生了民族国家的观念,因此遗产的保护成为了身份认同的一种方式;第三,启蒙理性所形成的选择、分类、分级等手段最终成为保护准则可以执行下去的技术保障。从此,建筑遗产的保护开始具有现代性,也可

① EARL J. Building conservation philosophy [M]. Shaftesbury: Donhead Publishing. 2003: 1.

② VIOLLET-LE-DUC E-E, Restoration [G]//PRICE N S, TALLEY M K, VACCARO A M. Historical and philosophical issues in the conservation of cultural heritage. Los Angeles: Getty Conservation Institute. 1996: 314.

③ VIÑAS S M. Contemporary theory of conservation [M]. Oxford: Butterworth-Heinemann. 2004: 91.

以说理性存在的基础。但是这个时期人们认为遗产是为今天所用的,人们对历史信手拈来又随意组合,这种思想下的保护实践必然矛盾地背弃历史,拥抱未来。

在法国大革命时期和工业革命时期,"破坏"——无论是善意的修复抑或是野蛮的拆除,都以一种非理性的姿态摧毁了很多的建筑遗产。对建筑遗产的保护前所未有地成为了争论的焦点。修复与反修复的论战持续了一个多世纪。然而,正如马克思所说:"在这些战斗中,使死人复活是为了赞美新的战斗,而不是勉强模仿旧的斗争……是为了再度找到革命的精神,而不是为了让革命的幽灵重新游荡起来。"①人们对于建筑遗产的珍视,是出于"此时此地"的选择。而这种选择开始是盲目的,因此人们淹没在历史的符号海洋中,"修复"与"拼贴"一样,昭示了19世纪艺术令人悲观又充满希望的特质。在这样的语境中,保护思想逐渐认识到"修复"的反历史本质,开始不再纠结于对形式的选择。在英国,以古建筑保护协会(The Society for the Protection of Ancient Buildings,SPAB)发表建会宣言为标志,在法国,以国家遗产概念的确立为标志,保护思想逐渐明晰过去是我们走到今天必须穿越的一条路,但是它并不能成为模仿的对象。保护者们的矛盾在于他们试图将建筑遗产奉上神坛,这种悬置的手法是无法延续历史的,只是给今天的人们以历史的重负。

现代主义的建筑师们敏锐地感受到这种压力,于是他们强烈地对抗着历史,柯布西耶说:"然而,终有一天事物会消逝,这些在'蒙索'的公园变成被精心照料的墓园。人们在这里受教育,生活并憧憬未来:历史不再是一种对生活的威胁,历史语境找到了自己的归宿。"②为了对抗现代主义带来的巨大冲击,保护思想成为了捍卫历史延续性的一处壁垒。建筑遗产也重新担负起阐明历史意义的使命。但与启蒙时代人们随心所欲地从过去吸收各种形式进行拼贴不同,建筑遗产成为了现实空间结构的一部分,它的物质属性得到固化,而它的场所精神开始得到承认。

二战以后,建筑遗产保护思想的演进不断以系列国际法规和宪章的形式体现。在哲学界开始对启蒙以来的理性吊诡进行批判之后,遗产保护也开始被反思,人们开始关注与自然的关系、历史城镇的整体保护、人类学意义上的多样性、保护主体的转换以及可持续性发展等一系列议题,并且开始讨论遗产保护范式的转移。建筑遗产不再是以自我为中心的客体,而是在与公众的互动过程中调整自己的价值。而矛盾在于,这种调整的容忍范围和限制边界究竟在哪里。

纵观建筑遗产保护的思想发展历程,有这样一条隐隐约约的线索:人们总是在与历史不断对话的过程中,重新定义遗产,重新选择处置遗产的方式。与历史的对话的不同

---

① 曼弗雷多·塔夫里.建筑学的理论和历史[M].郑时龄,译.北京:中国建筑工业出版社,2010:23.
② 柯布西耶.明日之城市[M].李浩,译.北京:中国建筑工业出版社,2009:257.

方式,体现了不同时期人们的历史观念、审美意愿以及当下的抉择,这正是人们追求价值理性的过程。另一方面,人们将这种哲学上的对话在实践中实现,造成了很多问题,这些经验和教训反过来刺激人们重新思考应该如何看待过去与今天的关系,这便是工具理性的影响。可以将与历史对话的方式分解成两个层面——对价值理性的追求与工具理性的制约,而理性正是保护思想发展背后的逻辑。因此,本书将着眼点落在解释影响保护思想的理性因素以及保护思想最终表现出的理性形式上。

如果说价值理性关注的是"为何保护"的问题,那么工具理性关注于"如何保护"的问题,这二者既是无法分割的整体,也是对一个问题不同层面上的解读。西方近现代保护思想上著名的论战多是因为不同的人,在不同层面上,对保护思想的理性认知的不同表达,所以论战的双方似乎都言之凿凿,都很符合自身的逻辑体系,而二者相遇时,就产生了分歧。本书正是要通过展示这些相互对立的部分,厘清这条"理性的脉络",进一步梳理建筑遗产保护思想的发展轨迹。

对保护思想史的研究,并不是出于猎奇或是要为今天中国所遇到的问题寻找可以直接借用的答案。历史并不是遗址挖掘的现场,也不是光怪陆离的飞地,因此,本书对于保护思想史的研究,是要揭示出人们的保护观念是如何与现实产生联系,从而解答在当代中国的遗产保护运动中,应该如何引导我们的保护思想。

今天中国的建筑遗产保护已经从单一的文物保护进入到多层次的保护体系完善时期。当前国内保护理论的研究重点仍聚焦于对西方保护理论的介绍和对具体的保护措施和方法的研究,如市场经济下的遗产保护政策与策略、遗产保护技术、保护规划设计等。这些对西方保护理论和经验的"移植和应用"确实在国内的保护实践起到了促进作用,但也因"知其然而不知其所以然"产生了很多水土不服的情况。

归纳起来,今天中国建筑遗产保护中存在的问题:一是理论界对国外众多保护理论简单的生硬套用。国内的保护理论起步较晚,理论界在急功近利地引进大量西方保护理论时,往往忽略每种理论所产生的特殊背景,以及它自身的适应性。实际上,不同的文化传统影响着对待建筑遗产不同的价值观,不同的社会群体对待建筑遗产也有着不同的价值评判,不同的保护技术水平也制约着保护策略的选择。二是实践中原搬照抄保护制度、方法和保护案例,但是缺乏深入地研究,没有深刻理解西方这些案例或者法规成形的时代背景和原因,也没有将其置于中国特定地域、特定文化背景下进行考量,造成当前建筑遗产保护中莫衷一是、彼此冲突的方法层出不穷,也使得西方的做法在中国水土不服甚至适得其反。因此,有必要将西方理论的产生背景和发展逻辑梳理清楚,同时将这种逻辑在中国的语境中进行比较和反思,从而试图得出中国建筑遗产保护的问题和未来的走向。

第 1 章 "建筑遗产"是什么？

1.1 "建筑遗产"的定义

本书研究对象为近现代西方的建筑遗产保护思想。该思想诞生于启蒙时代,成长于双元革命时期①,成熟于第二次世界大战前后,反思于 20 世纪末至今。对于思想的研究,首先是对思想所依附的主体的概念明确,也即对"建筑遗产"和"建筑遗产保护"的定义和时空范围的明确。

"建筑遗产"(architectural heritage)概念的形成本身就有着长时间的铺垫。有一些核心概念直接影响了它的形成,包括"纪念物""纪念性建筑""废墟""古建筑""历史建筑",等等。这些对保护对象的定义或在某一历史阶段彻底取代"建筑遗产"的概念,或在某历史阶段出现,从而扩展了"建筑遗产"的领域,又或者相互叠加、相互影响。因此,有必要将这些概念的来龙去脉以及与"建筑遗产"的关联加以阐述。

1. 纪念物/历史纪念物

希腊词"纪念物"(monument, μγημετογ),源自记忆(mneme),相应的拉丁文"monumentum",源自"moneo",意为"提醒"或者"警告",与政权象征和国家意象有关。②

18 世纪,伴随着启蒙运动诞生了现代保护意识,"纪念物"开始有了"遗产"所具有的"承前启后"的涵义。1709 年希尔姑兰城(Herculaneum)和 1755 年古罗马庞培城(Pompeii)的成功发掘,使得人们在惊叹古代人类文明成就的同时,开始思索自己与历史的关系,人们认识到当下是历史合理发展的结果,并由此开始从人类学、考古学各种角度探索这种演变的科学规律。"历史哲学"秉承伏尔泰,他认为历史研究是为了人类的自我认知而对人类过去的行为所做的科学性研究或探索。③ 正因为史观的变化,"历史纪念物"才开始逐渐有了"遗产"所具有的"继承"涵义。

---

① 双元革命(dualrevolution),指 1789 年的法国大革命和同时期发生的(英国)工业革命,时间跨度大约为 1789—1848 年。该定义参考英国历史学家艾瑞克·霍布斯鲍姆(Eric Hobsbawm)的《革命的年代：1789—1848》(*The Age of Revolution：1789-1848*)一书。

② JOKILEHTO J. A history of architecture conservation [M]. Oxford：Butterworth-Heinemann, 2002：4.

③ 科林武德. 历史的观念[M]. 何兆武,张文杰,译. 北京：商务印书馆, 1999：125.

到了19世纪晚期,学者们认识到过去的文化并非只能通过物质形式来展现,它们应该反映在现在的生活中。萨米亚·拉布(Samia Rab)总结道:"18世纪,任何人类的创造、建筑物与艺术品都是人类展现过去行为、时间的一部分,这些都可以为认定为'纪念物',我们同时也要看到许多19世纪的建筑师发现了纪念物特有的一面,就是其符号价值。"①这个时期,针对纪念物的保护活动有:1818年,黑塞大公国(Hesse)颁布登记和保护纪念物(monument)的法律,其他普鲁士联邦开始效仿;1834年,第一部希腊古代纪念物(ancient monument)立法诞生(1899年重新编写和实行);1837年,法国设立历史纪念物(Historical Monument)委员会,历史纪念物被确定为3种类别,即古代遗迹、中世纪宗教建筑和一些宫殿建筑;1882年首部英国古代纪念物(ancient monument)条例颁布,68个纪念物名列其中。条例宣布纪念物是公共财产,但对私人所有者没有强制要求;1887年,法国"历史纪念物1887年3月30日法律"颁布,确定了国家对2 200个目录内古典纪念物(monuments classés)拥有征用的权利,等等。(详见附录C)

奥地利艺术史家里格尔对"纪念物"的定义:"纪念物是一种最古老,也是最原始的概念,一种人类为了特殊目的而创造矗立的对象,能够让下一代的人们心中留下某一个人的功绩或者是事件。"②然而法国学者弗朗索瓦丝·肖依(Françoise Choay)指出,1960年以后,因为遗产的范围随着时空疆域的扩展,"历史纪念物"仅仅指代了某部分遗产。③

2. 废墟

"废墟"(ruins)概念在皮拉内西的作品(图1-1)和英国18世纪风行的"如画美学"(图1-2)中得到体现,反映一种追求自然的生活哲学。历史学家伍德沃德(Christopher Woodward)认为"废"来自人的主观判断,"有人在使用"就"不废",只有人能使构筑物"被废弃"。他认为"废墟不是瓦砾,而是感受,是意境。同一废墟在不同人眼中,意义完全不同。"④可见,"废墟"的概念与当下的主观感受密不可分,这与当代对遗产场所精神的重视是一致的。"废墟"对推动英国的保护哲学起到了十分关键的作用。与法国对纪念物塑造国家形象的追求不同,英国的浪漫主义思想推崇"废墟"的美学。而"废墟"那种自然衰老的状态正是广大"建筑遗产"历经沧桑的表现。正因为"废墟"的美学得到了艺术上的肯定,"建筑遗产"不经修饰的残破美才会成为可接受的状态。而没有经历过这种美学熏陶的其他国家,自然也很难接受不经修复的"建筑遗产"。"废墟"包括单体建筑、建筑群、遗址甚至景观,因此它的概念与"建筑遗产"有重合,但又更加宽泛。

① RAB S. The "monument" in architecture and conservation - theories of architectural significance and their influence on restoration, preservation, and conservation [D]. Georgia Institute of Technology, 1997: 8.

② 陈平. 李格尔与艺术科学[M]. 杭州:中国美术学院出版社, 2002: 315.

③ CHOAY F. The invention of the historic monument [M]. Cambridge University Press, 2000: 83.

④ WOODWARD C. In ruins [M]. Pantheon, 2002: 26.

图 1-1 皮拉内西所绘制的废墟

图 1-2 理查德·威尔森（Richard Wilson）《喀那芬城堡》（*Caernarvon Castle*，1765—1766）

图 1-3 约克水门

3. 历史建筑/古建筑/老建筑

1874，英国旧伦敦遗迹摄影协会开始工作，他们记录了老建筑（old building）的损坏状况。19 世纪晚期，"历史建筑"（historic building）概念的出现将这种对老建筑的关注落实成为了对其价值的理性认识，这个词的出现是现代保护思想的体现。1897 年，伦敦郡议会（London County Council，LCC）召开会议，要求统计伦敦历史建筑名录，这是由 1893 年约克水门（York Water Gate）（图 1-3）濒临损毁事件引发的。"历史建筑"关注的是状况堪忧、值得关注的建筑，其与同时期"古建筑保护协会"（Society for the Protection of Ancient Buildings，SPAB）提出的"古建筑"（ancient building）的概念类似，开始具有法定身份。SPAB 的宣言中，古代建筑是指"任何具有美学的、如画的、历史、古韵等重要特征的建筑"。①

"历史建筑"将"古建筑""老建筑"的概念推进一步，也更加接近"建筑遗产"的概念，因为它强调建筑物的历史以及美学上的价值，将只具有客观时间属性的"老建筑""古建筑"纳入到现代价值体系中。

4. 建筑遗产

"建筑遗产"（architectural heritage）这个词直到 20 世纪 70 年代才诞生。1986 年版的《柯林斯英语词典》把遗产定义为"由过去传承至今，或根据传统而传承的事物"，并且能起到"过往之证言"的作用。"建筑遗产"在 1975 年欧洲议会部长委员会通过的《关于建筑遗产的欧洲宪章》中首次出现，其中包括"纪念物""建筑群"和"遗址"。

"纪念物""废墟"或"历史建筑"都是基于不同价值判断对历史构筑物的定义，这些概念对保护界产生了深远的影响。正如肖依指出，1960 年以后，因为遗产的范围随着时空疆域扩展，"纪念物"仅能指代某部分遗产。同样"废墟"和"历史建筑"也不能涵盖有价值的历史构筑物的全部，但是它们夯实了"建筑遗产"存在的理论基础；它们提出的各种价值

---

① MIELE C. From William Morris：building conservation and the arts and crafts cult of authenticity，1877-1939 [M]. Yale University Press，2005：338.

丰富了"建筑遗产"所涉及的范围;它们确立了多种价值判断的合理性;对人们理解建筑遗产历时性、开放性的本质也有所启发。基于这些定义,"建筑遗产"在进一步完善发展,它是一个当代概念,更具有理性的框架组成、严密的范畴界定和高度的可操作性等特点。

1.2 研究时空的界定

建筑遗产保护思想的发展历经了 200 余年,从争论期到共识期,再到反思期,逐步建立起了成熟的理论框架体系,涉及的国家众多,而本书主要聚焦于修复与保护思想交锋最激烈的英法两国进行讨论。建筑遗产的保护思想始于启蒙时期,但是现代历史观念的铺陈其实要早至文艺复兴时期。本书将采取这样两个坐标轴,一条是以遗产保护实践特征所划定的年代表,一条是相关的思想发展的时间表,从中将可以看到这种实践与思想之间的互动关系。现代保护、修复实践有以下 5 个阶段。

(1) 18 世纪中期到 19 世纪 40 年代:这是破坏与随意修复大行其道的时期,关键历史事件为英国教堂修复运动以及 1789 年爆发的法国大革命。活跃的建筑师主要是地方建筑师,也包括了詹姆斯·埃塞克斯(James Essex,1722—1784)、怀亚特(James Wyatt,1746—1813)、阿特金森(William Atkinson,1773—1839)等知名建筑师,他们按照流行的风尚来进行随意的改建。

(2) 19 世纪 40 年代到 90 年代为第二阶段:这是风格性修复在争议声中如火如荼进行的年代,标志事件包括了英法两国重要教堂的修复,如维孜莱教堂、巴黎圣母院、威斯敏斯特教堂等。活跃的修复建筑师包括了萨尔维(Anthony Salvin,1799—1881)、乔治·吉伯特·斯科特爵士(Sir George Gilbert Scott,1811—1878)、维奥莱特-勒-杜克(Eugène Emmanuel Viollet-le-duc,1814—1897)等巨擘,他们试图恢复这些教堂的历史形象。该阶段以斯科特的去世和维奥莱特-勒-杜克不再从事修复工作作为尾声。

(3) 19 世纪 90 年代到二战之前为第三阶段:这是反修复终于战胜修复,保护成为主流的实践策略的时间段。重要的保护实践包括菲利普·韦伯(Philip Webb,1831—1915)对圣玛丽教堂的修复,雅典卫城于 1898 年开始的修复也是这一阶段的重要历史事件,而其遭受的广泛质疑也证明了人们在这一时期对保护的共识。此时保护的热潮在意大利、德国等国家也兴起。

(4) 1945 年二战结束后到 20 世纪中期,这是战后保护与大规模修复的时期。风格之争不再是修复问题的关键,建筑遗产被置于更加广阔的城市文脉中去考量。意大利的保护与修复思想在实践中不断总结和验证。重要的保护案例包括了圣凯拉教堂的修复和圣洛伦佐教堂的修复。

(5) 20 世纪 90 年代直到今天,这是广义保护时期,国际社会对保护的认识有了新的提高,对重点建筑的保护、修复也不断进行国际间的讨论,例如巴黎圣母院的保护、柬埔寨吴哥窟的国际援修、德累斯顿教堂的重建、北京故宫的保护,等等。不同地域的建筑遗产,因为其文化特殊性在实践上有着不同的表现。

另外一条线索是保护思想的发展线索,这条时间轴更加隐蔽和灵活,大致经历了以下 6 个阶段。

(1) 铺垫时期:18 世纪前主要节点是启蒙运动之前。从文艺复兴以来,人们开始意识到过去与现在的距离感,古色概念业已深入人心,但保护与改造的边界并不存在,因此现代的保护意识尚未出现。相邻领域的思想家包括阿尔伯蒂(L. B. Alberti,1404—1472)、托马斯·贝内特(Thomas Burnet,1635—1715)、夏尔·佩罗(Charles Perrault,1628—1703)等等。

(2) 萌芽时期:18 世纪初到 19 世纪初。在此阶段,历史被看作是理性发展过程,历史纪念物的保护成为了塑造民族国家身份的必要手段。至此,现代保护意识正式诞生了,主要的思想家包括了温克尔曼(Johan Joachin Winckelmann,1717—1768 年)、维科(Giovanni Battista Vico,1668—1744)、葛里高利神父(Henri Grégoire,1750—1831)等等。

(3) 论战时期:19 世纪 30 年代到 80 年代的 50 年间。人们对过去产生了同情和羡慕的复杂情感。修复与反修复的争论在这个阶段达到了高潮,参与的思想家很多,包括普金(A. W. N. Pugin,1812—1852)、弗里曼(E. A. Freeman,1823—1892)、拉斯金(John Ruskin,1819—1900)、莫里斯(William Morris,1834—1896)等等,斯科特和维奥莱特-勒-杜克也在为自己的修复辩解。这一阶段以 SPAB 的宣言为尾声。

(4) 成熟时期:19 世纪末到 20 世纪 30 年代。在这一时期,保护思想走向了成熟,标志性实践包括 SPAB 公布《操作指南》(Guidelines)指导实践,以及奥地利艺术史学家阿洛伊斯·里格尔阐述了对价值的解析。而意大利的卡米洛·博伊托(Camillo Boito,1836—1914)、乔瓦诺尼也将科学性修复纳入到理论框架中,1931 年的《雅典宪章》是成熟的保护思想的表现。

(5) 共识时期:20 世纪 30 年代到 80 年代。这一时期,国际社会吸收并以宪章、公约的形式推广了成熟的保护思想。其中切萨雷·布兰迪(Cesare Brandi,1906—1988)的"创造性修复"为《威尼斯宪章》中"真实性""完整性"的概念提供了重要参考。1972 年的《保护世界文化与自然遗产公约》说明国际社会已经普遍认识了遗产保护的重要性。

(6) 反思时期:20 世纪 80 年代到今天。随着越来越多的议题被列入保护的理论范畴中,人们认识到建筑遗产保护的重点已经从对古迹和遗址的保护转向接受文化的可持续发展,并认为这是保持传统延续的重要手段。参与的思想家都是今天活跃在保护理论界的人士,包括贝纳德·费顿爵士(Sir Bernard Feilden,1919—2008)、保罗·菲利波(Paul Philippot,1925—2016)、弗朗索瓦丝·肖依(1925—)、尤卡·约基莱赫托(Jukka Jokilehto,1938—)等等。

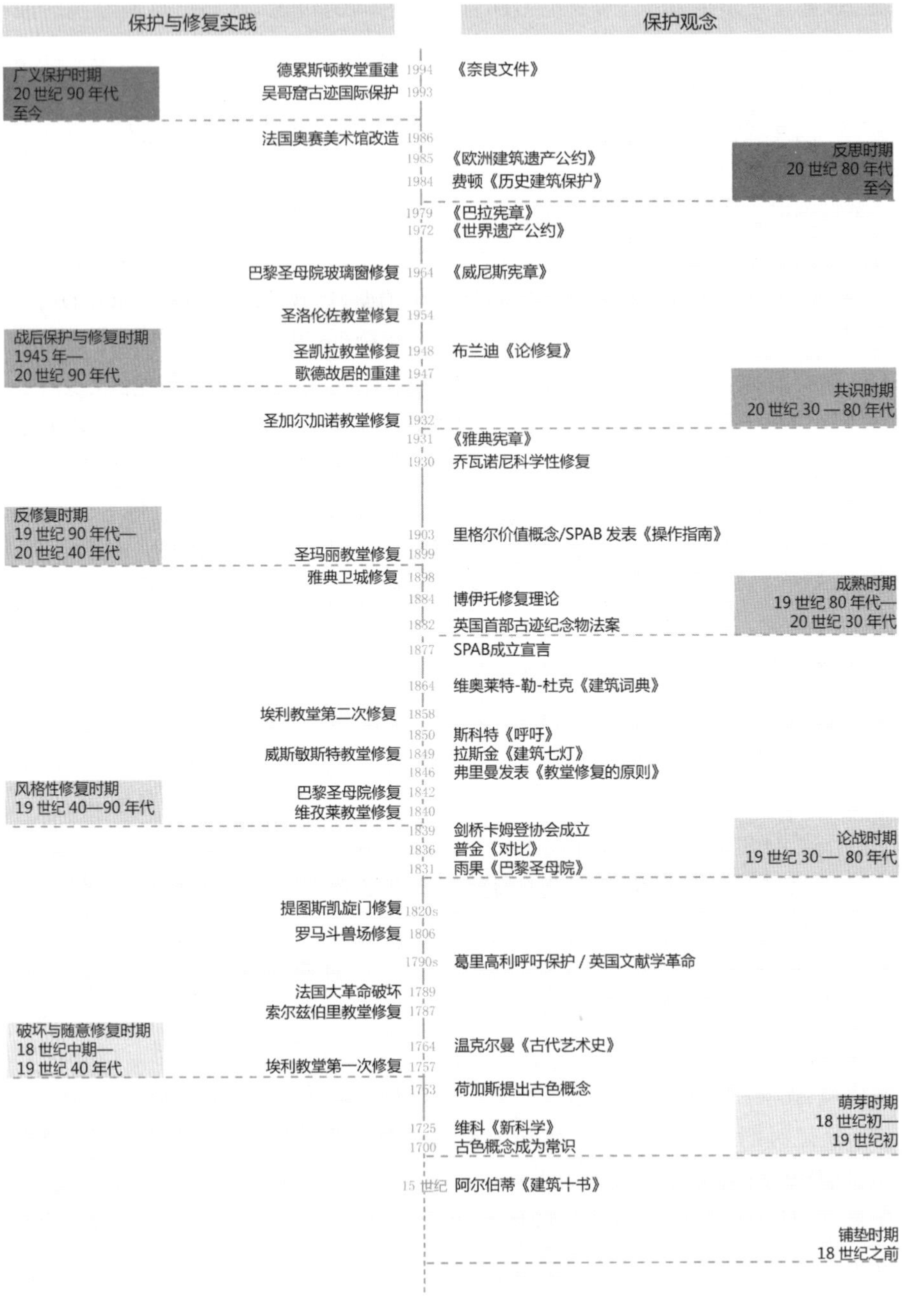

保护与修复实践		保护观念

广义保护时期 **20 世纪 90 年代** **至今**	德累斯顿教堂重建 1994 吴哥窟古迹国际保护 1993	《奈良文件》
	法国奥赛美术馆改造 1986	
	1985 1984	《欧洲建筑遗产公约》 · · · · **反思时期** 费顿《历史建筑保护》 **20 世纪 80 年代** **至今**
	1979 1972	《巴拉宪章》 《世界遗产公约》
	巴黎圣母院玻璃窗修复 1964	《威尼斯宪章》
	圣洛伦佐教堂修复 1954	
战后保护与修复时期 **1945 年—** **20 世纪 90 年代**	圣凯拉教堂修复 1948 歌德故居的重建 1947	布兰迪《论修复》
		共识时期 **20 世纪 30—80 年代**
	圣加尔加诺教堂修复 1932	
	1931 1930	《雅典宪章》 乔瓦诺尼科学性修复
反修复时期 **19 世纪 90 年代—** **20 世纪 40 年代**	1903	里格尔价值概念/SPAB 发表《操作指南》
	圣玛丽教堂修复 1899	
	雅典卫城修复 1898	
	1884	博伊托修复理论 **成熟时期** **19 世纪 80 年代—**
	1882	英国首部古迹纪念物法案 **20 世纪 30 年代**
	1877	SPAB成立宣言
	1864	维奥莱特-勒-杜克《建筑词典》
	埃利教堂第二次修复 1858	
	威斯敏斯特教堂修复 1850 1849	斯科特《呼吁》 拉斯金《建筑七灯》
风格性修复时期 **19 世纪 40—90 年代**	巴黎圣母院修复 1842 维孜莱教堂修复 1840	弗里曼发表《教堂修复的原则》
	1839 1836 1831	剑桥卡姆登协会成立 普金《对比》 **论战时期** 雨果《巴黎圣母院》 **19 世纪 30—80 年代**
	提图斯凯旋门修复 1820s	
	罗马斗兽场修复 1806	
	1790s	葛里高利呼吁保护 / 英国文献学革命
	法国大革命破坏 1789 索尔兹伯里教堂修复 1787	
破坏与随意修复时期 **18 世纪中期—** **19 世纪 40 年代**	埃利教堂第一次修复 1757	温克尔曼《古代艺术史》
	1753	荷加斯提出古色概念
		萌芽时期 **18 世纪初—**
	1725 1700	维科《新科学》 **19 世纪初** 古色概念成为常识
	15 世纪	阿尔伯蒂《建筑十书》
		铺垫时期 **18 世纪之前**

图 1-4　保护、修复实践与保护观念的互动关系

从图 1-4 就可以看到思想与实践之间的互动关系。首先,思想总是领先于保护实践,这也是理论应用于实践的一般规律:譬如,在现代保护思想萌芽快接近尾声的时候,主流的实践还是盲目的修复;在论战时期,雨果的《巴黎圣母院》发表 10 年之后,维奥莱特-勒-杜克才开始在维孜莱进行他的修复实践;保护思想在 19 世纪 80 年代成熟,而保护的策略在 20 世纪初才逐渐成为实践主流;而当《巴拉宪章》在 1979 年公布之后十余年,当代的保护实践才逐渐意识到文化意义以及保护所需要的政策体系支撑。

其次,实践和思想之间明显有一种相互促进的关系,每一次保护思想的演变,都是对之前实践问题的反思。譬如论战时期的初期是对之前破坏与随意修复恶果的纠正,而论战的中后期是对风格性修复问题的争论;保护思想的成熟是对之前风格性修复问题的总结;成熟时期后期形成的《雅典宪章》是对反修复时期仍然出现的一些问题,例如雅典卫城修复中暴露出的问题的总结;而当代对保护思想的反思更是基于对二战后大规模修复、重建、城市复兴问题的总结。

总之,思想与实践总是在同步发展,思想总是领先于实践,而实践中产生的问题、得到的经验也在反哺着思想的进一步发展。如果说尤卡的《建筑保护史》(*History of Architecture Conservation*)着重在保护实践史料以及保护思想的梳理和归纳,那么本书主要关注于保护思想的表现以及其所产生的原因。

与时间范围相对应的,就是空间范围的确定。对于保护思想萌芽和成熟时期,本书主要聚焦于修复与保护思想交锋最激烈的英法两国进行讨论。按照比尼亚斯的归纳,盎格鲁—撒克逊国家(英国)和地中海、拉丁语系国家(法国、意大利、西班牙等)对保护的概念是不同的。在意大利语、法语和西班牙语等语言组成的拉丁语系中,广义保护可以直接被译作"修复",如法语用 restauration,意大利语用 restauro,西班牙语用 restauración;而在英语中一般以 conservation 作为广义保护,以 preservation 作为狭义保护。[①] 本书选取了这两类国家的代表:英国和法国进行重点讨论。而在保护思想成熟及反思阶段,更多的国家参与到国际保护宣言宪章的制定过程中,国家的界限也没有那么明确,因此讨论的范围将扩展至意大利、德国、美国等国家。

1.3 已有研究综述

1.3.1 建筑遗产保护历史框架(欧洲部分)的形成

对于建筑遗产保护历史的研究,已经形成一个比较完整的框架,这主要归功于芬兰学者尤卡·约基莱赫托归纳整理的《建筑保护史》一书。这本书依托于他于 1986 年在

---

① VIÑAS S M. Contemporary theory of conservation [M]. Oxford: Butterworth-Heinemann. 2004: 16.

英国约克大学所提交的博士论文《建筑保护史——英国、法国、德国、意大利的思想是如何影响国际文化遗产保护方法的形成》(*A History of Architecture Conservation*: *The Contribution of English*, *French*, *German and Italian Thought towards an International Approach to the Conservation of Cultural Property*)。对于这本书,台北艺术大学邱博舜教授这样评论:"几乎是西欧保存历史发展的唯一的英文著作……全书取材丰富广博,信然有征,可说是西欧建筑保存历史的代表性著作。"

爱丁堡大学建筑遗产保护系的教授迈尔斯·格兰丁(Miles Glendinning)在《保护运动:建筑保护的历史:古迹到现代性》(*The Conservation Movement*: *A History of Architectural Preservation*: *Antiquity to Modernity*)一书中,同样介绍了从古典时代到当代的欧洲保护历程。格兰丁比较关注遗产运动与欧洲现代化进程的关系,他没有像尤卡一样,对于保护、修复的工程进行具体的描述,而是将保护运动置于了更加广阔的政治、文化、社会语境中。譬如说早期保护运动与民族国家之间的关联,尤其是在德语地区国家,这种关联性更加明显。二战后的详细介绍,也是该书不同于《建筑保护史》的一个方面。

如果说尤卡和格兰丁的著作是以年代为线索,构建了欧洲保护的历史,那么以下几位作者的贡献就是关注不同的主题,丰富这段历史。

在尤卡之前,1983年宾夕法尼亚大学的乔治·斯卡米斯(George Skarmeas)也提交了他的博士论文《对于建筑保护理论的分析:从1790年到1975年》(*An Analysis of Architectural Preservation Theories*: *From 1790 to 1975*)。这篇论文通过梳理英国、法国、意大利保护历程中重要的人物,大致勾勒了保护理论的发展和影响。比较新颖的是以图示的方式辨析保护领域中的专有名词(附录B),他首先假定建筑物的自然寿命是一个理想化的抛物线,x轴代表时间,y轴代表建筑的效能。在不同的干预措施下建筑物的状态就会发生变化,以此就可以比较出各种保护行为的效果。

乌得勒支大学保护历史与理论的维·登斯拉金(Wim Denslagen)的《西欧的建筑修复:辩论与延续》(*Architectural Restoration in Western European*: *Controversy and Continuity*)一书,出版于1995年,作者选取英国、法国、德国和荷兰从18世纪末开始的保护案例进行研究,他重点关注斯科特、维奥莱特-勒-杜克、库格勒(Franz Kugler)和韦尔洛(J. VerLoren)这几位活跃在修复实践中的建筑师。维·登斯拉金发现,修复历史建筑并不是如很多文献中描述的那样,是很主观的,它其实是理性选择的结果,很多时候也是唯一的结果;而且将历史建筑的修复视作历史史料的保护,也不是20世纪才出现的新观点,它的根源就在18世纪。

加州大学布伦达·席德琴(Brenda Deen Schidgen)的《遗产或邪说——欧洲宗教艺术与建筑的保护与毁坏》(*Heritage or Heresy*: *Preservation and Destruction of Religious Art and Architecture in Europe*),将关注点聚焦在欧洲几次大规模的拆毁与

新建宗教建筑运动上:包括中世纪的拜占庭、17 世纪的新教重组、18 世纪法国大革命的无神论和 20 世纪斯大林主义者的正教清洗,等等。席德琴教授考虑到记忆和悔意在欧洲的保护史上发挥的作用,她认为启蒙催生的政教分离和平等宽容的思想是将自然、文化遗产视作人类共有财富的基础。

1976 年,由尼古拉斯·佩夫斯纳(Nikolaus Pevsner)等著,简·福西特(Jane Fawcett)主编的《过去的未来:从 1174 到 1974 的保护态度》(*The Future of the Past:Attitudes to Conservation 1174-1974*)一书出版。这本书重点关注了英国保护的发展历程,包括尼古拉斯·博尔廷(Nikolaus Boulting)的《法律的延迟:英国保护者的立法》("The Law's Delays:Conservationist Legislation in the British Isles")、佩夫斯纳的《整修与反整修》("Scrape and Anti-scrape")、福西特的《修复的悲剧:18、19 世纪的城堡》("A Restoration Tragedy:Cathedrals in the Eighteenth and Nineteenth Centuries")等文章。佩夫斯纳在《整修与反整修》一文中,对英国的保护历程进行总结。在他的笔下,英国的宗教建筑经历了荒废、翻修、整修(修复)、反整修、保护的几个历史阶段。而他以几个主要的宗教团体和人物为线索,将整修与反整修的矛盾冲突解析为不同立场的学者或建筑师对各自认知的坚持。

国际古迹遗址理事会(ICOMOS,下文简称 ICOMOS)英国名誉主席舍尔班·坎塔库济诺(Sherban Cantacuzino)在欧洲建筑遗产年 1975 年主编的《欧洲的建筑保护》(*Architectural Conservation in Europe*)从城市、乡村、海岸线和教堂四种类型,教育和立法情况几个方面,介绍了欧洲历史建筑保护新的发展。而此时,坎塔库济诺所代表的欧洲的态度已经发生转变,他说:"虽然美学和历史的价值是需要考虑的,但是对一个历史城镇来说,出发点应该是历史的质量和视觉的特征,而社会、经济、甚至生态的问题也是需要考虑在内的,这也是我选择这些类型来展示欧洲的保护活动的初衷。"

关于建筑遗产保护的历史还有很多学者做出了贡献,包括法国学者雷蒙德·罗切尔(Raymond Rocher)的《欧洲建筑与城市遗产概念及其发展》(*Evolution of the Concept of Architectural and Urban Heritage in Europe*)、阿斯特丽兹·斯文松(Astrid Swenson)的《欧洲遗产的政策(1707—2008)》(*The Politics of Heritage in Europe,c.1707-c.2008*),等等。而国内学者从 20 世纪 80 年代开始就纷纷介绍与翻译国外的保护发展历程。如陈志华 1986 年在《世界建筑》杂志上组织的一批文章,翻译了尤卡、费顿的著述。还有如吕舟的《欧洲文物建筑保护的基本趋向》、刘临安的《意大利建筑遗产保护概观》、陆地的《建筑的生与死:历史性建筑再利用研究》、朱晓明的《当代英国建筑遗产保护》、邵甬的《法国建筑、城市、景观遗产保护与价值重现》等,都对欧洲的建筑遗产保护历程进行了介绍和解读。

1.3.2 建筑遗产保护哲学的研究

建筑遗产的保护哲学是一个非常宽泛的命题,前人的建树也很多,大致归纳起来包括了对遗产特征以及价值的思考、对遗产真实性及保护伦理的讨论、不同时空背景下保护观念的差异等等。盖蒂保护研究所(Getty Conservation Institute,下文简称"盖蒂中心")的尼古拉斯·普里塞(Nicholas Stanley Price)、荷兰文化部的艺术史学家塔利(M. Kirby Talley)、罗马中央修复学院的考古学家亚历山德拉·瓦卡罗(Alessandra Melucco Vaccaro)共同编制了《文化遗产保护中的历史和哲学问题》(*Historical and Philosophical Issues in the Conservation of Cultural Heritage*)。这是一本详细介绍文化遗产保护进程中涉及的文化、哲学、艺术议题的书。本书关注保护中富有争议的一些话题:例如,艺术家的初衷、已修复的纪念物的"去修复"、对于宗教对象的处理等。当"文化遗产"逐渐被视为今天的普世价值,反省当前对其保护问题的历史和哲学前提就显得十分必要。如果说文化寻根是该书选取论文篇目的一个重要准则,那么强调对于保护对象更深入全面的理解和基于这种理解给出方法论就是该书的另一重要参考价值。

关于遗产特征及其价值的讨论有很多名著,在《文化遗产保护中的历史和哲学问题》的第一、二章就涉及了此方面的诸多佳作,包括了奥地利艺术史学家里格尔 1903 年出版的《纪念物的现代崇拜——其特征与起源》,拉斯金的《记忆之灯》《哥特的本质》,等等。其中《纪念物的现代崇拜》一文对纪念物的价值进行了深入而系统的阐述[①]。

此外,关于这个命题,法国学者弗朗索瓦丝·肖依 1992 年出版的《历史纪念物的发明》(*The Invention of the Historic Monument*)、佐治亚理工学院的萨米亚·拉布(Samia Rab)1997 年完成的博士论文《建筑和保护中的"纪念物"——它们的重要性以及在修复、保存和保护中的影响》(*The 'monument' in Architecture and Conservation: Theories of Architectural Significance and Their Influence on Restoration, Preservation, and Conservation*)和英国保护学者约翰·厄尔于 1996 年首次出版的《建筑保护哲学》(*Building Conservation Philosophy*),进行了不断的阐释。

肖依追溯了从文艺复兴到 20 世纪,人们对于古代遗存——特别是纪念物的认识是如何改变的,尤其在 19 世纪是如何爆发式地发展。肖依分析了纪念物矛盾的本质:它曾经是资本财富的象征,它也是社会隐忧的症候,在当地社会甚至成了人类价值判断的试金石。基于对纪念物的不同认识,人们对于它的处置方式也产生了各种矛盾。厄尔讨论了纪念物的属性,他认为这是引发人们的保护动机的根本原因。

---

① 卢永毅.原真性、价值说与历史保护的困惑[G]//卢永毅.建筑理论的多维视野.北京:中国建筑工业出版社,2009:267.

纽约大学的内德·考夫曼(Ned Kaufman)2009 年在《地方、种族和故事:历史建筑保护的过去和未来随笔》(*Place Race and Story*:*Essays on the Past and Future of Historic Preservation*)一书中介绍了历史建筑与场所、故事景(storyscape)和种族多样性的关系。

哈佛大学的丹尼·巴塞尔(Diane Barthel)在 1996 年的《历史保护:集体记忆和历史身份》(*Historic Preservation*:*Collective Memory and Historic Identity*)一书里,通过比较英美两国的保护运动,发现英国的保护主要是精英团体对传统价值的保存,而美国则恰恰相反,保护模式更加动态和民主,也往往充斥着商业的气息。保护作为一项有形的手段,对人们的集体记忆、个人过往具有特殊的意义。战争与纪念、农业和工业的保护、世俗社会中的宗教遗产保存共同构建了巴塞尔所说的"保护项目"的重要意义,同样也展示了我们每个人都是历史重构与阐释的权益攸关者。

对遗产真实性及保护伦理的讨论,除了著名的《奈良文件》以外,还有阿德莱德大学巴里·罗尼(Barry Rowney)2004 年的博士论文《保护宪章与伦理》(*Charters and the Ethics*),他讨论了保护历史上重要的几个宪章,《威尼斯宪章》《巴拉宪章》《华盛顿宪章》《澳大利亚的 ICOMOS 城市保护宪章》等背后所具有的伦理和道德上的问题,并将关键词集中在真实性(Authenticity)的演变历程上。而在《文化遗产保护中的历史和哲学问题》一书的第六、七章,也收集了针对保护与修复的矛盾中最主要的两个问题"残片的重新组合"和"古色概念"进行阐述的文章。例如保罗·菲利波的《再现的问题》《古色概念和油画清洗》,布兰迪的《修复的理论》,翁贝托·巴尔迪尼(Umberto Baldini)的《修复理论和整合方法》,等等

罗德岛设计学院的弗雷德·斯科特(Fred Scott)的《变更建筑》(*On Altering Architecture*),对现有建筑改建的理论和实践的一些问题进行了讨论。在第三章中,他列举了拉斯金、莫里斯和维奥莱特-勒-杜克对于再利用工作不同的观点。斯科特倡导有创意地对建筑进行转换,他认为文脉的重要性和改变的分析,意味着干预活动在本质上是暴力的,但这也是一种策略,并且希望是自然地侵入的。对现有建筑的改动往往被认为是属于保护范畴的,但却是一个激进和有争议的问题,对重新安排顺序的渴望实际上是挑战现有秩序的天性的表现。因此,对既有建筑进行再利用设计将会激发建筑师去判断、接受或重新安排已经存在的空间和生活模式。这本书提出了一个清晰的论点:对建筑物的改建可以避免因为过度保护所产生的恋物情节,也给拆除建成环境提供了一个重要的选择。

研究不同地域或时代保护态度的演变和差异的著作包括了挪威艺术史学家斯特凡·楚迪-马德森(Stephan Tschudi-Madsen)1976 年出版的《修复与反修复——英国修复哲学的研究》(*Restoration and Anti-Restoration*:*A Study in English Restoration*

Philosophy），马德森发现，在英国有一种很强烈的批判态度，而这种批判态度在法国和意大利等欧洲大陆国家并不存在。他研究了"修复"这个词在不同的时代的不同语义，以及如何从一个被广泛采用的古代纪念物处置方式转变为一个具有贬义的破坏性词汇。他认为修复与反修复的矛盾根源是如何看待一件教会建筑物："要么保持废墟，它们便被保护起来；要么得到再生，它们就遵照了自然规律：去适应拥有者的个人意愿。"马德森还比较了英国和欧洲大陆对于"修复"的不同理解，以及造成这种差异背后的建筑师培养、执业等方面的原因。

《当代保护理论》（Contemporary Conservation Theory）是西班牙遗产保护学者比尼亚斯对近二十年来保护思想的一些归纳和总结。他将对经典理论的突破集中在了三个方面：对于保护本体的再讨论；对于"真实性""可逆性"这样的经典词汇进行质疑；对保护创新模式的总结。

纽卡斯尔大学的约翰·彭德尔伯里（John Pendlebury）2008 年的《共识时代的保护》（Conservation in the Age of Consensus）一书，探讨了英国保护活动与现代主义、20世纪 70 年代的社会转型以及后现代主义的关系。他认为，建成环境的保护是需要放在更宽泛的社会和政治环境中来考量的。例如后现代主义保护的意义从道德转变为经济需要；保护的对象从纪念物转变为世俗对象；保护的手段则从表面深入体系。这三个方面改变着传统的保护伦理。

北卡罗来纳州立大学景观建筑系罗伯特·E. 斯蒂普（Robert E. Stipe）主编的《更丰富的遗产》（A Richer Heritage：Historic Preservation in the Twenty-First Century）一书，追溯历史保护在美国的演变，指明塑造保护运动的主要思想和事件。书中介绍了针对遗产保护，美国从联邦政府到地方政府的立法、行政和资金合作情况。该书还讨论了历史建筑保护和环境、土地信托运动的关系；新的私人、非营利性参与者的角色；种族和种族利益在历史保护运动中的作用，以及非物质文化遗产的保护。最后一章分析了目前的古迹保护运动的状态，并对该领域在 21 世纪的发展方向提出建议。

在国内方面，常青的《历史建筑修复的"真实性"批判》[①]、卢永毅的《原真性、价值说与历史保护的困惑》[②]、阮仪三的《文化遗产保护的原真性原则》[③]、王景慧的《真实性和原真性》[④]、吕舟的《论遗产的价值取向与遗产保护》及其关于《威尼斯宪章》的一系列文

---

① 常青.历史建筑修复的"真实性"批判[J].时代建筑，2009(3)：118-121.

② 卢永毅.原真性、价值说与历史保护的困惑[G]//卢永毅.建筑理论的多维视野.北京：中国建筑工业出版社，2009：267.

③ 阮仪三.文化遗产保护的原真性原则[J].同济大学学报(社会科学版)，2003，14(2)：1-5.

④ 王景慧.真实性和原真性[J].城市规划，2009(11)：87.

章,张松的《建筑遗产保护的若干问题探讨——保护文化遗产相关国际宪章的启示》①,
陆地的《风格性修复理论的真实与虚幻》②,等等,都是对该议题的讨论。

1.3.3 建筑遗产保护实践的研究

阐述建筑遗产的保护实践与保护观念之间关系的著作十分罕见。这是因为保护技术的专业人员与保护的理论家们在专业细化以后,逐渐分属不同的领域。然而在历史上,大量的保护技术是建筑师及其所领导的团队在实践中整理总结出来的,而这些建筑师,往往又是理论界的发言人,譬如说著名的斯科特和维奥莱特-勒-杜克。因此,研究他们总结出的经验和方法,可以更客观地分析他们所秉持的保护思想。只有将保护技术的发展引入到思考维度,保护理论的变迁才能更好地被诠释。

对这些建筑师作品和理论的研究不胜枚举(表 1-1)。这些案例的总结,比较客观地还原了建筑师在保护历史上的作用,也建立起了保护技术与保护观念之间的桥梁。

表 1-1 建筑遗产保护相关建筑师及其著作

相关建筑师	相关著作
斯科特(Sir George Gilbert Scott)	• 《斯科特回忆录》(*Personal and Professional Recollections*) • 《威斯敏斯特教堂拾穗》(*Gleanings from Westminster Abbey*) • 《斯科特 1849—1878 年对威斯敏斯特教堂的测绘》(*Sir George Gilbert Scott R. A., Surveyor to Westminster Abbey 1849-1878*) • 《对圣·阿尔班教堂的修复》(*Restoration of St. Alban's Abbey*) • 《斯科特与纪念碑》(*George Gilbert Scott and The Martyrs' Memorial*)
怀亚特(James Wyatt)	• 《索尔兹伯里教堂屏风的修复》(*James Wyatt's Choir Screen at Salisbury Cathedral Reconsidered*) • 《怀亚特的哥特风格观察(1790—1797)》(*Some Observations on James Wyatt's Gothic Style 1790-1797*)
詹姆斯·埃塞克斯 (James Essex)	• 《詹姆斯·埃塞克斯,教堂修复者》(*James Essex, Cathedral Restorer*)
维奥莱特-勒-杜克 (Viollet-le-Duc)	• 《记忆与现代性——维奥莱特-勒-杜克在维孜莱》(*Memory and Modernit, Viollet-le-Duc at Vezelay*) • 《纪念性与适用性:维奥莱特-勒-杜克在卡尔卡松》(*Monumentality versus Suitability:Viollet-le-Duc's Saint Gimer at Carcassonne*) • 《城堡历史》(*Annals of A Fortress*)

---

① 张松.建筑遗产保护的若干问题探讨——保护文化遗产相关国际宪章的启示[J].城市建筑,2006(12):8-11.
② 陆地.风格性修复理论的真实与虚幻[J].建筑学报,2012(6):18-22.

在当代,人们更深刻地理解了这两个领域是不可分割的。罗马大学的乔治·克罗奇(Giorgio Croci)的技术著作《建筑遗产的保护与结构性修复》(*The Conservation and Structural Restoration of Architectural Heritage*)一书,通过对大量案例的研究,清晰地阐述了建筑遗产的保护、遗产本身的技术特征和保护技术三者之间的密切关系,而这是弥合保护界理论和技术分野的关键所在。西方历史建筑以砖石为主要材料,相应作者将主要篇幅用在了砖石建筑的保护上。事实上,这本著作中对砖石材料的理解,是数千年来欧洲建造、观察、破坏以及维修砖石建筑经验和智慧的积累。

贝纳德·费顿教科书般经典的《历史建筑保护》(*Conservation of Historic Building*),该书看似是对建筑保护学生和从业人员实践操作的指导,分析了建筑各部件的细节处理、腐朽的原因和所影响的材料,以及建筑师在实践过程中所应该扮演的角色,但其实,费顿贯穿始末的是他对于历史建筑价值的认识和保护的伦理观。他在开篇"什么是保护"一文中就归纳了三种价值:①情感价值:希望、身份、延续、精神的和符号的;②文化价值:文献的、历史的、考古的(古老的、稀缺的)、符号的、建筑的、城镇景观、景观、生态、技术和科学的;③使用价值:功能、经济、社会、教育、政治和种族。而他所坚持的"最小干预"等理论也以他的技术指南为载体表现出来。技术和观念是密不可分的。

另外卢因(S. Z. Lewin)的《石材的保护(1839—1965)》(*The Preservation of Natural Stone, 1839-1965*)一书,是介绍石材修复技术发展史的著作,可以从中了解不同时期实践者们所做出的尝试和贡献。亚历山大·纽曼在《建筑物的结构修复:方法、细部和实例》一书中,也介绍了钢材、混凝土、木材修复的大致历程。唐纳德·弗里德曼(Donald Friedman)在《历史建筑建造:设计、材料和技术》(*Historical Building Construction: Design, Material, Technology*)一书中,介绍了不同结构体系的历史建筑的发展历程。这些技术类书籍对于本书的启发意义在于,它们提供了技术发展的路线。在保护理论的发展中,人们长久以来忽视技术的发展,而它们却是保护理论最终走到今天不可或缺的重要一环。

1.3.4 保护思想的传播媒介研究

这方面的研究包括英国学者约翰·德拉方斯(John Delafons)在2007年出版的《政治与保护:建成遗产政策的历史(1882—1996)》(*Politics and Preservation: A Policy History of the Built Heritage 1882-1996*)一书,德拉方斯在多年的政府任职期间,整理了英国历史保护立法和管理的发展脉络,讨论政府是如何回应民众对遗产逐渐高涨的关注。全书共分四个部分,第一部分介绍保护的起源及其文化背景(1882—1940);第二部分是二战以后的立法以及保护范围的扩大(1940—1975);第三部分将教堂单独讨论；第四部分谈到今天的发展(1976—1995)。在结论部分谈到最新的议题,例如可持续保护与最近的政策。

《从威廉·莫里斯开始——建筑保护与工艺美术运动的真实性崇拜(1877—1939)》(*From William Morris：Building Conservation and the Arts and Crafts Cult of Authenticity，1877-1939*)是英国学者克里斯·米勒(Chris Miele)主编的一本关于英国建筑保护运动起源的新作。全书分为不同主题的几个章节,包括莫里斯对于历史建筑的认识、工艺美术运动与维多利亚时代人们对于遗产的认识之间的关系、莫里斯的团体在 20 世纪初思想的转变、都市遗产与乡村遗产保护观念的出现,等等。这本书的贡献在于,它将社会的文化运动与历史建筑保护的思想联系到一起,展现政治运作是如何影响着文化的诞生。

多伦多大学的安德烈·多诺万(Andrea Elizabeth Donovan)在 2007 年出版了《威廉·莫里斯和古建筑保护协会》(*William Morris and the Society for the Protection of Ancient Buildings*),多诺万通过 SPAB 留在伦敦的资料讨论了以下几个议题：现代保护技术和 19 世纪的灵感；19 世纪的建筑和意识形态环境；威廉·莫里斯对于哥特复兴和 SPAB 的态度；SPAB 在英国的活动；19 世纪 SPAB 在法国和德国的影响；SPAB 在 20 世纪的活动和影响。

除了以上提到的书籍,还有一些协会出版的会刊也很有价值,例如,牛津建筑学会 1842 年出版的《牛津推动哥特建筑研究学会会刊》(*Proceedings of the Oxford Society for Promoting the Study of Gothic Architecture*)介绍了该协会的组织情况、每次会议的议题参与人和会员提交的报告,是对该协会最有价值的一手材料,此外类似的《教堂建筑学者》杂志也是研究教堂建筑学协会的直接途径,等等。

关于这个议题的内容大部分分散在研究保护历史的书中,例如在前文提到的《修复与反修复》《记忆与现代性——维奥莱特-勒-杜克在维孜莱》《西欧的建筑修复：辩论与延续》《欧洲遗产的政策(1707—2008)》中都谈到了组织或者媒体的参与。还有朱迪斯·布赖恩(Judith Brine)的《剑桥卡姆登协会的宗教意图和他们在哥特复兴运动中的作用》(*The Religious Intentions of the Cambridge Camden Society and Their Effect on the Gothic Revival*)讨论了剑桥卡姆登协会与牛津运动的关系,勾画出 19 世纪英国教堂修复的宗教蓝图；约瑟夫·萨克斯(Joseph L. Sax)的《作为公共责任的历史保护——葛里高利和这个概念的起源》(*Historic Preservation as a Public Duty：The Abbe Gregoire and the Origin of an Idea*)介绍了法国国家遗产的公共性起源以及知识分子的影响,这些文章共同勾画出保护历程中形形色色的众生相,而本书也就基于此总结和归纳了团体以及媒体的作用。

1.3.5　历史和艺术史领域关于保护的研究

在历史和艺术史的领域,很多著作也在试图发掘人们对于过去的认识如何影响他们在当下处置遗产的方式。

《过往即他乡》(*The Past is a Foreign Country*)是人文地理学家大卫·罗温索(David Lowenthal)关于历史问题的三部曲中的一篇,另外两篇为《我们的过往,我们为何要保护它?》(*Our Past Before Us,Why Do We Save It?*)和《遗产十字军和对历史的掠夺》(*The Heritage Crusade and the Spoils of History*)。罗温索分析了过去是如何塑造我们今天的生活,有些过去被铭记、有些被抹去,因为每一代人都按照自己的需要来重塑历史的面目。通过对艺术、人文和社会科学材料的发掘,罗温索解释了反对传统的革命是如何催生了保护与乡愁的现代崇拜。尽管过去不再是权力、国家和个人身份的象征,也不再是对抗巨大变化的港湾,但是它依然在人类的生活中起着重要的作用。

《艺术品修复与保护的历史》(*History of the Restoration and Conservation of Works of Art*)是意大利艺术史学者亚历山德罗·孔蒂(Alessandro Conti)的著作,他以时间为线索,展现了欧洲从中世纪到19世纪末期,艺术品被保存或修复的发展过程。本书的独特在于,作者归纳了不同时期人们为后人保存艺术品的意愿的差异,以及这种意愿对于保护或修复实践的影响。

英国赫尔本博物馆(Holburne Museum)的主任伍德沃德(Christopher Woodward)的《废墟中》(*In Ruins*)一书,通过对古罗马斗兽场、古巴糖业大亨的豪宅、西西里摩尔王子和桑给巴尔苏丹宫殿废墟的研究,解释它们是如何影响16—20世纪的文学。作为图画、符号或者图案,它们激发了皮拉内西和康斯太布尔的画作、雪莱的诗作《身份》、拜伦的《少爷哈罗》和艾伦·坡的小说《古屋的倒塌》,这证明了伍德沃德的推理:雄伟建筑、纪念碑的遗迹长久以来是人们创作灵感的来源。它们展现了伟大帝国的没落、艺术品的脆弱性与人类雄心壮志的转瞬即逝。伍德沃德同样研究了19世纪欧洲贵族对于委托建筑师建造那些虚假的废墟,或"玩物"的爱好。

《记忆、历史、遗忘》(*Memory,History,Forgetting*)是法国哲学家保罗·利科(Paul Ricoeur)里程碑式著作,解释了记忆与遗产之间的关系,以及它是如何影响历史经验的感知和历史叙事的产生。该书分为三个部分,首先利科从现象学的角度讨论一个根本问题:对当下的记忆是如何转变为对不在场的过去的记忆;第二部分总结了近期史学家讨论的一个命题:历史知识的性质和真相;最后是讨论遗忘作为记忆的一个可能条件,是否有像美好记忆一样的美好遗忘。同样,法国学者诺拉(Pierre Nora)的《记忆与历史之间》(*Between Memory and History*,1989)与《记忆场所》(*Les Lieux de Memoire*,1984,1992),共同构成了联系"遗产—认同—记忆—历史"的同构体系。

还有一些业已翻译成中文的著作也是本书参考的来源,包括《从黎明到衰落:西方文化生活五百年——从 1500 年到现在》《艺术与观念》《美术史的形状》《西方人文主义的传统》《历史的观念》《想象的共同体》等等。

1.4 研究方法

建筑遗产保护思想诞生发展的时代是文化、技术急剧变化的时代,技术的进步导致了新的社会结构的产生和对生产力开拓的发展,而从启蒙运动积淀起的意识形态的转变则产生了新的知识范畴和质疑其自身存在的历史主义的反省思想。从宏观上看,注重历史建筑的艺术、形式、风格的选择,确有必要,但仅有这些是远远不够的。保护的思想作为一种文化现象,其本身是复杂、多层面的,既有文化观念层面的影响,又有实践层面的影响。对历史建筑保护活动的文化思想背景、相应的团体组织、运作方式和科学技术本质漠不关心甚至视而不见,则对保护理论的讨论难免有隔靴搔痒之嫌。本来一部活生生的保护历史被描绘成了缺乏时代精神、缺乏错综复杂的社会关系中人性的表现与冲突、缺乏科学技术的合理内核的图片拼贴——僵化而肤浅的形式堆砌,这是研究中必须要避免的。

理性可以划分为三个层面:理性的认识论层面、工具论层面和价值论层面……理性的工具论里面涉及了逻辑、决策、抉择、判断、创造等,它包括逻辑理性、技术理性、程序理性、实践理性等范畴;理性的价值论层面涉及智慧、技能、合理、审美等,包括判断理性、人文理性等范畴。[①]

本书研究的"思想理性"本身具有两个层次:价值论层面和工具论层面。本书也主要从这两条线索展开论述。针对不同的理性层面,所需要采取的研究方法也不尽相同,但是批判的视角是贯穿全篇的。

所谓批判的视角,即把个别事实与历史意义结合起来,使其在整体性中表现真实性,把经验事实与历史意义结合起来,从而达到真正认识事物本质的目的。本书没有采用编年体的顺序,将建筑遗产保护思想的发展历程重新描述一遍,这是因为建筑遗产保护经历了两个半世纪的历史,内容庞杂,若要在一本专著中尽述建筑遗产保护思想的发展史,则实难为之,也形同编译,更失去了研究者应有的视角。但其中并非没有主线可循,正如前文所提到的,保护思想一直在寻找着一种理性的归宿,若以此为切入点,并结合相关实例适当展开,就其背后各种因素进行较为综合深入的分析,则不难把握其发展的特征与脉络。批判是一种将矛盾明晰并且给予阐释的手段,在对保护思想进行分析的时候,我们需要做的不仅仅是解析影响它的动因,而且要展示这些动因相互对立的部

---

① 郑时龄.建筑理性论:建筑的价值体系与符号体系[M].台北:田园城市文化事业有限公司,1996:24.

分,使不同的观点直接交锋,使我们可以更好地解释保护思想自身的复杂性与矛盾性。

本书注重史料的分析和与背景材料的关联。建筑遗产的社会性和相对性注定了建筑遗产保护研究无法脱离具体的社会、经济和文化背景。以往之研究多注重事件、人物和思想理论的研究,对于社会政治、经济和文化背景却少有阐释,而从宏观角度来看,建筑遗产保护的发展轨迹是由社会经济文化所决定的。作为建筑遗产保护史的研究,应当以历史纵深的眼光,将对象置于相关背景下去解读。

1. 价值层面的研究方法

19 世纪自然科学的思想方法获得了极大的成功,实证主义遂风靡一时,这一思潮大大影响了近代西方史学界的思想与方法,如科林武德所言:"近代史学研究方法是在她的长姊——自然科学方法的荫蔽下成长起来的。"①然而这种追求几何学一样精准的思维方式受到了另外一种思潮的挑战,它不以科学为满足,认为在科学知识之外,人生另有其价值和意义,这是科学所无能为力的,这种思想同样历史悠久,例如 17 世纪的数学家帕斯卡尔就提出过:心灵有其自己的思维方式,那是理智所不能把握的。这两种思想,前者注重思维的逻辑形式,后者重视生命存在的内容。前者发展出了罗素的分析哲学,而后者中走出了威廉·狄尔泰的观念史。

本书对于价值论的研究,主要采取的还是分析现象背后的心智活动的方法。本书关心的不是保护的历史事件,而是其背后的思想——试图说清事情何以发生,以及表明一件事情是怎样导致了另一件事情,在历史事件的这种"何以"和"怎样"的背后,就有着一条不可须臾离弃的思想线索在起作用,本书就是要找出贯穿其间的这一思想线索,这就是观念史的研究方法。本书主要研究素材是思想者们的文章、演说、诗歌、绘画等宣传方式,因为这些载体是对社会中广为传播的某些观念和信仰进行加工和提炼的表达形式。

本书在结合背景材料进行分析的基础上,对一些重点的事件进行体验式的解读。所谓体验式解读,就是在自己的知识结构中重新解读这些历史事件,而重新解读它也就是批判它并形成自己对其价值的判断。思想与事件不可分割地构成了历史整体,但是正如歌德晚年写的自传取名为《诗与真》,他知道自己的过去已不可能再重复其真实,他所做的只能是诗意的回忆。对历史事件我们也无法揣测古人的思想,思想同样不能重复。每一件历史事件都是人的产物,是人类思想的产物,过去的历史不妨说有两个方面,即外在的具体事实和它背后的思想。因此,本书将归纳收集尽可能多的历史资料来为我所用,通过对过去历史事实的重新解读,构建建筑遗产保护思想的发展逻辑。

2. 工具层面的研究方法

思想的工具论是器物层面的研究,它包括逻辑、技术、程序、实践等范畴。工具层面

---

① 科林武德.历史的观念[M].何兆武,张文杰,译.北京:商务印书馆,1999:228.

包含的内容十分庞杂,本书将聚焦于一些具体的保护案例。通过这些案例的演变可以看到保护思想在工具层面的表现形式和演变过程,从而可以验证其是否逐渐走向理性。

建筑遗产保护的思想在其萌芽壮大之时也深受这种实证主义影响,因此本书在论及 18、19 世纪保护思想的理性时,也会在其工具层面以客观的逻辑推演、归纳来分析,譬如说某些保护技术的发展和保护制度的形成。本书立足于历史文献的研究,大量运用外文文献资料;以点带面地分析实例;以定性分析为主;在分析的基础上加以比较与归纳;充分利用图、表直观地反映一些现象与规律;论从史出,以史带论。

本书选择具体的研究对象——建筑师的实践、保护材料的选择和保护制度的形成等,作为研究的切入点,通过文献发掘、实物调研,获得尽可能多且能说明保护理性形成的史料,并加以分析与归纳,勾勒出思想理性缘起和流变的轮廓,进而分析它与相关观念、工具之间的关系,并试图找出规律性线索。在总体上理清西方保护思想的演进脉络,总结历史的经验与教训,深入发掘西方保护思想演进的历史内涵。最终期望的目标是为今后国内历史建筑保护的发展战略提供参考价值。

第 2 章　建筑遗产保护思想的价值论

2.1　价值论的哲理基础

2.1.1　保护思想的理性/现代性构成

如第 1 章所言,保护思想反映人们与历史对话的方式,而人们对于历史的认识总是出于当下的目的,因此可以说,是不同时期人们的"合理选择"。它可以拆解为两个层次:追求价值理性与工具理性的制约。"理性"是贯穿其中的核心词汇。

理性,在西方哲学中,是一个不断演变发展的概念,"人们所理解的理性就是人性、文明、良知、理想、理智、本质、信仰、伦理、技术、环境等范畴"[①]。在启蒙运动时期,康德和黑格尔推进了理性的认知,并将理性与现代性真正地结合在一起。康德认为,通过感性,我们获得感觉材料,而知性是建构的,它使实证知识得以成立[②]。黑格尔从思辨理性自身演绎出发,凭借辩证法的逻辑推演,建立他的"绝对理性"概念。他为事物建立了一个理性标准:凡是合乎理性的东西都是现实的,"凡是现实的东西都是合乎理性的"[③]。这一标准的重要性,突出表现在韦伯那里,"合理性"[④]成为衡量现代资本主义以及现代社会的经济、政治、法律等各方面的进步性的标准,"理性化"并因此成为现代社会及其现代性的标志性符号。

现代性起源于 18 世纪欧洲要求摆脱束缚,追求个体独立和日常生活丰富多彩的启蒙时代。余碧平认为,"现代性"是指从文艺复兴,特别是自启蒙运动以来的西方历史和文化,基本特征是"勇敢地使用自己的理智来评判一切"[⑤]。它表现在:人们坚信通过理性活动获得科学知识,从而"合理地"控制自然;在历史观念中,人们相信历史的发展也是合理的和进步的。人们可以通过理性协商达成社会契约,实现自由、平等和博爱。因

---

① 郑时龄.建筑理性论:建筑的价值体系与符号体系[M].台北:田园城市文化事业有限公司,1996:22.

② 陈嘉明.现代性与后现代性十五讲[M].北京:北京大学出版社,2006:51-52.

③ 黑格尔.法哲学原理[M].范扬,等,译.北京:商务印书馆,1961:11.

④ 汪晖.韦伯与中国的现代性问题[G]//汪晖.汪晖自选集.桂林:广西师范大学出版社,1997.

⑤ 余碧平.现代性的意义与局限[M].上海:三联书店,2000:2.

此理性成为"现代性"可以实现的有机组成。"现代性"的内核即是"理性",既是道德层面的价值标准,也是工具层面的技术手段。康德以"理性批判"的名义,对启蒙的思想基础即人的"理性"能力——从形而上学、认识论、伦理学、美学和目的论等方面——进行剖析,建构起"以张扬理性为目的的先验哲学"①,使得理性成为一个"不同于中世纪宗教信仰社会的理性社会之基础"。可以说,理性即现代性。

启蒙时代从观念和手段上奠定了保护思想的理性——现代性的确立。启蒙时期,客观科学得到了快速的发展,从而推动保护思想的发展,这体现在温克尔曼的工作中。温克尔曼是普鲁士人,1763 年成为罗马古物协会的主任。通过对古物价值的讨论,他针对这些相关的艺术品,无论是雕塑、绘画和建筑纪念物发展出一套记录和研究方法。他区分了新作与原物的关系,这是保护运动的重要原点。人们称温克尔曼为"考古学之父",来表彰他对现代艺术史的贡献。

虽然启蒙运动面对的是大众,但是在艺术界,它是由先锋或者说一些文化精英发起的。艺术家们成为当时"世俗世界中的卫道士"②。启蒙运动本质上是世俗和进步的,意图突破传统和历史。因此,虽然理性/现代性给保护提供了思想和行动的指南,但是它的本质却是保护的潜在敌人,这也是保护思想自身的矛盾性所在。格兰丁(Glendinning)认为理性/现代性有双重属性:开放的、动态的现代性追求新和变,而与之共存的是"传统主义",追求"控制变化,追求传统的真实性来重新塑造身份"③。遗产的塑造是这个过程中不可或缺的一环,虽然看起来这是反现代的行为,但它实际上也是一个现代的概念,与动态的现代性共存。传统主义也存在于这个语境中。它依赖于历史变化的概念和人类控制事件的能力,因此本质上也是现代的。布雷特(Brett)这样说:"人们认为 19 世纪的复古文化是一种倒退、逃避和反现代是不全面的,它是现代化经验不可缺少的一环,而不是敌人。现代文化总是双面的、瞻前顾后的,总不停留在当下。"④

同时,启蒙时代也推动了现代历史意识和民族国家概念的产生,形成文化与宗教、自然和环境的新关系,形成关于时间的新观念。历史是社会的集体记忆所塑造的,因此它能辨别不同的文化、场所,具有不同的属性。人们认识到历史的每个时代都有自己的信仰和价值,因此每个时代的艺术品、历史建筑都是独一无二的,保护成为一种特殊的文化,这也是民族身份的投射⑤。随着法国大革命的爆发,民族国家的定义明朗起来。

---

① 康德.历史理性批判文集[M].何兆武,译.北京:商务印书馆,1991:22.

② PEVSNER N. Pioneers of modern design [M]. Harmondsworth, Middlesex: Pelican, 1960: 62.

③ GLENDINNING M. A cult of the modern age [J]. Context, 2000(68): 13-15.

④ BRETT D. The construction of heritage [M]. Cork University Press, 1996: 26.

⑤ JOKILEHTO J. A history of architectural conservation [M]. Oxford: Butterworth-Heinemann, 1999.

在此概念上,国家主义也发展起来,它需要一系列建筑上的身份认定和共同国家遗产的出现①。因此,欧洲国家纷纷建立起了立法机构和法律来保护自己的国家遗产。在19世纪,遥远的过去被创造,传统被发明,目的都是为了塑造国家遗产。德尔海姆(Dellheim)认为,在维多利亚时代的英格兰,传统是如此的善变,它被挑选来支持不同的观点,遗产则被利用来强化地方和国家的身份。②

保护思想所具有的"理性/现代性"体现在两个层面:首先,它是观念或社会的变化所引起的反应。有意识地选择和保留建筑的想法伴随着对建筑的每一次拆毁和更改。它关乎改变的复杂辩证法,被用来确保国家的连续性和稳定,这是价值的层面。其次,保守主义者对于历史、文化价值的认知和他们追求目标的手段都是现代和理性的。例如,他们很早就接受了选择和分级的观念,并最终表达为法定的目录,在保护准则的建立过程中,既有道德基础,也是建立在理性方法上的,这是工具层面的理性/现代性。

朱学勤曾谈到过理性在工具层面和价值层面的区别,可以在此引为参考:

法国是个大陆国家。她的精神气候是文学型、戏剧型,不是哲学型、逻辑型。哲学的面包不涂上文学的奶酪,法国人咽不下去。……启蒙运动的主流作家,有文学活动,但基本性格是哲学型、逻辑型、百科全书型。他们深染英国的岛国气候,向法国输入的也多是海洋恒温型工具理性——沉着事功,平庸缓进,而不是充满浪漫美感冲天而起的价值理性。③

同样,在我们梳理建筑遗产保护思想的发展史时,也可以看到这种沉着事功的工具理性与浪漫抒情的价值理性的冲突。④ 有趣的是,沉着事功的英国,却更早地建立起了现代的保护观念,而充满浪漫美感的法国,却在修复问题上坚持得更久。所以并不能将工具理性简单地认为是一种技术科学,它更多地是一种思想方法上对合理性的追求,而其依靠的是科学、逻辑等可以验证的方法论。同样,价值理性也不是"冲天而起"的浪漫情怀,它是对"价值"合理性的评价和阐释,依靠的也是辩证的、批判的方法。归根结底,二者都是在理性的控制范围内的,没有理性,工具只能是过度修复技法的提升,而价值也只能停留在保护主义者激情的口号中。

---

① GRAHAM B, ASHWORTH G J, TUNBRIDGE J E. A geography of heritage [M]. London:Arnold, 2000:230.

② DELLHEIM C. The face of the past: the preservation of the medieval inheritance in Victorian England [M]. Cambridge University Press, 1982:56.

③ 朱学勤. 卢梭二题[J]. 读书, 1992(6):67-75.

④ 马克斯·韦伯认为工具理性是指"通过对外界事物的情况和其他人的举止的期待,并利用这种期待作为'条件'或者作为'手段',以期实现自己合乎理性所争取和考虑的作为成果的目的",而价值理性指"通过有意识地对一个特定举止——伦理的、美学的、宗教的或作任何其他阐释的——无条件的纯粹信仰,而不管是否能取得成就"。马克斯·韦伯. 经济与社会(上卷)[M]. 林荣远,译. 商务印书馆, 1997:56.笔者认为他的定义与本文讨论的保护理性的两个层面并不契合。

　　在保护与修复的思想交锋中,理性的工具层面讨论的实际上是"如何保护",是一种实践中的归纳;而理性的价值层面则关注于"为何保护",是一种伦理上的思考。建筑师与历史学者处在不同的角度,逐渐确立了理性在工具层面和价值层面的不同表达,同时,这两个层面的理论体系互相攻击、互相促进,有趣的是,它们没有意识到自己是同一种理念在不同层面的表达,而不断地进行相互批判与攻讦。在理性的价值层面逐渐取得强势地位的时候,理性的工具层面不断地调适自身,试图更加适应"价值观"的发展;而工具理性取得强势地位时,如科学保护的深入人心,价值理性也逐渐认识到工具理性的合理性与必要性。

2.1.2　理性的价值论

　　如前文所言,理性不仅仅关乎客观科学,它是西方哲学家对"存在"、对"道德"的思考。理性的价值论是伴随着文艺复兴兴起的人文主义运动诞生的,所谓人文主义者,按照雅克·巴尔赞(Jacques Barzun)的说法,有这样一些特点:"他们有一套学习和辩论的方法,此外,他们还有一个信念,即理性和自然是幸福生活的最好的指南。"①人文主义者将研究的视野从宗教转向了世俗的人间,他们的研究领域包括了个人的发展、在生活中用理性和意志来改进环境并领悟大自然。这些思想时至今日仍主导着西方社会的思想和行动。

　　在 18 世纪的词汇中,理性绝不仅仅意味着冷漠的理智。它是一种人们渴望具备的能力,这些能力包括了获得丰富知识的能力、对事物具有准确的判断力以及具有审美情趣。这种理性精神可以在狄德罗(Denis Diderot,1713—1784)主编的 35 卷本《百科全书》(*Cyclopaedia, or an Universal Dictionary of Arts and Sciences*)中看到,人们相信,只要通过理性地积累和归纳知识,人类就可以掌握世界。对于艺术家来说,启蒙运动意味着建立和保持优雅华美的艺术风格所需要的理性表现范式,而对于广大的艺术受众来说,它意味着情趣的培养和判断力的提高。按照谢林(Friedrich Wilhelm Joseph von Schelling,1775—1854)的话来说,"理性的最高方式就是审美方式,它涵盖所有的理念。"②

　　从文艺复兴以来人们对过去的重新认识、对美学的了解和对自身道德、发展的关注,构成遗产保护思想价值层面的土壤。在现代保护运动开始的时候,这种观念表达还只是文人墨客笔下非常朦胧的词语:浪漫、灵魂、废墟、如画,等等。在运动进展到尾声时,理性终于明确了其在价值层面的表达。我们将在回顾了遗产保护的价值理性自诞

---

①　雅克·巴尔赞.从黎明到衰落:西方文化生活五百年 [M].林华,译.北京:世界知识出版社,2002:46.
②　郑时龄.建筑理性论:建筑的价值体系与符号体系[M].台北:田园城市文化事业有限公司,1996:22.

生到最终确立的过程,以及影响这种理性的几个重要因素的发展过程后,来回答"为什么说保护思想在价值层面是具有理性的"以及"这种理性是如何影响保护思想的演变"这两个问题。

2.2 历史观念:从"历史编纂"到"过往即他乡"

纵观建筑遗产保护的思想发展历程,保护思想总是与人们如何看待历史相关。罗温索在《过往即他乡》中,引用英国作家哈特雷(L. P. Hartley)《送信人》(The Go-Between)中的名言:"过往即他乡,人们在那里过着不一样的生活。"①人们对于过去的看法,正如同人们对于异邦的了解,时间上的绵延被转化成了空间上的隔阂。人们对于自己过去的认知总是二手的、转译的、解读的,因此,对于历史的认知来源于我们对今天的批判。而人类的历史意识的发展也经历了漫长的演变过程。从文艺复兴开始,人们的历史意识终于摆脱了中世纪以来的混沌状态,开始认识到今天与过去的距离感。18世纪维科提出了重现或再现的观念,这极大地启蒙了后世历史哲学的发展。18世纪末的启蒙运动本质的反历史性,将过去视为了表现与颂扬今天的道具,使得既往与当下产生了巨大的冲突。而19世纪的历史观念同样是矛盾的,人们扎根于今天的同时又对今天产生畏惧,仰慕历史又无法回归历史。20世纪的人们在现代主义蔓延的时代,历史的隐没似乎又变得无法抵挡,历史需要被"抑制",历史的重负需要被荡涤。与此相呼应的是,人们对于历史的载体——遗产就有了不同的认识和处置方式:或随意拼贴,或奉上神坛,或变成主题公园式的景观。今天,受到后现代思想冲击的历史观念,再次模糊了过去与今天之间的距离感,对历史保护成为了今天文化阐释的过程。因此,对历史观念的解析是研究遗产保护思想如何追求价值理性的第一个维度。

2.2.1 文艺复兴:距离、摹仿与重生

阿格尼丝·赫勒(Agnes Heller)在《文艺复兴人》(Renaissance Man)一书中这样写道:

理想状态常常来源于过去,但是现实是指引人们前进的方向。虽然过去在一些方面影响了文艺复兴人的思想,但是他们是完全在为当下生活。过去是理想化的,与时俱进是他们的信念——动态的和前进的冲动也亦然。历史上很少有一个时代的人们如此关注于当下,这就是文艺复兴。②

---

① LOWENTAL D. The past is a foreign country [M]. New York: Cambridge University Press, 2011: xvi.
② HELLER A. Renaissance man [M]. London: Routledge & Kegan Paul, 1978: 194.

　　虽然文艺复兴之前的人们也讨论历史的重要,但是"他们(中世纪的人)把时间和空间混淆在一起,把事实、传说和神迹混为一谈,一心只想来世。他们接受不变和恒常,认为这比发展和变化更为真实。因此,他们认识的历史不是现代人所说的历史"①。直到14 世纪中叶,彼特拉克(Francsco Petrarch,1304—1374)才第一次将过去与当下置于一个竞争者的关系。这也开启了看待历史的新视角,即过去是一个充满古迹、值得荣耀的领地,但是与当下是有距离的。这个时期还出现了"人文主义"(litterae humaniore)的概念,其原意是更有人性的文字,用来形容古人的风格,与缺乏逻辑、把一切关注都与来世挂钩的中世纪文章相比较。19 世纪初的德国学者用这个词来描述 14、15 世纪那些向往古罗马经典著作的文化人。人文主义者对过去发生兴趣,且这个过去不是原始的过去,而是他们自己建构出的文明的过去。

　　罗温索在《过往即他乡》中指出,有三种关于过去的观念是在文艺复兴时期诞生的,并一直存在于人文主义者的意识里。② 一是距离,人文主义者既强调与前人的紧密联系,也拥有自身发展的自由;二是摹仿,继承古典的形式,又以文艺复兴的味道表现出来;三是重生或复兴的概念,即古物的碎片只有通过整合使其复活才能成为典范。因此,文艺复兴时代的人创造性地将遥远的过去发掘并解释出来。这三点是人文主义者将过去与现在联系起来的媒介。社会的共识是认为当下会超过古代的成就。古物是遥远的,它们散落而又支离破碎。因此人文主义将古典作品融入地方语言,将异教徒的主题改为基督教的肖像画,重新定义了希腊和罗马的建筑标准,他们从过去吸收养分,同时又避免被过去束缚。

　　距离提供了解过去的途径。人文主义者感觉到与过去的距离,因此不再将经典的作品视作不可更改、完美无缺的禁地。他们开始怀疑历史著述、认可当下的修改是正确也是必要的,于是也就在不知不觉中获得了超越过去的潜力。笛卡尔在《方法论》第一部中对历史有这样的描述:"这些论著所说的事情与实际所发生的相去甚远,因而也就在纵容着我们去尝试超乎我们能力之外的东西,或者去希求超乎我们命运之外的东西。"③这一时期,大举清除中世纪历史编纂学中一切幻想和毫无根据的东西就成为了人文主义者热衷的活动。

　　摹仿教会了文艺复兴时代的画家、雕塑家和建筑师如何复活古代经典,并且进行改造。对古代经典的再利用包括了忠实地复制和基于功能需求的改造。彼特拉克这样解释摹仿:

　　一个正确的摹仿者知道他是在重新书写原型的相似点,而非复制一个。相似性不

①　雅克·巴尔赞. 从黎明到衰落:西方文化生活五百年[M]. 林华,译. 北京:世界知识出版社,2002:46.

②　LOWENTAL D. The past is a foreign country [M]. New York:Cambridge University Press,2011:75.

③　科林武德.历史的观念[M].何兆武,张文杰,译.北京:商务印书馆,1999:103.

是指比照着模特画肖像画——那可能是越像越好——而是应该类似于儿子与父亲的关系,在相似的基础上也存在不同。因此,我们可以学习另一个人的观念、风格而非他的文字:前者是深层的摹仿,后者是肤浅的;前者可能创造诗人,后者只能生产猴子。①

人文主义者认为复活古代经典是一个创造性的过程。挽救过去的知识不是一个低微的苦役,而是证明自己卓越天赋的途径。托马斯(Keith Thomas)说:"发明家,在那个年代指一个人发现了曾经存在但已消失的东西,而非发现了前人所未知的方法。"②因此兴起了对古代文献发掘阅读的热潮。寻找、恢复、比较和编辑旧书稿成一时之风,学者们周游四方,搜遍古堡和修道院;有钱人派人到君士坦丁堡和希腊的城市去收购;僧侣们把旧书稿誊抄一遍又一遍,打算永久保存。

从瓦萨里(Vasari)始撰于1546年的《画家、雕塑家和建筑家名人传》中,可以看到人文主义者这种历史意识的成熟以及对于后世的影响。在其第二部分序言中,他这样说:"我不仅努力记录艺术家的事迹,而且努力区分出好的、更好的和最好的作品,并且仔细甄别画家与雕塑家的手法、风格、行为和观念。我试图尽我所能……了解不同风格的渊源及来源,以及不同时代、不同作者艺术进步和衰落的原因。"③他专注于传记、文献的使用,对艺术品给予评价、风格界定、沿革追溯,提出了艺术内在发展的生物学周期模式。这些研究方法表明文艺复兴时期的学者已经意识到历史变迁的过程,也开始以当下的立场研究古代和现代人物的生活与作品。

文艺复兴时期的历史观念是基于人文主义者对于曾经文明的好奇,加上对物质水平会不断提高的信心,以及民族意识的萌芽共同确立起来的。于是,渴望从古代文献中找寻历史,具有自我意识的摹仿的成熟,发掘古物的热潮,用新颖且富有创造力的方法复活消失的过去——这些都是文艺复兴时期人们学习历史、但又对当下无比热情的表现。科林武德在总结文艺复兴时期的历史观时指出:"历史就这样变成了人类激情的历史,被看作是人性的一种必然体现。"④

这种历史观念体现在伯鲁乃列斯基(Filippo Brunelleschi,1377—1446)的设计、阿尔伯蒂(L. B. Alberti,1404—1472)的《建筑十书》、朱利亚诺·达·桑加洛(Giuliano da Sangallo,1445—1516)的研究以及伯拉孟特(Donato Bramante,1444—1514)的创作中。伯鲁乃列斯基将现有的城市看作是历史过渡的必然阶段,也是可以供今天重新组合设计的信码来源。阿尔伯蒂在坚持要展现完美的古典语汇的同时,也受到了来自他所处的既有城市结构的限制。在马拉泰斯塔教堂修缮中有这样一个有趣的细节,阿尔伯蒂

---

① PETRARCH F. Letters from Petrarch [M]. Indina University Press, 1966:198-9.
② THOMAS K. Religion and the Decline of Magic [M]. London:British Museum/Colonnade, 1981:511.
③ 范景中. 美术史的形状[M]. 北京:中国美术学院出版社,2003:31.
④ 科林武德. 历史的观念[M]. 何兆武,张文杰,译. 北京:商务印书馆,1999:100.

1454 年 11 月 18 日给实施建筑师马泰奥·德帕斯蒂（Matteo de' Pasti）的信中，这样说："我告诉您，我将这种东西（一个像万神庙一样的穹顶）放在这里，是为了对屋顶的这一部分起遮蔽作用……对建造对象而言，必须是对已建部分进行完善，而不是对尚未建部分进行随意改动。"在阿尔伯蒂的《建筑十书》中最后一书题为"建筑物的修复"，这里的"修复"指的是"纠正"的意思，并非后来基于风格考量进行的建筑物的改建。关于"纠正"，他说："如果我们讨论有关建筑物的错误以及如何纠正这些错误的类型，首先应当考虑的是这些可能被人类的手加以改正的错误的特征与类型；就像医生所坚持认为的，一旦疾病被诊断出来，它就能够被顺利治愈。"①所以阿尔伯蒂的想法依然体现着文艺复兴式的自信。

　　文艺复兴人特有的历史观念使得历史遗迹在两种选择之间摇摆。一方面是被摒弃。另一方面文艺复兴时期才华横溢的大师们希望建立一种割裂历史的新语汇：将历史价值现实化，将神话时代变为今天的时代，将古代的意义变成变革的信息，将古代的"语言"转化为普遍的行为。因此古迹是可以被翻新、重建的对象。在罗马最重要的巴西利卡圣彼得教堂的维修、拆除和新建中，就可以看到文艺复兴时期人们对于古迹的态度。

　　因为一个半世纪以来的地震、战事和疏于维护，圣彼得教堂损毁严重，南墙有超出垂直面 6 英尺的倾斜。阿尔伯蒂在给教皇的报告中警告说："我确信，一点轻微的晃动就会造成其（南墙）倒塌。屋顶上联系着南北墙的椽子也发生了相应的偏移。"②经过现场的勘测，他认为这种破损的状况一是因为其承重体系是由长且薄的墙组成的，墙上还分布有连续的空洞；另一方面是这个教堂的地基部分处在一片废弃的竞技场上，部分是松软的土壤，部分是实心的粘土。因此，纵向的墙从顶部开始破裂、倾斜。从图 2-1 中可以看到它和竞技场之间的重叠关系。灰色部分为竞技场遗址，黑色部分为教堂墙体，虚线部分为改建后的教堂轮廓线。

　　然而圣彼得教堂的维修花费了太多的时间和金钱，当尼古拉斯五世意识到维修这样一个损毁的建筑并不现实的时候，为时已晚。随着他的去世，对圣彼得教堂的维修就被搁置了。直到 1503 年尤里乌斯二世上台，他才将旧教堂彻底拆毁。有意思的是，他和新教堂的设计师伯拉孟特一样，有意避免做出拆毁旧教堂的正式决定。只是在 1506 年写给英格兰的亨利七世的信中，他才谨慎地解释说老巴西利卡式教堂已经濒临坍塌，确实有必要采取剧烈的行动了③。金匠卡拉多索（Caradosso）制作了一枚纪念章（图 2-2）埋在新教堂的奠基石下面。上面刻有一句铭文"Templi Petri Instauratio"④解

---

① 阿尔伯蒂.阿尔伯蒂论建筑[M].王贵祥，译.北京：中国建筑工业出版社，2010：305.
② 彼得·默里.文艺复兴式建筑[M].王贵祥，译.北京：中国建筑工业出版社，1999：72.
③ 同上.
④ 同上.

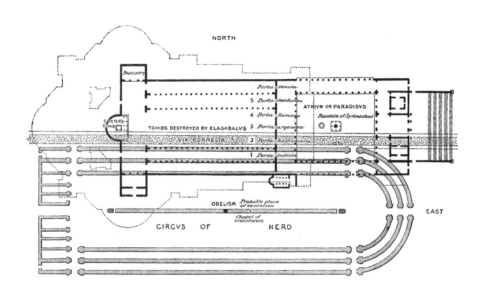

图 2-1　圣彼得教堂

图 2-2　金匠卡拉多索制作的纪念章

图 2-3　圣彼得教堂的新旧结合

释了这个工程不是要拆毁老教堂,而是要让其焕然一新。表达这一意思的纯技术性词汇就是 Instauratio,原意指重新举行一个失传的宗教仪式,在拉丁语圣经中,具有了更新甚至是重生的意思。最后的方案是将旧建筑包入新建筑中,旧教堂的正殿被完整地保留了下来(图 2-3)。

圣彼得教堂维修、拆除和新旧结合的整个过程,表明文艺复兴时期官方的"保护",是要保护一种古典的意象,他们不太在意古代建筑本身的价值,只是纠结于以哪种方式能够更好地表现教廷的正统和尊严,因此出现了早期保存修缮、后期逐渐改为更新的过程。而对于当时的建筑师们,既想摆脱历史的束缚,又难以完全放弃历史的诱惑。因此,在古典语汇大量被重构的同时,既有结构也得到了维修和一定的保存。

2.2.2　理性时代：既往与当下的冲突

　　人类进入 17 世纪，文艺复兴所引发的各种变异的趋势在日渐松动的宗教土壤上宣泄出来，并开始深层次地缔结，由此展开了一场守旧与革新的对抗。思想界的精英在这种氛围中，既充满对新世界的渴望，又怀着对过去的依恋。罗温索将这个时期形容为争执(querelle)：坚持认为经典古物是卓越的人和认为古不如今的人之间的观念冲突①。他认为，对自然衰败的认识、对过去知识的传播和新兴科学对经验和观察的信赖是这场争执的客观原因。

　　实际上，从 16 世纪末期，备受敬仰的古人就处处受到了诘问。例如在 17 世纪初期，瑟冈多·朗赛罗迪(Secondo Labcellotti)就说过："今日的人们或者现代的天才并不逊于过去的人。"②到了 17 世纪末，这场争执在法国和英国变得愈发尖锐起来，托马斯·贝内特(Thomas Burnet)以及威廉·坦普尔(William Temple)各自出版了《相比过去，对现代知识的颂词》(*Panegyrique du savoir modern comparèà l'ancien*)和《论过去、现代的知识》(*Essai sur le savoir ancienet modern*)，而夏尔·佩罗(Charles Perrault)在 1688 年出版了《古代与现代的对比》(*Querelle des Anciens et des Modernes*)，将这场古今之争推向高潮。古代的拥护者，他们只看到现代人的堕落，而现代的拥护者要么呼吁平等地对待二者，要么让自己通过积累知识和经验最终超越过去。例如泰拉森(Jean Terrasson)所持的就是第二个立场。他在《精神和理性：一切客体的应用哲学》(*La philosophie applicableà tous les objets de l'esprit et de la raison ouvrage en réflexions detaches*,1754)中认为：

　　现代人一般要胜过古人，从语言上讲，这是一个大胆的命题，而在原则上，它是谨慎的。说大胆，因为它抨击了一种古老的偏见；说谨慎，因为它让我们知道我们的优越并不在于我们的境界有多广，而是在于我们借鉴了前人的榜样以及他们的思考。③

　　在启蒙运动早期，当下完全取代过去，成为历史学家关注的重心。科林武德以伏尔泰和休谟为例，指出他们对于今天的看重以及对于过去的潦草忽略。他说伏尔泰公开宣称，早于 15 世纪末的事件都是不可能得到可靠依据的历史知识，而休谟的《英国史》是一部轻率的和草草勾绘的著作。④ 而这种把兴趣限于近代的原因，乃是他们以其对理性的狭隘概念，对于人类历史上非理性的东西没有同情，也就没有洞见。

　　直到法国大革命的前夜，启蒙时代才终于接受了历史乃发展的理念。在 1749 年，

---

① LOWENTAL D. The past is a foreign country [M]. New York：Cambridge University Press，2011：87.
② 雅克·勒高夫(Jacques Le Goff). 历史与记忆[M]. 方仁杰，等，译. 北京：中国人民大学出版社，2010：34.
③ 同上.
④ 科林武德. 历史的观念[M].何兆武，张文杰，译. 北京：商务印书馆，1999：184.

年轻的杜阁（Anne-Robert-Jacques Turgot）写就了《人类精神发展史思考》（*A Philosophical Review of the Successive Advances of the Human Mind*），在 1781 年，塞尔旺（J.-M.-A. Servan）出版了《论人类知识发展》（*Discours sur le progrès des connoissances humaines engènèrale, de la morale, et de la lègislation en particulier*），孔多塞（Marquis de Condorcet）也在去世前完成了《人类精神发展历程概论》（*Sketch for a Historical Picture of the Progress of the Human Mind*, 1781）。

这一切说明，启蒙时代的人们终于放弃了古人优于现代人周而复始的时间观念，取而代之的是线性发展的理念，它重视的是现代的每一刻，现代从争执中胜出。这是建筑遗产保护思想真正诞生的年代：对历史的尊重；用科学的方法研究历史；确立美学的多样表达。这些既确立了保护思想的哲理基础，也埋下了近两个世纪对保护理论反复争论的种子。

我们可以从温克尔曼的工作中看到启蒙时期的历史观念对保护思想的影响。作为启蒙时代的学者，温克尔曼从没有把艺术看成是与社会历史进程不相干的孤立现象。他认为文化与艺术的精神理想，同所诞生的地理气候条件紧密相关。他从理性原则出发，以全面细致的风格分析为依托，构建古代艺术史体系，这为后来黑格尔文化哲学中的"时代精神"概念奠定了坚实的基础。黑格尔在《美学》中是这样评价温克尔曼的：

温克尔曼已从观察古代艺术理想中得到启发，因为替艺术欣赏养成了一种新的敏感，把庸俗的目的说和单纯摹仿自然说都粉碎了，很有力地主张要在艺术作品和艺术史中找出艺术的理念。我们应该说，温克尔曼在艺术领域里替心灵发现了一种新的机能和一种新的研究方法。[1]

17 世纪，"restoration"与其他的艺术创作是没有什么不同的，"to restore"意味着按照年代或任意制作破损和遗失的部分。[2] 温克尔曼认为，没有人恰当地描述过古代雕塑，这种描述必须要明证这种美的原因以及这种艺术风格的特征。温克尔曼区分出"original"和"genuine"以及后加物的概念。与新古典主义的主要理论家，德国画家拉尔夫·门斯（Raphael Mengs，1728—1779）一起，温克尔曼宣称将修复部分与原初部分，将复制品与真品分别出来是有章可循的。温克尔曼的贡献总结起来包括：①强调古代的艺术价值，倡导向古代学习；②建立一套科学的研究方法；③区分原物和后加物的概念。

温克尔曼的朋友，罗马雕塑修复者卡瓦切皮（Cavaceppi，1716—1799），将温克尔曼的精神付诸实践，总结出三点：①修复者必须要具备丰富的历史艺术经验，才能理解原初的象征意义，如果存在争议就暂时不要去修复；②新的部分要用与原来相同材料的石

---

① 黑格尔.美学（第一卷）[M].朱光潜,译.北京:商务印书馆,1979:78.

② 依据《托斯卡纳艺术设计字典》(*Vocabolario toscano dell'arte del disegno*)的定义,转引自 JOKILEHTO J. A history of architecture conservation [M]. Butterworth-Heinemann, 2002:78.

材；③修复的部分必须要按照原物的破损面来进行调整。

他这样说：

修复不是再造一个美丽的胳膊/美丽的头/美丽的腿，而是理解如何去摹仿（imitate），就是在新加部分上表达古代雕塑家的风格和技巧。如果我发现修复的部分试图纠正原初的不完美而非去摹仿它，即便修复者是像米开朗琪罗那样认真地做过研究的天才，我也会说这个雕塑已经变成修复者的作品了，这种行为不是修复。[①]

在修复中尊重原初材料的概念，通过温克尔曼的传播在 18 世纪成熟。18 世纪末期开始的庇护六世时代的罗马斗兽场修复工作就是这种思想最好的注解，历史建筑的材料真实性得到了尊重。当时负责罗马斗兽场修复的卡诺瓦伊（Antonio Canova）和费亚（Carlo Fea）都是温克尔曼的追随者。他们认真地测绘遗址，保存并加固了古迹的微小细节。例如 1806 年斗兽场的东墙加固，使用了一段砖扶壁。古代的石头都在原位被小心翼翼地保护，即便有的因为地震已经不在原初位置了。

这个时期的罗马修复为保护思想的讨论提供了很多例子。比较经典的还包括了提图斯凯旋门（Arch of Titus）在 1818—1821 年的修复。虽然完形了，但是古迹告诉参观者新旧的区别。这个例子在德昆西（Quatremère de Quincy，1755—1849）1832 年撰写字典时被用来阐释"修复"这个词。

罗马对于古代纪念物的测绘和学习由来已久，从 18 世纪中期开始，圣卢卡学院（Accademia di san luca）的建筑竞赛就延续了这种传统。罗马的法国学院也越来越强调细致的考古测绘。从 1787 年起，这个工作变成强制性的，包括了对古迹的详细研究，对现状的记录，对"真实性"的研究，包括古代的文字和其他具有相同特点的古迹的比较，最后图纸上进行修复设计。这些工作的出发点都是源于启蒙时期人们认为历史是理性发展的观念。因此，才会如此强调对古代艺术、建筑物的科学研究。

2.2.3　工业时代：同情、羡慕、进步

1881 年，牛津大学的青年历史学家阿诺德·汤因比（Arnold Toynbee）就"工业革命"的话题作了系列讲座，这个定义让人联想到这是一个"双元革命"的时代——法国的政治革命、英国的工业革命[②]。然而工业化的影响远不如攻占巴士底狱那么显而易见，"革命"这个词对于英国人来说有点不知所云。实际上，是法国经济学家阿道夫·布朗基（Adolphe Blanqui）在 1827 年首先使用了这个比喻，1848 年以后由卡尔·马克思（Karl Marx）将这个概念在欧洲推广开来。因此，回顾从 1760 年工业革命开始到维多

---

① JOKILEHTO J. History of architecture conservation [M]. Butterworth-Heinemann, 2002：86.

② 艾瑞克·霍布斯鲍姆. 革命的年代：1789—1848[M]. 王章辉，译. 南京：江苏人民出版社，1999：5.

利亚女王执政时期(1837—1901)这近一个半世纪中,英国人历史观念的转变,就必然认识到,工业时代的技术革新与前工业时代的意识形态是并存的,物质的进步与浮夸市侩的现实是并存的,而处于变革中的人们对社会的转型还是懵懂的,正如约翰·S.米尔(John Stuart Mill)所言:"农夫们的眼睛将他们的脑袋瓜远远甩在了身后。"①

科林武德在形容这个时代的历史观念的时候,采用了"同情的""羡慕的""进步的"②这些词语。与启蒙时代相比,18世纪下半叶到19世纪的英国人,对过去有着不同的认识。"同情"来自卢梭的启蒙,他认为人性是一种存在的公意,并不是如启蒙运动理论中的理性一样,直到近代才发展起来的,因此历史的原则不仅仅适用于文明世界的近代历史,也适用于一切民族和一切历史,于是原始社会、中世纪就变得可以理解了。"羡慕"是第二个层次,是对令人敬畏的现实的安慰剂。过去提供了业已消失的美德样本——特别是中世纪的英格兰——那种分享的、有规律的生活是对物质的、缺乏交流的现实最深刻的对比。建筑师G.E.斯特里特(G. E. Street)在《教会学建筑师》(Ecclesiologist)杂志上说:"我们就是中世纪人,并且以这个名字自豪。希望我们的工作同样具有单纯有力的精神,这是13世纪的人们成为那样卓越的生灵的原因。"③人们第一次开始对今天不再那么自信,而历史也成为了人们逃避今天的后花园。过去在与今天的对抗中,第一次占了上风。但是人们已经认识到今天的历史阶段是根植在过去已经消亡的历史阶段里的,人们"同情"抑或"羡慕"过去的文明,都是因为从中看到了自己过去的精神。这就是工业时代"进步"的历史观念。"同情""羡慕"与"进步"呈现出对抗的意味,这也是为什么19世纪的保护和修复会发生那么强烈地碰撞的文化土壤。当"同情"与"羡慕"强烈的时候,过去的遗产就引发了人们的移情,而当"进步"的理性超越了这种乡愁,对于遗产的处置就可以更加灵活。

这一时期,无论是浪漫主义运动、回归自然、异邦情调的艺术追求,还是各种复古主义的出现,都是在如此不稳定、急剧动荡和变革的社会背景下,知识分子及艺术家对陷入贸易和工业泥沼中导致的感觉迟钝、思想狭隘、想象力萎缩的对抗。然而"同情"与"羡慕"的历史观念却导致了沉重的负担——丰富的历史知识和再现历史技能的增强,对于18、19世纪的英国寻找自己时代的风格产生了巨大的阻碍。斯科特这样担忧地说:"对于过去丰富多彩的世界的探索,诱导了一种善变的折衷主义——建筑一会儿是这个形式,一会儿是那个形式。我们满足于撷取过去的果实而非耕耘自己的田地。"④

---

① MILL J S. The spirit of the age (1831) [M]. New Youk: Collier, 1965: 29.

② 科林武德.历史的观念[M].何兆武,张文杰,译.北京:商务印书馆,1999:140.

③ 转引自CROOK J M. William Burges and the High Victorian Dream [M]. London: Murray, 1981: 55.

④ 斯科特《建筑特征的评论》(Remarks on Architectural Charactor,1846),转引自PEVSNER N. Some architectural writers of the nineteenth century [M]. Oxford: Clarendon, 1972: 177.

为了响应对"我们这个时代的建筑——独特的、独立的、鲜明的 19 世纪建筑风格"①的呼吁,建筑师们艰难地从众多来源中借鉴设计灵感。阿尔弗雷德·德缪塞(Alfred de Musset)对折衷主义这样批评:"我们拥有所有的时代唯独没有当下的,我们利用我们找到的一切,美丽的、日常的、古韵的、甚至丑陋的,因此我们生活在碎片中,即使世界的那一端已经近在咫尺。"②50 年以后,莫里斯哀叹道,19 世纪的所有复兴,从"纯粹的哥特式到安妮女王式",都只留下了"公开摹仿的庸俗和无想象力的建筑"。③ 他在 SPAB 的宣言中这样说:

因此,19 世纪的文明世界在其他世纪的风格包围中找不到自己的风格。因此,修复老建筑这个奇怪的想法就浮现出来;而最奇怪的致命的想法,是认为可以将建筑的这段或那段历史和生命剥离——而随心所欲地塑造某种历史的、活生生的形象,就仿佛它曾经这样存在过。④

对于过去的历史,人们抱有同情、羡慕的情愫,并且希望从中确立自己今天的形象。而这样的历史观念使得过去的样式成为了今天创作的素材,过去的生活模式成为了逃避工业时代的避难所,过去的事件成为塑造今天民族性格的缘由。"过去"在这个时代被提到了从未有的高度,对"过去"的看法又是如此包容和情绪化,但是人们又身处于今天的世界,任何将"过去复活"的努力都是无效的。因此对过去遗存的处置方式才会产生了如此激烈的争辩和不同的做法。

浪漫主义试图将今天与历史融合在一起是无法实现的。人们在深深扎根于今天的同时又畏惧今天,由于害怕历史的意义而不想去认识它;因为确切地解读历史就必然意味着认识其现实意义,这是浪漫主义者竭力要掩饰的。在这样的历史观念下,对于建筑遗产,它的物质属性退居了次席,而所代表的精神,成为了人们关注的对象。在 19 世纪,无论是英国的教堂修复运动浪潮,还是法国对于国家遗产的推崇,骨子里都是对这种精神的追求。

雨果,这位浪漫主义运动的发起人,在他的《巴黎圣母院》中写下了这样一段话:

他一面打开密室的窗户,一面用指头指着圣母院这座大教堂,它那两座巨大钟塔的石头外墙和那庞大下部的黑黑轮廓高耸在满是星星的夜空里,好像是一个两个脑袋的

---

① 唐纳森(T. L. Donaldson)《关于建筑学讲座的初步讨论》("Preliminary Discourse…upon the Commencement of a Series of Lectures on Architecture"),转引自 PEVSNER N. Some architectural writers of the nineteenth century [M]. Oxford:Clarendon,1972:177.

② DE MUSSET A. Confession d'un enfant du siecle (1836)[G]//DE MUSSET A. Oeuvres completes:Prose. Paris:Gallimard,1960:89.

③ 莫里斯《建筑的再生》(*Revival of Architecture*,1888),转引自 SUMMERSON J. Evaluation of Victorian architecture [J]. Victorian Society Annual,1968-9:38-9.

④ SPAB 宣言的完整译文见附录 A。

斯芬克司坐在城市的中央。

副主教不声不响地观看了一会这座大教堂，接着叹了一口气，右手指着那本打开在台子上的书，左手指着圣母院，把忧郁的眼光从书本移向教堂：

"唉！这个要消灭那个的！"①

在1877年版本的《巴黎圣母院》的第二章，有这样一幅插图（图2-4），一本书取代了圣母院。雨果这样解释"书籍要消灭那座建筑"的含义：

在古腾堡之前，建筑艺术一直是主要的普遍的创作体裁……建筑艺术一直都是人类的主要记录……世界上没有一种稍为复杂的思想不以建筑形式表达的……到15世纪情况就完全改变了。人类的思想发现了一种能永久流传的方式。它不仅比建筑艺术更耐久更坚固，而且更简单更容易。建筑艺术走下了它的宝座。俄耳甫斯的石头文字将要由古腾堡的铅字继承下来。②

图2-4　这个（书本）要消灭那个（教堂）

对于年轻的雨果来说，哥特教堂是自由的象征。中世纪的建筑表达了人类的思想和欲望，但是随着文艺复兴的开始，学术化和过度理性扼杀了建筑，它不再是表达的载体。建筑是一本打开的书，而不是完结的，这就是为什么圣母院的怪兽们被视作是想象力的展示，而不是中世纪的鬼怪大全。"每一代人走过时都要在这本书上写下一行字。他们抹去了大教堂正面古老的罗马象形文字，我们顶多还能看见在他们那新的象征下面四处显露出来的教义。"③对于雨果来说这种表达的权利是自由的。雨果认为"哥特

---

① 雨果.巴黎圣母院[M].陈敬容，译.北京：人民文学出版社，1982：201.
② 转引自 CAMILLE M. The gargoyles of Notre-Dame [M]. Chicago：The University of Chicago Press，1992：84.
③ 雨果.巴黎圣母院[M].陈敬容，译.北京：人民文学出版社，1982：204.

教堂是一种自由表达的表现"①,这种想法深刻地影响了维奥莱特-勒-杜克。

雨果的小说以文学的方式重建了以巴黎圣母院为代表的历史建筑。当维奥莱特-勒-杜克在撰写如何将巴黎圣母院修复到它原初的形象时,他更多地参考了雨果在小说里面的隐喻,而非考古年鉴中的指引。那是雨果世俗愿景中的大教堂,无论它与今天保护的准则有多大地偏差,雨果甚至这样描述:"这座巴黎最中心的教堂像一只怪兽②,它的头像是这一座教堂的,四肢是那一座教堂的,臀部又是另一座的,它是所有教堂的综合。"③这一巨大的力量,在雨果看来,是建筑的自身传播能力:"符号需要在建筑身上表现出来,因此建筑是人类思想的结晶。它成为了有成千上万头颅和手臂的怪兽,让含糊的意义立刻变得清晰和永恒。"④在他小说的第一章中就很清楚地变现出他的想法:"让我们回到圣母院的立面前来,就像它今天所呈现的那样,当我们虔诚地去欣赏它的庄严、强大和历史时,这个可怕的大教堂,就使观察者们的内心充满了对其巨大身躯的恐惧。"⑤

雨果的这种浪漫主义态度在 19 世纪的影响非常深远,他把历史古迹看作是人类思想的载体,既然思想和创造力是在不断地进步,所以历史古迹就不应该固步自封,而应展现出最打动人心的形象。这种观念也是前文讨论的 19 世纪特有的,对过去"同情、羡慕",但是又立足当下的历史观念的延伸。维奥莱特-勒-杜克受到了雨果文字上的暗示,在其大规模的修复工作中,对建筑内在精神的追求成为了首要目的。

另外一方面,19 世纪特有的历史观念在拉斯金、莫里斯这样的保护主义者身上,却有着不一样的诠释。雨果所代表的浪漫主义者是立足当下的,与过去的物质形态是疏离的,而拉斯金尽管也承认历史的历时性,但是他对如何理性地看待和解释历史的发展是没什么兴趣的。他关注于古物与人之间的移情效果,因此,同情和羡慕之情远超过理性的历史观念。

拉斯金的贡献在于他对价值的讨论:什么是值得保存的? 这种价值是否仅存在于外观形式,那些能够不断重复的东西? 或者这种价值是由物体本身材料的变化传递的,例如,一处易碎的墙体、松散的或支离破碎的柱子? 历史学家比建筑师们更敏锐地感受到了它们在特定文脉中的诗意。拉斯金对于建筑形式如何从早期英国式变为装饰式是不感兴趣的,他关注的是人对古物产生的情感。

譬如说他反对将中世纪的建筑汇编成典——将那些本该看起来是朴拙的怪诞作品

---

① 转引自 CAMILLE M. The gargoyles of Notre-Dame [M]. Chicago: The University of Chicago Press, 1992: 84.

② chimeras,狮头羊身蛇尾的怪物。

③ 雨果. 巴黎圣母院[M]. 陈敬容,译. 北京:人民文学出版社,1982:128.

④ 同上:204.

⑤ 同上:75.

或如画的讽刺剧变成了平常形式的词语的做法。到1840年,关于中世纪建筑的分类学已经完成,最小的尖角和卷叶纹也被纳入到这个系统中,中世纪建筑被整理进了科学的系统中。而拉斯金反对将风格进行分门别类和细节的总结,他在《建筑七灯》中用了宽泛而且开放的定义,例如"记忆"或者"力量",完全不同于建筑史学家们的分类方法。莫里斯,也表达了对这种词汇式归纳方法的厌恶。他将老建筑称为工匠的作品,或将其按照所属的年代进行描述,描绘出那个时代壮观的全景图。他对于特定建筑的写作不仅关注艺术价值,尤其关注建筑对于情绪和感觉的影响。

拉斯金对于过去的物质载体——建筑或艺术品的"同情"格外强烈。他在《记忆之灯》中这样说:

> 人类的遗忘有两个强大的征服者——诗歌和建筑。后者在某种程度上包含前者……倘若我们对过去的了解的确有些益处,或者死后将会被后人记住的确有些快乐,就可以给当前的努力提供力量,给当前的忍耐提供耐心……民族建筑就有两个义务:使得当代的建筑成为历史;将过去的建筑作为最宝贵的遗产加以保护。①

拉斯金华丽而富有激情的话语可以归纳为"记忆和如画风格"两个关键词。譬如,在开篇他就说:"没有建筑,我们照样可以生活;没有建筑,我们照样可以崇拜;但是没有建筑,我们就会失去记忆。"而这种记忆包含"哥特建筑……提供的表达方式,或象征或直接地表达了民族情感或过往的一切"——这里指出了集体的记忆;"我们的居所……它们必须千差万别,与个人的性格、职业相适应;甚至也和个人的历史相吻合……应该得到其子孙的尊重"——这里指出了个体的记忆。拉斯金所认为的"如画风格"有两层含义,是美与崇高的结合,而崇高是处于次要依附地位的。因此他说"裂缝、斑点和累赘将建筑和大自然的作品同化,赋予建筑以人人喜爱的颜色和形状。这导致了建筑真正特征的灭亡,从而使建筑如画。"对于拉斯金来说,如画是比原初特征更重要的美学要素,因此他并不是偏爱过去风格,而是偏爱这种风格逐渐磨灭的过程。他对过去的"同情"要超过"羡慕"。

莫里斯进一步推广了这种认识,并且将其历史性更清晰地展现出来,他认为:

> 任何时代的艺术都应该是那个时代社会生活的写照,但是今天却不允许他们这样做。正是因为古代和现代存在这种差异,因此如果现代社会的基本要素不改变,哥特建筑是不可能复兴的,而修复也是不可能的,现代工人不可能是古代工匠那样的艺术家……今天也不可能按照与中世纪相同的方式来建造。②

在1877年SPAB的成立宣言中,莫里斯这样描述建筑遗产所包含的内容:

---

① 约翰·罗斯金.建筑的七盏明灯[M].张璘,译.济南:山东画报出版社,2006.
② JOKILEHTO J. A history of architecture conservation [M]. Butterworth-Heinemann, 1999:355.

对那些早于我们建筑师的、监护者、包括一般大众的遗产,它们铭记有过往的宗教、思想和习俗……那些存在于其上的灵魂,不可能再现,是与宗教、思想和过往的习俗密不可分的……也许有人会问,什么类型的艺术、风格或者建筑值得保护? 答案是,具有艺术、如画的、历史的、古旧的或者有内涵的一切作品,总之,那些有学识、艺术感的人们认为应该保存的东西。[①]

在此,莫里斯关于过去的概念十分含糊,似乎可以包含一切历史遗迹,这是符合工艺美术运动对于当下的批评态度的。在拉斯金和莫里斯的观念中,过去是一种值得仰慕和同情的对象,但是他们为了将过去的建筑、艺术品平等地对待,而逃避对其进行客观理性的分析,也是一种与工业时代"进步"的历史观念相悖的做法。这导致了拉斯金的呼吁并不能给保护实践以指导,他也走进了自己话语的迷宫,无法自圆其说。工业时代这种"羡慕""同情"但是又"进步"的历史观念本身的矛盾性与工业时代社会发展与思想认知之间的矛盾性是同步的,因而也诞生了保护思想的分歧与对抗。

2.2.4　20 世纪:历史的隐没

在现代主义者的眼中,工业社会以及后工业社会已经不需要传统的支撑,现代对于历史的研究将我们从过去的统治中解放出来。对传统全身心的忠诚、对过去榜样的模仿、与伟大的古物交流时产生的移情、从黄金时代求得的安慰和在废墟和古迹上寄托的对往昔的追思——这些传统与历史对话模式不再可靠。现代主义者试图超越历史,蒙德里安(Piet Cornelies Mondria)在《造型艺术与纯造型艺术》("Plastic Art and Pure Plastic Art")一文中写道:"当然,过去的艺术对于新精神来说是多余的,有碍于它的进步:正是它的美使许多人远离了新的概念。"[②]先锋派、构成主义和包豪斯都采用了激烈的反历史态度。

在赖特和勒·柯布西耶的谈话中,历史古迹都被视作可以存放进博物馆的陈列品,他们将历史建筑与现代建筑对立起来。赖特 1939 年在英国皇家建筑师学会的演讲中指出:

……伦敦严重地处在我们称之为生活的威胁中,因为生活本身,各位阁下、女士们、先生们,让我们面对现实。伦敦的建筑衰老了,伦敦也是衰老的。我们怎么能再否认这一点呢? 假如你的祖母在今天已经老得没有指望,你们会用什么态度对待她呢? 可能会出现某种改善而又缓解的情况,不是吗? 那应当是你们符合人道的态度。如果她死去,你们或许不会将她涂上防腐的香料存放在玻璃棺材中。我看其中与你们对待伦敦

---

① EARL J. Building conservation philosophy [M]. Shaftesbury: Donhead Publishing, 2003: Appendix 2.
② 曼弗雷多·塔夫里. 现代建筑[M]. 刘先觉,等,译. 北京:中国建筑工业出版社:375.

的态度有相似之处——改良、缓解，给古老的伦敦以荣誉，并且离开她，然而，最后又很快把她当作纪念碑，妥善地保存在一片绿荫的公园内。①

而柯布西耶在 1925 年《都市规划》中也提出了对巴黎老城区类似的看法。因此，现代主义的狂潮下，历史的隐没似乎是大势所趋。历史建筑或者城区被看作是静态的博物馆，与今天的城市结构格格不入，而历史符号、风格也变成空虚、无用的事物，是现代主义者们极力避免的语汇。但是，这种超越历史的态度，来源于人们对于过去与今天的关系更加理性的认识。

人们认识到已经不可能继续生存在产生自身的历史中。对历史的考据固然是唤起我们对过去的回忆，却更清晰地显示了建筑已经从过去向前迈了多远。马克·布洛赫（Marc Bloch）说过："对现在的不了解必然来自对过去的无知，但若对现在是无知的，那么即便竭尽全力去了解过去也不会有多大的裨益。"②过去／现在的这种关系在 1929 年 L·费菲尔和布洛赫创办的《年鉴》（Annales d'Histoireéconomique et Sociale）杂志中具有很大的影响，同时它也启发了一份英国历史期刊，以至于该期刊就以《过去和现在》（Past and Present）为刊名，在 1952 年的创刊号上，它宣称："历史，从逻辑上说，并不能把对过去的研究与对现在和将来的研究分割开来……"③因此，历史的隐没并不是对于历史的背弃，而是现代主义者故意的反历史表达，就像极简主义其实是一种矫揉造作的装饰风格，现代主义在面对历史上的刻意疏离也暴露了其对历史的恋恋不舍。

尽管现代主义的狂潮给历史城市造成了无法控制的破坏，尤其是第二次世界大战以后的三十年大规模重建。但是人们强烈的乡愁和寻根的执着、对于保护的坚持、对于民族遗产强烈的诉求展现了过去依然是如此强大。保护思想在现代主义的浪潮中表现出了更加理性、务实的特征，与历史的关系也格外冷静。

乔瓦诺尼（Gustavo Giovannoni，1873—1947）在 1932 年的《意大利文物建筑修复标准》（Norme per il restauro dei monumenti）中阐释了他的历史观念：

从历史学的角度，任何时期——正是这些不同时期组成了历史——都不能被省略；不能因为错误的研究歪曲历史提供的信息；更不能抛弃需要进行分析研究的各种材料。其建筑学的概念旨在修复艺术品的历史价值，并且在可能的情况下使之组成一个体系（不要和风格的体系相混淆），这一体系的标准必须从市民的情感出发，从城市的性格出发，包含城市的过去和记忆。④

乔瓦诺尼秉承了意大利历史主义的思想。在他看来，历史建筑或者历史城区是今

---

① 曼弗雷多·塔夫里. 建筑学的理论和历史[M]. 郑时龄，译. 北京：中国建筑工业出版社：46.

② BLOCH M. Apologie pour l'histoire ou metier d'historien [M]. Paris：Colin，1974：47.

③ 雅克·勒高夫（Jacques Le Goff）. 历史与记忆[M]. 方仁杰，等，译. 北京：中国人民大学出版社，2010：21.

④ GIOVANNONI G. Norme per il restauro dei monumenti [Z]. 1932.

日城市结构、建筑符号形成的来源，因此，对其研究和保护重在对历史价值的延续，也即精神（价值）超过了物质形象（风格）。卡米洛·博伊托（Camillo Boito，1836—1914）在1884 年提出将建筑分为古建筑、中世纪建筑和现代建筑三类，并且以"考古学修复""如画风格修复"和"建筑学修复"相对应①。相比之下，乔瓦诺尼在历史观念上有了进一步的发展。他这样评价博伊托的工作："他指出，必须尊重各个时期叠加于古迹之上的部分，充分认识到它们的艺术价值。对它们进行结构性修复时，在确保其风格特征得到延续前提下，需要以现代的眼光，解决其加固的技术问题与再生的操作问题。"②博伊托的"语言文献式修复"明确指出后添加内容对原始语意有篡改的危险，他意识到今天的研究、干预已经或者将会给历史的文本带来认知上的误会，并且提出要明确标识出每次阐释的过程来确保后人不会误读。这些想法无疑具有非常理性的历史意识。但是这种理性被博伊托圈限在了古典纪念物范畴类，说明他没有将新近的历史划归到"历史"的范畴内，他希望以如画风格、建筑翻新完成对这些新近历史建筑的再利用。因此，这个理论就很难自圆其说，特别是运用在实践中时，例如他提出，建筑在修复工程中的新旧部分必须有风格性区分，修复所用新旧材料也必须予以区分。但是如何定义新与旧呢？如果今天的是新的，历史的是旧的，那么中世纪之于古典时期是不是新与旧的关系？这种逻辑上的困扰正是他对于当下和过去概念上的不够清晰造成的。

　　乔瓦诺尼将这种历史观念在实践上进行推广。对他来说，对于历史建筑的保护是一种"临床案例"式的研究，无论是加固、解析重塑（anastylosis）、剥离、完形还是更新，都是基于对历史建筑的理性分析，所谓"科学性修复"其实是一种对历史远距离观察、客观地筛选以及冷静地操作过程。它站在实证主义的立场上，将各个时期的建成物看成是拥有等同价值的保护对象，同时依据物质文化观念，试图通过科学严谨的保护措施来还原真实的过去，展现历史建筑背后所蕴含的人类社会生活。"科学性修复"似乎给 19 世纪以来的修复乱象指出了合理的发展方向，也给保护的热潮指出了最切实可行的通路。乔瓦诺尼将"科学"视作"修复"唯一可以依仗的方法论，但却将历史建筑逐渐推向了博物馆。因此可以说，乔瓦诺尼这位保护理论家在历史观念上还是具有鲜明的现代主义特征。

2.2.5　当代："过往即他乡"

　　意大利的艺术史学家阿尔甘（Giulio Carlo Argan，1909—1992）在 1965 年写道：

在这个世界上，一切都在逃避限定，艺术不再拥有永恒的标准；自然也不例外，自然已被看作是人类精神的再现，属于人类思想史和活动史的范畴；历史也不再是目的论的

---

① 尤嘎·尤基莱托. 建筑保护史［M］. 郭旃，译. 北京：中华书局，2011：283.
② JOKILEHTO J. A history of architecture conservation［M］. Butterworth-Heinemann，1999：222.

阐释,而呈现为一大堆事件,一种本质存在(so-sein),一个人们不再能确定自己所处地位的迷津,以至于遥远的事物会突然显得非常贴近,而近在咫尺的事物又那么遥远,几乎难以理解……毫无疑问,历史的信息比以往丰富得多,然而历史不再是建立在价值判断上的一种结构,以迫切感提出问题,而不再提供模式。①

这段话很好地诠释了当代的历史观念,经过后现代主义思潮的冲击之后,已经没有多少历史学家对历史客观性坚信不疑了。20世纪哲学与文化的演进,尤其是后现代主义的兴起就是要破除主体性,颠覆客观的历史意识。在后现代主义者看来,"传统历史是逻各斯中心的,是神话、意识形态和偏见的源泉,是一种封闭的方法。历史特许这一个或那一个对象为最高的中心,为真理和意义的终极起源和记录者,而所有其他的事物必须借助于那些术语才得以被理解和被解释。"②因此,历史的终结和被批判是必然的。在后现代历史哲学家看来,对于历史学来说至关重要的是如何解释历史现象,而不是过去历史学家所追求的客观性。

罗温索在《过往即他乡》中,认为每个时期都面临着它的遗产被认为是负担的可能,每个时期都试图在接受或拒绝中妥协;每幅过去与现在的画像都在投射这种痛苦的两难。我们是如何感知过去的?"过去已经远离,只剩下物质的残留和经历者的体验,没有什么证据能确定地告诉我们过去就是这样"。③作为了解过去的途径,记忆、历史、文物展现了相似性和不同。因为个人因素和不确定性,记忆往往仅联系到童年;而历史,需要对大众开放它的信息与结论,可以追溯到以前的文明记录。个体的死亡不断在抹去记忆,而历史(出版的文本)具有潜在的恒久性。所有的历史都基于记忆,但同时也是被甄选、干扰或后世有意篡改的结果。因此,罗温索才会感叹:过往即他乡。我们对过去的认识总是不确定的。

当代的历史意识再次模糊了过去与今天之间的距离感,对历史保护成为今天文化阐释的过程。认识到"过往即他乡"丰富了我们对古迹从过去到昨天的理解。我们创造了古迹,虽然与历史上的它们很不一样,并将它们像商品般在当代贩卖。在改变它们的同时,我们也在同化它们,将它们的不同逐步消解。"当历史突然出现在新近的过去中",一个评论家这样说,"它一定要被消毒,要变得安全和无繁衍能力。体验在无休止地高档化;过去的每块肮脏、兴奋和危险、不舒服的真实部分都变成了嬉皮文化。"④当代的选择——无论是原址还是移位保护、无论是保留废墟还是完形,都影响了过去是如

---

① 曼弗雷多·塔夫里.建筑学的理论和历史[M].郑时龄,译.北京:中国建筑工业出版社:39.
② 波林·罗斯诺.后现代主义与社会科学[M].上海:上海译文出版社,1998:93.
③ LOWENTAL D. The past is a foreign country [M]. New York:Cambridge University Press,2011:xxii.
④ 1984年9月24日《纽约客》(*New Yorker*)39页上的评论,转引自 LOWENTAL D. The past is a foreign country [M]. New York:Cambridge University Press,2011:xxv.

何被感知的。摹仿的、假冒的、新的作品都改变了古物的光晕。

罗温索在《捏造的遗产》("Fabricating Heritage")一文中,指出当代的这种历史观念对于遗产保护的影响。他说:

我们对虚假的思考绝不少于对真实性的思考。任何留存的事物都会受此影响,任何已知的遗迹都曾被更改过;但是这个事实并未让我们困扰,反而使我们解脱。意识到过去总被更改总比假装过去一成不变来得恰当。要求保持事物一成不变的保护倡导者们打了一场败仗,因为欣赏过去就要改变它。每一项遗产都是一份嘱托,不仅对它的创始人也对它的后继者,既是对过去的精神的继承也是对当下的观点的阐释。①

虚构历史会通过微妙而不显眼的方法进行,这在许多保护项目中都存在——为了生存迫使过去必须不断更新。遗产必须是持久的,还要很强的适应性,重塑(reintegration)比保存更重要。

切萨雷·布兰迪(Cesare Brandi,1906—1988)的"创造性修复"将这种历史观念在保护思想上推广得更远。

布兰迪深受胡塞尔和海德格尔的影响。海德格尔认为艺术家的活动正是创造性过程,这属于艺术品的统一性之中:"艺术……就是正在成为以及发生的真实。"②布兰迪的艺术品创造过程吸收了海德格尔的概念,他认为:客观、"存在的现实",通过艺术家的"纯粹现实"概念化或塑造图像与展示形式,在"物质现实"中来实现艺术品的材料形态。(图2-5)布兰迪认为艺术品总是在当下所阐释的,没有阐释就没有艺术品,因此修复的过程就是阐释的过程,也是艺术品成为艺术品的过程。布兰迪将保护与艺术品的这种特质联系起来,强调了保护者在艺术品存在时间中的添加作用,并且指出历史性的批判乃是任何干涉行为的基础。

胡塞尔在《欧洲科学的危机与超越论的现象学》中这样理解历史:"历史从一开始无非只是原初意义构成和意义积淀之相互保存和相互包容的活的行为。"③而胡塞尔的时间现象学理念更是布兰迪理论中最主要的借鉴来源,胡塞尔的意识层次论被布兰迪以艺术品的时间线诠释得非常妥帖。布兰迪设计了艺术品存在的时间线(tempo storico):

时间与艺术作品在以下三个特定阶段相互关联,并组成历史的时间线:

(1)艺术家创作艺术作品所需的持续时间;

(2)从艺术家完成作品到现在所经历的时间;

---

① LOWENTHAL D. Fabricating heritage [J]. History & Memory, 1998, 10 (1). 转引自 VIÑAS S M. Contemporary theory of conservation [M]. Oxford: Butterworth-Heinemann. 2004: 110.

② HEIDEGGER M. The origin of the work of art (1960) [G]//HEIDEGGER M. Poetry, Language, Thought. London & New York: Harper & Row, 1975: 79.

③ 高秉江. 胡塞尔的内在时间意识与西方哲学的时间观[J]. 求是学刊, 2001(11): 29-35.

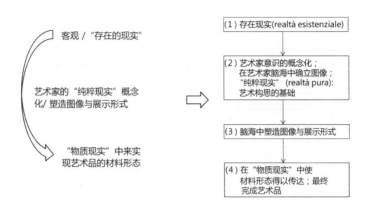

图 2-5　布兰迪的艺术品创造过程

（3）目前的意识对艺术作品的认知情况。[①]

一旦创造性的阶段完成，艺术作品就会以人类意识的表现形式存于世间。布兰迪的理论解释了现代的修复过程就是一次批判的过程，并且形成了一套自己的语法，而主导这一切的正是成熟的历史意识。在他 1948 年第一次给"修复"定义的时候，他认为有两种倾向：一是试图使人类活动载体的普通物品重新获得效能；二是对特殊物品——艺术品的修复。基于此定义，艺术品必须通过艺术的手法来修复，这不是品味的问题，而是关乎艺术品独特的创造过程。布兰迪说：

从传给后代的角度考虑，修复由认识艺术作品的方法时刻组成，存在于其物理一致性和美学与历史学的两极之中。[②]

美学与历史学常常是有冲突的，修复就只能是艺术品本身内在的妥协。而艺术品的特质使得历史价值需要退居次席。布兰迪不同意乔瓦诺尼的"考古学修复"，因为这往往立足于纯历史学的观点，而即便是废墟也常常是艺术品的留存，同样需要经过批判性的检验过程。他同样批判了历史上的修复，他认为文艺复兴并不是真正地使历史得到重生，而是使用历史的元素和概念设计了一种新的风格。而 19 世纪的复兴也仅仅是复制了过去的风格而没有创造出自己的语言。修复者总是在精神上与当下紧密联系的"存在于历史的当下"——将过去用自己的语言转译出来。

布兰迪首先将自己的理论在艺术品——油画的领域进行了运用，包括制定清洗标

---

① BRANDI C. Theory of restoration [G]//PRICE N S，TALLEY M K，VACCARO A M. Historical and philosophical issues in the conservation of cultural heritage. Los Angeles：Getty Conservation Institute. 1996：230.

② 同上。

准来重新弥补损坏的地方,然后他将理论推广到了历史建筑上。作为艺术品的历史建筑,古色古香的艺术特征往往被新的、锋利的、闪亮的新添加的部分夺去光芒,因此布兰迪认为修复的目标是保护而非翻新这些历史建筑。在保罗·菲利波(Paul Philippot)的推动下,布兰迪的三条修复准则在 ICCROM 得到承认。

这三条准则包括:①任何重组在近距离都应该很容易辨认,但同时又不应该违抗修复中的统一性;②任何直接影响形象的物质部分都不可替换,因为它们组成了意义(aspect)而非结构(structure);③任何修复都不应该成为未来必要干预的障碍,实际上应该给它提供便利条件。

布兰迪把修复定义成"旨在延续艺术作品生命力的行为,且通过对作品外观进行局部的完善从而使它能赋予人更多享受"[①]。这一定义带来这样一种原则:"修复的目的应该是,尽可能重建艺术品潜在的和谐性,但不能进行艺术的或者历史的伪造,也不能全然消抹时光在艺术品身上留下的痕迹。"[②]博内利(Renato Bonelli,1911—2004)则在自己的方向上走得更远,他把修复定义为"批评的实践":

如果作品形象的展现被打断,那要么是它遭到破坏,要么是存在视觉障碍,所以在批评过程中就必须以想象力为依据去重新组织或重新制造缺失的部分,通过预计作品修复后的样子来使作品回到充分的和谐状态。这种情况下……想象力就不再是重新唤起什么东西,而是在制造东西;于是整合批评实践和艺术创作的第一步就这么开始了。[③]

当代遗产大部分的杜撰是通过无意识且不被承认的方式施行的。那么保护发挥的作用就无关它的科学性,而在如何进行阐释。谱系的设计以微妙的方式发生,它隐藏在试图将对象恢复到某种状态的保护中,而这种状态必须与我们预想中的状态一致,否则遗产的价值就有可能被忽视。遗产保护中,常常会对某些特征进行筛选,其后果就是频繁破坏对象的一些特征,从而呈现预设的一些状态。

2.3　审美意愿:对古迹美学的认知

对于历史的看法,直接地表现是人们审美趣味的变化。而审美意愿决定了人们如

---

① BRANDI C. Theory of restoration [G]//PRICE N S, TALLEY M K, VACCARO A M. Historical and philosophical issues in the conservation of cultural heritage. Los Angeles：Getty Conservation Institute. 1996：230.

② 同上：377.

③ BELLINI A. La Carta di Venezia trent'anni dopo：documento operativo od oggetto di riflessione storica? [J]. Restauro，1995，131-132：126-127.

何看待遗产:敬仰、恐惧、赞美或是摒弃。14、15 世纪,人们为古迹的壮美所折服,开始推崇对于古代遗址的保护;古色(patina)概念的形成,将艺术品的审美中天然与人为、原真与篡改、美与丑的哲学辩论联系在一起,奠定了几个世纪以来,保护与修复论战的美学基础;而伴随着考古发掘,人们对于古迹的美学有了更加客观和理性的认识,同时,对古物如画特质的浪漫迷恋将废墟美学在英国推广,从而使得英国成为了保护事业最主要的发源地。因此,对审美意愿的研究是了解保护思想如何追求价值理性的一个重要维度。另一方面,艺术史学家们认识到人们审美方式的变化,里格尔将艺术哲学的先锋性引入了对古迹价值的讨论中,开辟了走向当代的理论途径。

2.3.1　文艺复兴时期的怀古情怀

当 14、15 世纪的人开始了解希腊和罗马的光辉时,他们看见的是古代建筑或雕塑残缺不全的破败的碎片。他们赞美这些时间冲蚀下的碎片,而非它们破败的状态;这些经典形象被他们再创后栩栩如生地回归生活中,而非时间流逝后的破败幸存者。然而这些破败的残片依然启发了古物(antiquity)这一概念的形成。杜·贝莱(Du Bellay)是被半掩埋状态的罗马的壮美所折服的一个典型访客。他在《罗马的纪念碑》中写道:

> 你,新来者,到罗马来寻找罗马,
>
> 可是在罗马你不见罗马的踪影,
>
> 这些毁坏的宫殿,这些朽败的拱顶,
>
> 这些颓垣断壁,就是所谓罗马的奢华。
>
> 你看这豪气,这废墟的伟大;
>
> 可是这风靡世界的帝国,
>
> 为了征服一切,自己也最终夭折,
>
> 屈服在时光无上的淫威之下。
>
> 罗马是罗马唯一的纪念碑,
>
> 罗马只屈从于罗马的神威,
>
> 唯有第伯河依然,西流去海。
>
> 啊! 第伯河,朝三暮四的河流!
>
> 随着时光流逝,坚固的不能长久,
>
> 而流动的,反而安然长在。①

罗马的壮美和现状的衰败让文艺复兴时代的诗人们黯然神伤,彼特拉克在游历了

---

① 中国诗歌库. 杜·贝莱(Joachim du Bellay)诗选[EB/OL]. 程依荣,译. [2016-08-26]. http://www.shigeku.org/shiku/ws/wg/bellay.htm.

罗马后,对罗马人对于自己古迹的无知与破坏感到痛心与焦急,他写信给朋友阿尼巴蒂(Paolo Annibaldi)呼吁说:"要赶快避免这种破坏……拯救这些废墟将是你的荣誉,因为它们是罗马不可亵渎的荣耀的见证。"①

除了诗人们带有浪漫感情的怀古,文艺复兴的建筑师也从古代的遗迹找到失去的文明和可学习的范式。据传 1414 年,布拉乔里尼(Bracciolini)"发现"了《建筑十书》的手稿,虽然这个传说的真实性一直在被争论,因为维特鲁威的《建筑十书》很早就被彼特拉克所了解:牛津大学收藏的一本 14 世纪维特鲁威著作的手抄本上就留有彼特拉克的页边旁注,但此后不同的印刷版本快速地传散到各地。维特鲁威的著作不仅被人们当作古代文献阅读,也为现实建造提供了一些指导。例如皮卡德利(Beccadelli)在阿方索(Alfonso)的传记中就记录了在重建那不勒斯新堡(1442—1443)的工作中,阿方索"为了建筑的艺术性而派人去找维特鲁威的书"②。布拉乔里尼在 1431—1448 年间撰写了描写罗马废墟的著作,比翁多(Flavio Biondo)又系统地根据地区来归纳建筑类型,安科纳(Ancona)记录了地中海国家的游历过程,这些都说明,建筑师意识到古代遗迹所具有的参考价值。

除了怀古与学习,这个时期的艺术家对于古代艺术品的关注更多的是因为隐约感到了古代遗迹中承载的纪念和文化价值。拉斐尔(Raffaello Sanzio,1483—1520 年)被称作"纪念物保护之父"③,他在给教皇利奥(Leo)十世的信中描述了古代遗迹破损的状况,提到了古代纪念物所代表的过去的辉煌,它们是意大利历史的证据,是新的伟大建筑的范式,而且也将在今人心中播下和平和基督教教义的种子。他针对 16 世纪罗马大肆的建造活动说:

有多少教皇有您一样的圣殿,却没有您的睿智与伟大情怀。有多少教皇允许了古老庙宇、雕塑、拱门的残破和毁灭,它们是建造者们的骄傲。有多少教皇同意了开凿地基来获取火山灰土,这使得古代的遗迹在短时间内倒塌。又有多少石灰是古代雕塑和装饰品制成的? 因此我敢说,今天所见罗马,也许壮观华丽、宫殿教堂大厦林立,但只不过是古代的大理石制成的石灰堆砌起来的。因此,尊敬的教皇,别让仅剩的意大利母亲的昔日光辉与荣耀被忽略,它们是神圣精神的明证,将会唤醒我们今天的灵魂。它们不应该被抛弃,被恶意或无知的人毁坏,因为那将会伤害用热血造就这个世界、国家和我们的辉煌的前人。④

作为对这封信的回应,1515 年拉斐尔被教皇任命为罗马大理石与石材的长官。教

---

① 转引自 JOKILEHTO J. A history of architecture conservation [D]. University of York, 1986:11.

② 汉诺-沃尔特·克鲁夫特.建筑理论史:从维特鲁威到现在[M].王贵祥,译.北京:中国建筑工业出版社,2005:17.

③ JOKILEHTO J. A history of architecture conservation [M]. Butterworth-Heinemann, 2002:43.

④ 同上。

皇的敕令一方面赋予拉斐尔调集罗马周边石材来加快建造圣彼得教堂的权力，一方面也强调对于刻有重要文字和印记的石材的保护，工匠们没有得到长官的许可不能切割任何刻有文字的石头，因为其对文学和罗马语言研究十分重要。在此，拉丁语monumenta的概念被首次提出，也就是纪念物名词的确立。这个词来源于拉丁语动词moneo，意味着提醒、劝诫、建议。古代建筑的遗迹，以及其上刻有的文化印记，是过去的精神和回忆的载体，带有警示和唤醒的作用，需要得到保护。这个敕令是官方第一次设立专门负责古代纪念物保护的官员，拉斐尔的继任者包括了贝洛里（Bellori）、温克尔曼、卡诺瓦（Canova）等等。

文艺复兴时期的保护意识，无论是诗人的怀古、还是建筑师要从过去的经典中找寻可供学习的范例，抑或是艺术家们试图用历史的信息来警醒世人，他们的共同点在于都意识到古代遗迹中蕴含的历史、艺术价值，共同为现代保护意识奠定了基础。在《威尼斯宪章》中甚至可以找到这样一脉相承的语句："世世代代人们的历史古迹，饱含着过去岁月的信息保留至今，成为人们古老的历史活的见证。"[①]当然，正如前文指出的文艺复兴时期人们看待历史的观点，他们的保护意识是立足于当下的，历史古迹的最大价值在于可以被今天使用。科林武德指出："文艺复兴时期的学者在复活希腊罗马历史概念的许多要素中，曾经复活了这样一种观念：即历史的价值是一种实用的价值，是要在政治的艺术中和实际生活中教诲人们的。"[②]换句话说，保护与改造的边界是不存在的。他们真正想做的，不是保护那些吸引他们的古迹本身的价值，而是出于各种目的来塑造今天伟大的文明，因此这是文艺复兴的保护意识不能归入现代保护意识最重要的原因。

2.3.2 "古色"概念的产生

17世纪，记载时间痕迹的艺术品表层被定义成一个含义复杂的词：古色（patina）。这个美学概念的提出既影响了对于艺术品美学的鉴定，也影响了几个世纪以来对修复方法的讨论。菲利波指出，它不是一个物理或化学范畴的词，而是一个批判的概念。[③]

对于这个概念长久以来的争论，来源于对其艺术性和功能性界定的含糊。patina本意为铜锈，铜和青铜经过长时间的风吹雨打，受氧化后在表面形成的绿色沉淀，古代称之为aesustum[④]。"古色"在今天的引申意义有几层：一是岁月造成的艺术品表面的

---

① 张松.城市文化遗产保护国际宪章与国内法规[M].上海：同济大学出版社，2007：42.
② 科林武德.历史的观念[M].何兆武，张文杰，译.北京：商务印书馆，1999：99.
③ PHILIPPOT P. The idea of patina and the cleaning of paintings [G]//PRICE N S，TALLEY M K，VACCARO A M. Historical and philosophical issues in the conservation of cultural heritage. Los Angeles：Getty Conservation Institute，1996：373.
④ 迈耶.美术术语与技法词典[Z].邵宏，杨小彦，等，译.广州：岭南美术出版社，1992：293.

古旧痕迹；二是为了保护艺术品而加上的透明或带有某种色素的保护层；三是艺术家出于仿旧或艺术效果的目的给艺术品蒙上的罩色。这三种引申义在不同历史阶段递次或同时出现，而其间的天然与人为、原真与篡改、美与丑的哲学辩论是这个概念批判性的根源。

1. "古色"概念的本意

在古代，古希腊人将延长艺术品的耐久性视作艺术创作的一部分，他们发现选用合适的材料、精密的手工艺技术和持续不断的维护可以延长艺术品的生命，因此，从那时起，对艺术品进行周期性的清洗，给金属器皿和大理石雕像覆盖上油和松香等透明的保护材料，给油画和水彩画增添上光层，给建筑物涂上拌有胶的灰泥就成为了早期对于艺术品最外层的保护手段。匠人们逐渐意识到这种延长艺术品寿命的处理方式同时也改变了艺术品的形象。古代的铜器表面常会涂上一层用树脂和松节油混合起来的清漆，瓦萨里的书中就记录了文艺复兴时期的艺术家刻意降低崭新铜器的光亮程度，达到柔化的视觉效果。①

普利尼（Pliny）也提到另一个与 patina 有密切关系的古代绘画技法 atramentum（黑色剂）。古罗马人用来表示制造颜料及墨水的各种炭黑的总称，也表示一种作为绘画罩色剂或上光油的，用树脂和油混合的沥青溶剂。将黑色剂薄薄地覆盖上画作，形成了一个透明的面层，它保护画作远离灰尘，同时使过于强烈的颜色柔化。②

无论是铜锈或黑色剂，这样保护性的外层最终都产生了艺术修饰性的效果，对这一现象的认识为"古色"概念的诞生奠定了基础。

2. "古色"概念的诞生

17 世纪，"古色"第一次以印刷文字的形式出现，是 1681 年巴尔迪努奇（Baldinucci）出版的设计艺术字典《托斯卡纳艺术设计字典》③。在巴洛克的全盛时期，巴尔迪努奇定义了"古色"："画家用语，有时也称为皮肤，一般是一种暗色调子，由年代原因造成的，有时会润色画作。"④定义中所用的 patena 是个古老的意大利词汇，原指鞋子用的暗色

---

① 他在维特（Vite，1550—1568）的传记中记载道："铜器，因为时间和自然的变化改变成接近黑色的，有些因为油变黑，有些因为醋而变绿，还有些因为清漆变黑，这样每个人都按照自己的喜好进行改变。"（瓦萨里. 著名画家、雕塑家、建筑家传[M]. 刘明毅，译. 北京：中国人民大学出版社，2004：324.）

② JOKILEHTO J. A history of architecture conservation [M]. Butterworth-Heinemann，2002：25.

③ 全名为：Vocabolario Toscano dell'Arte del Disegno，nel quale si explicano i propri termini e voci，non solo della Pittura，Scultura，& Architettura；ma ancora di altre Arti a quelle subordinate，e che abbiano per fondamento il Disegno。意为"托斯卡纳艺术设计字典：对绘画、雕塑、建筑，以及其他附属但是必须要掌握的艺术形式"。

④ 原文为：Patena，voce usata da' Pittori，e diconla altrimenti Pelle，ed è quella universale scurit che il tempo fa apparire sopra le pitture，che anche talvolta le favorisce.

上光油①，引申为油画上的暗色表层。他的定义指出，"古色"是一种自然现象，也具有艺术效果。

17世纪的艺术家发现了时间对于油画的作用。1660年，在威尼斯，博斯基尼（Boschini）如此赞美道："我们知道，所有时间未曾覆盖的都是清晰的；但是对油画而言事实并非如此，它用透明的面纱罩在自己的身上。时间的古色有两个作用，颜色总是更加完美，而且这种处理方法更值得尊重。"②费利比安（Félibien）进一步解释产生"古色"的原因——画作上作为介质的油，因为岁月发生改变而产生的效果："我要再次说明这是非常有道理的，通过色彩间的谐调、上光完成的画作，历经岁月，呈现出了更为充分的力量和美。这是因为所有的颜色经过长时间相互融合，中间的油的水分和潮气挥发掉了。"③在17世纪末期，关于"古色"的概念成为常识，1694年，作家德赖登（Dryden）对patina的美进行了描述，后来英国艺术家荷加斯（图2-6）引述德赖登的话：

时间手持铅笔站在一旁，

用他可以催熟的手润色你的图画；

使色彩变得醇美，使色调变得深沉；

增加每个它可赋予的优雅；

让你的声望可以在后世传诵；

并且增加更多的美，超过它会带走的。④

艺术家认识到"古色"是一种自然天成的现象，他们赞美这种效果，也反对清洗古画上的这种岁月痕迹。1711年，约瑟夫·艾迪生（Joseph Addison）批评从提香（Tiziano Vecellio）和丁托莱托（Tintoretto）画上移去"调和色、罩色、先前的古色"，因为"那些在潜移默化间调整色调的东西，使画面更加柔和甜美，只有时间可以给予画面以岁月感。它用最精巧的刷子，像画的观察者一般难以置信而缓慢地创作。"⑤

图2-6　荷加斯《时间催熟了画作》
（*Time Smoking a Picture*，1761）

① BATTISTI C，ALESSIO G. Dizionario etimologico italiano [Z]. Florence：G. Barbera，1954. REYNOLDS B. The Cambridge Italian dictionary，vol. I [Z]. Cambridge：Cambridge University Press，1962.

② BOSCHINI M. Carta del navegar pitoresco [M]. Venice，1660：8.

③ FÉLIBIEN DES AVAUX A. Entretiens (1666-1668)，vol II [M]. Paris，1688：240.

④ J. Dryden，"To Sir Godfrey Kneller."转引自 HOGARTH W. The analysis of beatuy[M]. New Haven，Conn.：Yale University Press，1753：91.

⑤ ADDISON J. A dream of painters [J]. The Spectator，1711-06-05.

艺术家们也开始摹仿这种自然效果,博斯基尼指出,画家有能力使画作像有年头的样子,以此来满足收藏者的要求。用有色素的上光油产生人造的古色成为时尚。

在整个 17 世纪到 18 世纪初期,"古色"的概念诞生并传播开来。正如维柯指出的,知识不会扩散,只会传播,在适当的时候由适当的人按需索取。"古色"作为一个自然现象,古已有之,"黑色剂"作为罩色也早在文艺复兴时期就发明了,但是直到 17 世纪,这个概念才明确并且得到认同,这是与 17 世纪以来的历史意识和艺术认知的变化息息相关的。对于艺术品历史价值的偏好、对古代艺术大师画作科学分析水平的提高、对绘画中光与色的微妙关系的讲究,都是"古色"深入人心的原因。

3. "古色"概念的演变

"古色"概念在 1751 年第一次被收录在法文的百科全书[①]上,1797 年第一次出现在英文的牛津字典中,然后在意大利词典中具有了动词的变形,"上古色""被施以古色"和"制作古色者"[②]都是 19 世纪出现的。"古色"概念的广泛传播在 18 世纪引发了更多的争论,对于修复的影响则一直延续到今天。艺术品的清洗是否会破坏"古色"?给艺术品加上保护性的罩色是否会显得虚假?人造古色或给艺术品除去古色是否有意义?这些问题从 18 世纪就开始反复讨论,它们不仅涉及保护技术,更多的是保护的伦理问题。

荷加斯反对人造的古色,他认为这些色彩的改变很难与艺术家的预想一致,也不会使画面谐调。1753 年,荷加斯在比较现代画家的技法和古代"黑暗大师"的神话时,这样说:

> 当色彩变化时,它必须要遵循这样的定律,这些或由金属、或由泥土、或由石头、或由更容易腐烂的材料而来的颜料,是时间无法控制的,就像我们日常观察到的,有些变深、有些变浅、有些变成另外一种颜色,有些例如群青,即便在火中也依然明亮。因此,怎么能说这些丰富的变化是艺术家刻意为之的呢,因为这会背离其自然的属性,难道我们没有见到即便最好保护的画作也会龟裂、不协调、变暗或有一定的损害?[③]

克雷斯皮(Crespi)从古色的创作过程和所呈现的浑然一体的艺术价值角度,强调了清洗会对画作造成的伤害。也因为当时技术水平的落后,他对清洗是完全不抱有希望的。克雷斯皮在 1756 年写了两封信讨论油画的修复问题,他指出试图通过清洗来修复画作原初样子是不可靠的:

> 众所周知,伟大的画家总是(或多或少,但完全不是故意的),我要再强调一遍,总

---

①　DIDEROT D, D'ALEMBERT J-L-R. Encyclopédieou dictionnaire raisonnedes sciences, des arts et des m tiers, par une societe de gens de letters [Z]. Neufchastel, 1765; Lausanne, 1780-82.

②　BATTISTI C, ALESSIO G. Dizionario etimologico italiano [Z]. Florence: G. Barbera, 1954. REYNOLDS B. The Cambridge Italian dictionary, vol. I [Z]. Cambridge: Cambridge University Press, 1962.

③　HOGARTHW. The analysis of beauty (1753) [M]. New Haven-London, 1997: note 91-92.

是，对画作的前、后景加以处理，这是画作成功的最重要因素。……因此，远景和近景，和谐与统一不在于色彩本身，也不在某种特殊的色彩身上，而是一次薄薄的上色，最简单的上阴影，画上一层雾。有时它甚至只是画面表层不干净的刷子带来灰的沉积，能够被仔细观察的人发现。那些彻底清洗的人、那些无法理解这种艺术的人，都在清洗时变成了魔鬼，而且，失去了这种和谐，油画对于观看的眼睛来说还有何价值？如果失去了这些必要的品质，不值一文。

但是，是不是完全不可移去画面上的秽物和灰尘呢？按他原样修复和清洁，不要移去任何上层物，是不是就不是损害油画了呢？这在理论上是可行的，但我们既不能指望画作清洁者们的材料，也不能指望那些清洁者们的水平。①

艺术理论家利奥塔尔（Liotard）认为能够从古色的面纱下面品味出原初作品特征的能力，是区分专业者和无知者的分水岭，古色应该得到保留，他在1781年指出：

外行（不是油画方面的专家）总是在一幅古画前困惑不堪，不像艺术家能从中找到原初的色彩，获得愉悦。如果外行敢于表达他的想法，他一定会选择复制品，而非原作。因为复制者往往不会照搬那些变暗的颜色，而是会对原作上的褐色调子进行调整。复制品的色调与自然中的亮色比较接近，这正是打动外行的地方，因为他们无法从伪装中识别出真的油画。画家则会将原作与复制品区分开来，艺术修养指导下的专业目光会分辨出藏在表象后的真相，这个表象隐藏了真相，遮蔽了一切。②

从上文中可以看到18世纪对于古色的广泛讨论。古色不再如它刚出现时，充满浪漫的溢美之词，人们开始理性地反思：它的价值究竟为何？艺术品的原初状态与它关系究竟为何？古色概念在这个时期有如下演化。首先，人们区分了自然形成的古色和人造的古色。前者是岁月造成的自然现象，是客观无意识的，既可能给艺术品增添美感，也可能造成视觉上的损失。人造的古色是出于三种目的：保护、仿古或美化。保护和仿古是不涉及美学范畴的，它们的存在扩大了古色的定义范围。而美化则首先是人们认同并且追求古典韵味的表现。在此，艺术价值和历史价值的界限是含混的：可能因为昏暗的调子而产生了历史的怀古情绪、也可能因为历史的沧桑而觉得美。也有纯粹出于美学需要做的古色修饰，这是客观的美术技法在光影、色调中的发展，可以称其为"古色"，也可以称其为"罩色""黑暗色"，仅仅是一个抽象的概念。其次，人们意识到原初作品和古色之间的对立本质和相互依存的现实。古代的艺术家在完成一件作品时，是不会预设其未来的变化，这种古色是背离艺术家初衷的。但是人们认可的古代艺术品必须要经历岁月的洗礼和后人的篡改，古色为艺术品增加了可供玩味的细节。第三，对于

---

① 转引自 CONTI A, GLANVILLE H. History of the restoration and conservation of works of art [M]. Routledge, 2014: 109.

② LIOTARD J É. Traité des principes et des regles de peinturè (1781) [M]. Geneva, 1945: 144-153.

清洗以恢复艺术品的本来面目,人们认可其合理性,但是无法界定哪些应该去掉,哪些需要保留。而且因为技术水平的限制,对修复实践持反对态度。

古色概念因此有在三个维度上的发展空间:天然与人为、原初与修改、抹去与保留。这三对概念其实已经涉及现代保护思想中的价值评判、保护伦理和保护技术。

2.3.3 考古发掘与废墟美学

对于年代(age)的认识从何而来? 是自发的么,无人察觉、无人记录、无人测量? 或者人们刻意追求它,设饵且诱捕它,视其如烟斗喷出的烟雾,当它出现时让其变得更快,并且感谢其日常可及? 或者人们囚禁之,与之做斗争,觉得它使你最终沉淀下来,像命运一样无法挽留?

——亨利·詹姆斯(Henry James)《一个激情的门徒》[①]

18 世纪的英国,对于历史古迹和历史建筑的保护非常关注,关于保护的理论和思想层出不穷,与欧洲大陆喧嚣的修复热潮相映成趣。而这些理论所成长的保护语境具有其有特殊性。与欧洲大陆上的其他国家不同,英国此时处在工业和贸易最鼎盛的时期,国力强盛,人口发展迅速,同时知识分子和艺术家在苦苦寻找符合这个时代的上层建筑,如上文所指出的,“过去”成为他们的创作源泉,因此他们探索古迹、整理古文献、欣赏废墟的美,并且希望能够重塑高尚的品格和信仰。对于古迹的考古发现与整理、废墟美学的确立,以及宗教狂热人士对于信仰重塑的呼吁是 18 世纪英国历史保护理论诞生的三个最主要的推动力。而本节将讨论有关美学的两个问题:考古发掘与废墟美学。

1. 考古发现与整理

伴随着欧洲大陆从 1738 年对赫库兰尼姆(Herculaneum)、斯塔比亚(Stabiae)、庞贝城、佩斯敦(Paestum)等一系列被掩埋的罗马城市进行考古发掘,历史学家们掌握了大量的一手信息,重新解释了古代的艺术和经典理论。从 18 世纪 90 年代开始,英国也在经历“文献学革命”(revolution of philology)[②],被忽略很久的英国中世纪建筑重新得到重视。18 世纪 80 年代到 19 世纪 40 年代,约翰·卡特(John Carter,1748—1817)、约翰·布里顿(John Britton)等人出版了一系列关于中世纪建筑的著作(表 2-1)。

通过这些学者数十年的研究工作,大量中世纪建筑得到测绘和记录整理,哥特建筑逐渐确立了其英国民族建筑形式的地位。然而对风格样式越来越详细的分类和对细节线脚越来越全面的归纳,使中世纪的建筑被抽象成了无情感的语汇组合,最细小的尖角

---

① 原题为“A Passionate Pilgrim”,转引自 LOWENTAL D. The past is a foreign country [M]. New York: Cambridge University Press, 2011: 125.

② 罗宾·米德尔顿,戴维·沃特金. 新古典与 19 世纪建筑[M]. 北京:中国建筑工业出版社,2006:324.

和卷叶纹也能在中世纪建筑这个宏大的词典中找到位置,而中世纪建筑本来被后世认为是野蛮的怪诞作品和如画的讽刺剧的印象就遇到了威胁。幸好,另外一股并行而来的美学意识将这种威胁化解了,同时也确立了保护思想中很重要的一个概念——废墟。

表 2-1　英国 18、19 世纪关于中世纪建筑的著作

作者	相关著作
约翰·卡特	• 《这个王国遗存的古代雕塑和绘画样本》(*Specimens of the Ancient Sculpture and Painting Now Remaining in This Kingdom*,1780,1787) • 《英国古建筑纵览》(*View of Ancient Buildings in England*,1786—1793) • 《英国古代建筑学》(*Ancient Architecture of England*,1786,1807) • 1774—1786 年在《建造者》(*Builder*)发表的古建筑的测绘图 • 1798—1817 年在《绅士》(*Gentleman*)杂志发表的"对建筑创新的追求"系列文章,批判了对古代建筑维护的不力和修复工程的粗暴无知
约翰·布里顿	• 《大不列颠的古代建筑》(*The Architectural Antiquities of Great Britain*,1804—1814) • 《大不列颠的古代教堂》(*Cathedral Antiquities of Great Britain*,1814—1835)
托马斯·里克曼(Thomas Rickman)	• 《试论英国的建筑风格》(*An Attempt to Discriminate the Style of English Architecture*,1817)
普金(A. C. Pugin)	• 《哥特式建筑样本》(*Specimens of Gothic Architecture*,1821—1823)
布兰登兄弟(Raphael Brandon 和 J. A. Brandon)	• 《哥特建筑分析》(*An Analysis of Gothic Architecture*,1847)

2. 废墟的美学建立

废墟概念的源头是欧洲大陆 18 世纪开始的新古典主义,而在英国的广为流传,则是受到如画风格的地景设计以及 18 世纪末期风行的哥特复兴的影响。废墟的崇高、如画和颓废的特征与知识分子和艺术家追求惊悚、古拙和伤感的浪漫主义情怀相契合。因为废墟带给观察者以情感上的触动,同时也丰富了人类的智慧。对于很多艺术家,像皮拉内西,废墟是创作之源,他们被纪念物的废墟状态打动,因为这代表了自然界对于人类创作强大的破坏力。还有一种影响,例如透纳,是废墟带给观察者的一种忧郁的氛围。18 世纪对于废墟的赞美表现了一种品味的变化,从历史的、正统的推崇转变为对浪漫的、梦幻的和如画的喜好。这种对古物如画方面的浪漫迷恋与哲学上对人造物的不恒久和自然的最终归宿有关。

废墟的崇高,是人类脑海中一种非理性的图景。新古典主义一般被认为是对洛可

可艺术追求物质世界的理性反思,然而,新古典主义是充满感性的。这个时期人们的历史意识已经清楚地了解了过去是不可复活的,古希腊古罗马的壮美也仅仅告诉了世人历史是如何从过去走到今天的,情感上的寄托比建筑形式的摹仿要更加迫切。皮拉内西在 1740 年以后的版画,展现了追忆罗马昔日风采的伟岸而悲壮的幻境,"画中的阴影变长变深,因狂烈的排比线条而栩栩如生。穿短裤的人物优雅地指示着古代废墟的精妙之处,他们在神庙或浴池低压的墙角和破碎的拱洞下慢慢地害怕了、发抖了,显得无比渺小,他们被张着大口的罅隙和腐败的水池威吓,淹没在外乡的暮色中。"①皮拉内西打动人的,正是这种虚构出的幻境,他满足了人们对于崇高的渴望。

1757 年,埃德蒙·布尔克(Edmund Burke)在《对我们关于崇高和美的观念来源的哲学追问》(*A Philosophical Inquire into the Origin of Our Ideas of the Sublime and the Beautiful*)一书中,描述了崇高的概念作为人类避险自保的本能:

关于自我保护的激情大都取决于痛苦或危险。痛苦、疾病和死亡的感觉充斥在脑海中伴随着强烈的畏惧感。虽然生命和健康是我们愉悦的源泉,它们却没有给我们如此强烈的印象。痛苦和危险是崇高的源泉。②

废墟的崇高来源于人类对历史、对自然的畏惧,古代的伟大依然难逃生老病死的自然法则。历史的进程不可逆转。面对废墟,作为后人的我们感受到的是一种无助和渺小,因此崇高就成为了一种美学体验。在法国塞纳的圆柱公馆③,就是后人试图在新建筑中,摹仿这种废墟感。当然这种人造的废墟是荒唐可笑的,但也从侧面说明了人们对这种美的追求。

18 世纪末期废墟美学的确立有三个比较重要的来源。一是文学界将废墟与传奇故事联系起来,使得废墟成为浪漫故事发生的荒诞背景。从这个时期英国出版的大量传奇小说和戏剧作品的名称,就可以看到社会大众的兴趣所在:《闹鬼的修道院》《迷宫中的爱情》《血泊中的林登堡修女》、霍勒斯·沃波尔(Horace Walpole)的《奥特朗托城堡——一个哥特世纪的传说》④。这些故事的背景都是些衰朽凋残的教堂或古堡,男女主角在此上演一幕幕老掉牙的爱情故事,废墟因此具有了一种怪诞的、神秘的色彩。

二是美学上对偶然性与不确定性的推崇与废墟不谋而合。譬如伦勃朗、萨尔维特(Salvator)、卡拉瓦乔(Caravaggio)的画作此时得到艺术界的推崇,他们的共性是使观众的注意力集中在主体之外偶然的光影上面,而这种艺术品味上的转变在建筑上就是

---

① 唐纳德·雷诺兹.剑桥艺术史:19 世纪艺术[M].钱乘旦,译.上海:译林出版社,2008:36.
② 转引自 BOULTON J T. A philosophical inquire into the origin of our ideas of the sublime and the beautiful[M]. Oxford: Basil Blackwell Ltd., 1987: 38-39.
③ 唐纳德·雷诺兹.剑桥艺术史:19 世纪艺术[M].钱乘旦,译.上海:译林出版社,2008:66.
④ 威廉·弗莱明,玛丽·马里安.艺术与观念[M].宋协立,译.北京:北京大学出版社,2008:536.

对废墟的偏好。拉斯金在《建筑七灯》中这样说："在建筑中,附加的和偶然的美丽常常与保持原有特征相抵触,因此,如画风格要在废墟中寻找。"①废墟吸引人之处在于它们自身的不完整,在于它们直接代表着失去。从托马斯·伯尼特(Thomas Burnet)在《大地的神圣理论》(*The Sacred Theory of the Earth*)思考山脉的"破碎的世界"的原因,到透纳或者拜伦(Byron)面对罗马遗迹的空白之处产生的思考,这些废墟邀请人们在脑海中将碎片拼完整。然而,废墟的崇高在引发启示的同时也强调了自身的不清晰,将观者从习惯性对问题力求精确的解释中解救出来。

三是英国的文化中对于自然野趣有着传统上的偏爱。弥尔顿的诗歌中就经常出现浅溪潺潺、雉堞迤逦的村野风光。18世纪卢梭吹响了"回归自然"的号角,人们将视线从规则端庄的巴洛克园林转向了自由谐趣的花园地景。从18世纪中期开始,如画风格(picturesque)不仅影响了风景园林的设计,也主导了美学鉴赏的讨论。如画风格具有一种难以捉摸的气质,艺术鉴赏家吉尔平(William Gilpin)在《如画之美三论》(*Three Essays: On Picturesque Beauty*)中指出:"不规则与粗犷结合在一起就构成了如画风格……简单与多样的愉悦结合,让质朴之心朝夕向往。"②透过"不规则"与"疏落有致"的外在形式,如画风格表达了一种对人类本能情感的赞美和古拙道德上的认可。

对于废墟与自然浑然一体的存在方式,如画风格是大为推崇的。建筑师范布勒爵士(Sir John Vanbrugh)在1705—1725年在牛津郡为马尔博罗公爵建造布莱尼姆宫时,就指出林中的废弃城堡应该保留,因为它迷人,又具有历史意义。城堡作为风景的一个组成部分,犹如画中的景致一般不可或缺。园林设计师斯维泽(Stephen Switzer)在《乡村园林设计或贵族、绅士和园艺家们的娱乐》(*Ichnographia Rustica; Or, The Nobleman, Gentleman And Gardener's Recreation*)一书中指出:"对于高贵而机敏的自然来说,一片废墟比最美丽的大厦更使人愉悦,这里能让心灵深处的哀思飞向天堂。"③废墟的破败状况和历史沧桑感可以触动人们的心灵、废墟的谦逊低调又符合如画美学的特征,因此,在18世纪末,借着如画地景的风行,人们对于废墟的美有了更深层次的认识。在简·奥斯丁的《理智与情感》中,玛丽安就希望得到"一本会告诉她如何去欣赏盘根错节老树的书。"④

此外,英国浪漫派风景画家的作品也确立了废墟的美学特征。在透纳(J. M. W. Turner)的《丁登寺废墟内景》(图2-7)中,画家用写实手法画下建筑的"形"后,又结合以戏剧性的明暗效果,透纳解释说:"我已学会用冷眼旁观自然,不再像无思无虑的青年,我常

---

① 约翰·罗斯金.建筑的七盏明灯[M].张璘,译.济南:山东画报出版社,2006:173.
② 汉诺-沃尔特·克鲁夫特.建筑理论史:从维特鲁威到现在[M].北京:中国建筑工业出版社,2005:193.
③ 同上:190.
④ 威廉·弗莱明,玛丽·马里安.艺术与观念[M].宋协立,译.北京:北京大学出版社,2008:561.

图 2-7　透纳《废墟》(Ruins)

常听到人性那无声而凄凉的召唤。"①与用崇高来描绘废墟之美的皮拉内西不同,透纳表达了废墟的自然衰老的状态:在透明多变的光线晕染下,废墟真实地矗立在林间、藤蔓覆盖住了墙体、游览者专注地打量着散落的石块、宁静而和谐,周遭弥漫着忧郁的气氛。这里的废墟美是一种自然的、真实的美。

　　废墟美学的确立对于历史建筑保护思想的发展有着巨大的影响。正因为人们面对废墟产生了敬畏、欣赏的偏爱,不再是鄙夷和漠视,于是人们接受了废墟存在的这种破败状态,这一方面是对历史价值朦胧地认知,另一方面也是对这种美学的肯定。如果没有这种认识,人们就不会用保存老旧的建筑替代惯有的整修之法。所以,英国对于历史建筑的保存才会比别的国家更加顺利和积极地推进。

2.3.4　审美主观性与历史主义的矛盾:里格尔的价值理论

　　如果审美只是停留在浪漫的层面,它就无法将价值构建起理性的体系。19 世纪晚期,美学认知上的一些变化,悄悄地影响到了对于古迹的价值认知。而将艺术理论与保护理论联系起来的人,正是奥地利的史学家阿洛伊斯·里格尔(Alois Riegl,1857—1905)②。

1. 理论的背景

　　里格尔本质上是个艺术史学家,他的思想基本源于黑格尔。他认定有一些具有创造性的推动力促进了艺术生产,这种神秘的精神贯穿历史并导致许多现象的发生。他用"艺术意志"(Kunstwollen)来形容这种驱动力。对于里格尔来说,艺术是进步而有规律的,他在《罗马晚期的工艺美术》中写道:"所有的本质特征……都是进行中的发展的必然产物。"③19 世纪是历史主义的世纪,历史学家们认同历史发展的演进规律,并且认为历史科学类似于自然科学,具有一套精密理性的研究方法,借助它可以归纳出历史的演进规律。梅尼克在《历史主义的兴起》中指出历史主义包含着两个核心的观念:一个

①　唐纳德·雷诺兹. 剑桥艺术史:19 世纪艺术[M]. 钱乘旦,译. 上海:译林出版社,2008:64.

②　对里格尔的研究,国外已经非常有体系,国内也有多篇著作,包括陈平的《李格尔与艺术科学》、卢永毅的《历史保护与原真性的困惑》、李红艳的《解读里格尔的历史建筑价值论》等等。笔者在其基础上,将着眼点放在对里格尔思想的哲学层面的批判,并揭示出他在保护思想脉络演进中的承上启下作用。

③　里格尔(Alois Riegl). 罗马晚期的工艺美术[M]. 陈平,译. 北京:北京大学出版社,2010:23.

是发展的观念,一个是个体性的观念,二者都突破了启蒙运动的普遍理性。[①] 里格尔的思想也没有脱离这种语境,但是 19 世纪末的艺术史学已经开始悄悄地转向,先验的、抽象的审美判断开始转向了对知觉心理运作机制的研究。"从赫尔巴特、齐美尔曼、冯特、费德勒、希尔布兰德,直到里格尔和沃尔夫林,可以看出一条清晰的思想脉络。"[②]尤其是康拉德·费德勒(Konrad Fiedler)的影响,在费德勒的理论中,艺术是感知发展过程中一种独立的、跨越了种族的、非概念化的知识工具。这种非历史的艺术理论在里格尔看来,说明了艺术的特殊性和独立性,而这种特质是属于当下的,是主观可变的。里格尔理论中的两面性正是来源于他的哲学背景,正是因为这种既接受历史决定论又接受艺术主观性的矛盾观点,使得艺术史学家里格尔对于历史建筑的价值建构做出了承上启下的贡献。

里格尔为什么要提出对价值的分析?首先他试图找到一种"非历史"的方式来对抗历史主义的负担。德国的历史意识源自于柏拉图主义,但是在实证主义时代,在自然科学思维日益侵蚀人类思想的时代,人们就容易忘却这个神圣根源,而倾向于此世,倾向于此世的国家和民族、权威和浪漫主义。在被实证主义和自然科学祛魅了的此世,浪漫主义是一定会应运而生的,起先是作为抗议,作为对过去乡愁式的怀念。接着,在现实的社会、文化和政治生活中,在特定条件下,它就可能会对现实政治、国家理性、权力甚至战争大唱颂歌。历史一旦过剩,生命体就会开始崩溃和退化,这将最终毁灭历史本身。因此,尼采提出了一个沉思的命题:历史和非历史的东西,对于一个个人、一个民族、一个文化的健康来说,是同等必要的[③]。里格尔希望通过主观感受(Stimmung)来理解"艺术""形式"的工作,"感受"不仅仅是是替代宗教的移情的表达,也是一种个体的解放,可以战胜达尔文主义那种冷酷的竞争。里格尔的这种观点与同时代的德国保护理论家乔治·德约(Georg Dehio,1850—1932)发生了强烈的冲突,也影响到了他的学生德沃夏克(Max Dvořák,1874—1921)。(图 2-8)

其次他敏锐地察觉到 19 世纪修复与反修复论战的核心问题:对价值认识的混乱。修复建筑师关注的是使用上的便利、象征意义上的壮观、艺术形象的完整等等,而文物学家关注的是岁月留下的痕迹、情感上的寄托、历史证言等等,他觉得有必要将这些纷乱的价值整理出来,从而搭建起价值评判的框架。但是里格尔想解决的问题不仅仅是总结出这些价值,他面临着一个更加深远的问题,就是如何协调艺术的当下性与历史主义的权威。这个问题在哲学层面的解决是 30 年以后的事情,而影响保护思想更是 20 世纪下半叶之后才发生的。而里格尔作为艺术史学家,在当时点出了问题的存在,表现

---

① 梅尼克.历史主义的兴起[M].陆月宏,译.南京:译林出版社,2010:133.
② 陈平.李格尔与艺术科学[M].杭州:中国美术学院出版社,2002:105.
③ 尼采.不合时宜的沉思[M].李秋零,译.上海:华东师范大学出版社,2007:135.

图 2-8　德约、里格尔、德沃夏克(从左往右)

出了前瞻性。正如我们在历史观念一节中指出的,19、20 世纪之交,是人们面对过去和当下的选择时,思想最为矛盾的时期:人们对过去心存"羡慕"与"同情",却又明知自己已经无法回归过去。奥地利的艺术家们采取了与前拉斐尔学派截然不同的艺术手法,他们更早地感受到了历史的重担,希望与之分离,创造出适合当下的艺术产品。这种观点也体现在了里格尔的价值论中。

2. 里格尔的价值理论

在 1903 年发表的《纪念物的现代崇拜》("Der moderne Denkmalkultus")一文中,里格尔意识到纪念物价值潜在的变化,并且系统地定义了所有关键的价值。他认为,可以建立一个类似人类情感的(Menschheitsgefühl)、普世的、泛神的保护哲学。纪念物本身、其真实性,几乎变得无关紧要了,遗产保护的任务是通过现在的和消失的仪式来唤醒现代人的感觉,从大众中诞生又重新反馈给大众。

历史纪念物(将)从现在开始作为事实的证据吸引我们,我们自己是环境的一部分,这个环境已经存在并且在我们之前很久就已被创造出来。现在的每一件事物都有成为历史遗迹的潜在可能,但每个遗迹老化的过程总是相同的。不可避免地,人类将通过一种得不到满足就无法忍受的感觉的存在和传播,类似于宗教感情,无需特殊的审美和历史教育,无法推理,走向纪念物的崇拜。[1]

里格尔首先将人类对价值的认知过程进行了描述,作为历史学家的里格尔,将往昔价值分为了三类:纪念性价值(Denkmalswert)、历史价值(Historisches Wert)和年代价值(Alterswert),与之对应的是有意为之的纪念物(譬如金字塔、方尖碑)、历史纪念物(譬如神庙、教堂)和具有年代价值的纪念物(譬如废墟)三类。纪念性价值是古已有之

---

① RIEGL A. Der moderne Denkmalkultus [G]// Oppositions, selected readings from a journal for ideas and criticism in architecture 1973-1984. Princeton,1998:621-653.

图 2-9　里格尔对具有往昔价值的
纪念物的分析

的;而历史价值是在文艺复兴时期认识到的,直到 19 世纪才被确立的价值;年代价值是 20 世纪前后才意识到的,他身处的时代还是争论的时代,直到我们所说的保护思想的成熟晚期 20 世纪 30 年代,具有这种价值的纪念物才得到认可。这三种纪念物在里格尔看来是互含的关系,我们可以从图 2-9 中看到这种关系。

有意为之的纪念物和历史纪念物是与客体的知识体系相关的,而具有年代价值的纪念物则是具有"光晕"效果的,它必须与客体产生交流才有意义。这也符合里格尔的艺术发展逻辑,首先是触觉的,其后是视觉的,视觉的先进性表现在它需要观察者在脑海中建构。在此,里格尔还是不由自主地将艺术审美方式与价值联系起来,因此,虽然年代价值是往昔造成的,但是对它的认识却是当下的,主观的。正是这种含糊的特征使得年代价值直到 19 世纪晚期才被认识。

作为艺术理论家,里格尔在描述艺术价值的时候,表现出了前瞻性。在当代价值中,他列举了使用价值(Gebrauchswert)、新物价值(Neuheitswert)、相对艺术价值(relativer Kunstwert),后两者属于艺术价值范畴。里格尔将相对艺术价值与他的"艺术意志"联系起来,即当代的美学观是如何看待取舍艺术价值。因此相对艺术价值和年代价值一样,是主观、可变的。

很明显,在里格尔的理论中,价值不是一个永久的类别,而是一系列的历史事件。他对价值的细致区分对应了不同的历史阶段。这里的历史遵循了一个模式,它从客观转向主观的脉络,从坚持当下的价值转向了历史距离感的增强,从对对象的完整性和自主性的推崇转向了对象与观者互动的增强。

如果里格尔止步于此,他的贡献也就仅限于书阁之中了,他不仅指出了在历史古迹身上承载的这些价值,更阐释了当这些价值相互对立时可以妥协的范围,为保护思想的实践指出了可行性。里格尔将在实践中有可能产生矛盾的价值两两列举出来,给予了解决的方法(表 2-2)。

里格尔的策略归纳起来就是:首先,要认识和尊重年代价值;其次,年代价值的弊端在于会导致建筑的"死亡",因此在与其他价值进行权衡的时候,年代价值要让步,要以"延缓衰老"作为实践的策略;第三,要根据不同时间、不同类型划分历史建筑,在价值选择的时候给予侧重。

表 2-2　里格尔的价值选择

编号	价值种类(灰色为往昔价值)	矛盾原因	解决方式
1	年代价值 历史价值	年代价值放任衰败; 历史价值阻止自然衰败的进程	尽量延缓衰败,避免两种价值的冲突
2	年代价值 有意为之的纪念价值	年代价值放任衰败; 有意为之的纪念价值追求不朽	两种价值不能共存,只能取纪念价值
3	年代价值 使用价值	二者没有本质矛盾,现代精神反对将艺术囚禁在博物馆中	对于年代久远的建筑,参考历史价值与年代价值的矛盾 对于近现代的建筑,如果持续使用具有重要意义,就持续使用 对于中世纪至近代的建筑,参考别的价值
4	历史价值 使用价值	使用需要进行改动	首先考虑使用价值与年代价值的冲突,其次历史价值较有弹性
5	年代价值 新物价值	新物价值必须以牺牲年代价值为代价,才能维持; 19 世纪的修复实践,是新物价值(风格统一)与历史价值(风格原初风格)完美结合的传统观念; 使用价值与新物价值在美学上是有一定关联的	世俗建筑:年代价值在现代作品中要容忍一定程度的新物价值要承认年代价值并证明它的正当性 宗教建筑:教会要妥协于时代精神,接受年代价值的重要;人们也要认识到教会对新物价值的需要
6	年代价值 相对艺术价值	二者都是主观的,相对艺术价值有可能偏爱年代价值,也有可能偏爱新物价值	在其他价值互相对立的时候,相对的艺术价值是重要的参考,当代往往会支持年代价值

里格尔似乎给保护者们设定了一套公式,面对一座历史建筑的时候,只需要找出它的各种价值,再对应他的策略大全,就可以得到保护策略。但是实践是如此简单吗?他的这套策略也有很多矛盾的地方。首先,他认为年代价值领先于历史价值,是人们审美水平的提升,更容易与人产生共鸣。但是年代价值是一种主观的感受,它很容易被漠视或是被欺骗,也很容易受到相对艺术价值的左右,因此,在实践中很难用"缓解衰老"一法来保存这种价值。其次,使用价值是维持建筑物效能的驱动力,但是这必然导致建筑物其他价值的损失,在此,里格尔没有指出使用价值的控制线在哪里。第三,里格尔意识到宗教可能会给价值判断带来其他维度的思考,但是没有进一步考虑这种影响背后

的深层原因来源于文化背景,这就使得他的这套公式还需要增加更多的维度。今天我们认识到价值是多元的、矛盾的、发展的,这是在里格尔的启发下,在对他的反思中得到的。

里格尔的贡献与他的局限性都来自他的哲学思想和艺术史观。里格尔的贡献是指出了价值的开放性,既然价值有很大一部分是当代的、主观的,就不再是简单的既定事实。它很复杂,不仅包括这个作品从创造之初所受到的各种影响,也受到学者当下的美学认知(今天的艺术意志)的影响。它随着时间和个人的看法不断地成长和改变。因此,对于价值的评判无法一劳永逸:它是一个持续的过程,这就与当代的保护思想很好地衔接上了。

但是里格尔没有意识到,他视为往昔价值的三个价值也是无法客观存在的。里格尔意识到“有意为之的纪念价值”其实与当代的价值类似,其次,他也指出“年代价值”是观者所阐释出来的,也是主观,可变的。但是他没有料到“历史价值”也会是不确定的。如前文所说,里格尔是个历史主义者,他相信历史的进程是有规律的,通过科学的研究,人们就可以把握这种规律。但是这种规律究竟是什么?或者换句话说,里格尔的“历史价值”究竟指的是什么?是历史事件之证据?是古代智慧之结晶?还是最初的材料或技法?这些对象都在岁月的流逝中发生着变化,史学家所建立起来的历史客观性只是自己知识体系的一种投射。因此,在布罗代尔(Fernand Braudel)等后现代史学家看来,不同史学家会看到不同的历史。从这个意义上说,里格尔所笃信的“历史价值”也是主观、可变的。里格尔认识到艺术审美方式的主观性,却没有认识到历史研究中的主观性,这是其理论最大的矛盾性之源。

既然没有一个价值是真正属于过去的,那么所有的保护问题又回到了如何处理当下与过去的关系这个命题上,但是我们的立足点必须要立足于当下,这也是里格尔意识到,但尚未指明的。

3. 里格尔理论引发的争议及影响

1905 年,德约在斯特拉斯堡大学发表了著名的演讲,对里格尔《纪念物的现代崇拜》一文给予评论,并提出自己的保护理念。与里格尔将保护视作“情感的救赎”不同,德约将其视作一种虔诚、一种国家的责任,它牢牢地锚固在强大的民族国家的基础上。“对文物的保护不是一个喜好的问题,而是一种虔诚。审美和艺术-历史的判断会变化;然而我们会看到一个不变的价值。”[①]与这个“价值”紧密相关的是民族(Volk)的主导地

---

① DEHIO G. Denkmalschutz und Denkmalpflege im 19. Jahrhundert. Festrede an der Kaiser-Wilhelms-Universität zu Strassburg, den 27. Januar 1905 [Z]// DEHIO G. Kunsthistorische Aufsätze. München, Berlin, 1914: 268.

位：德约之后在 1930 年宣称，在他的所有遗产的活动中，"我的真正的英雄是德国人"。①　德约强调社会对遗产的责任，如对于财产权的限制，国家利益高于一切。

德约质疑了里格尔关于保护的梦幻般的愿景，呼吁更加务实的、真实的、社会和国家能够承担的方式。德约的演讲几个月之后，里格尔发表了《保护的新趋势》（"Neue Strömungen in der Denkmalpflege"）对他进行反驳。里格尔认为德约受困于 19 世纪寻找"历史时刻"中历史遗迹的重大意义这一概念的"符咒"。他认为历史遗迹不能以"某地自己拥有"来保存，而国家"利己主义"最终必须让路给更宽广的局面。②　里格尔的理论远远地超越了他的时代，摆脱了民族国家的限制，呼唤一种人类共同的情感。但是，任何遗产保护，其实都不能真正地摆脱民族、国家、民众的牵扯，因此德约的理论是比较务实的。

在"如何保护"这个问题上，里格尔指出各种价值之间的竞争关系，他阐释了当这些价值相互对立时可以妥协的范围，为保护思想的实践指出了可行性。与里格尔复杂的理论体系相比，德约提出了非常简明扼要的口号："保护，而不要修复"（konservieren，nicht restaurieren）③。他说："除了'保护'这个'女儿'，19 世纪还有个不合法的'孩子'——'修复'。二者常会被混淆，虽然它们彼此相对。遗产保护是要保存那些已经存在的，而修复是要重建那些并不存在的。"同时，德约也制定了更加全面的保护方案。1905 年，他发布了自己名字命名的《德约手册》（Dehio-Handbuch），按照不同风格，记录了德国重要纪念物，来唤起民众对于纪念物的关注。

里格尔的学生德沃夏克，被称为德国遗产保护真正的英雄。他的保护思想主要来源于里格尔和德约，把两人的理论进行了实践和推广。1916 年，德沃夏克出版了《保护问答》（Katechismus der Denkmalpflege）（图 2-10）一书，这本书的目的是启蒙大众，因此没有复杂的定义描述，而是用很多图示来展现纪念物可能遭遇的破坏。包括：①由无知和懒惰造成的破坏；②出于贪婪或者欺骗的破坏；③出于对进步和现状要求拙劣的改动；④出于美化目的的改动。

延续德约对于纪念物周边环境的整体保护思想，德沃夏克指出了社会凝聚力和遗产之间重要的关联性。他避免使用"国家"这个词，而是故乡、家乡或者家来提醒遗产的

---

① DEHIO G. Denkmalschutz und Denkmalpflege im 19. Jahrhundert. Festrede an der Kaiser-Wilhelms-Universität zu Strassburg, den 27. Januar 1905 ［Z］// DEHIO G. Kunsthistorische Aufsätze. München, Berlin，1914：268.

② RIEGL A. Neue Strömungen in der Denkmalpflege ［G］// Mitteilungen der k. k. Zentral-Kommission für Erforschung und Erhaltung der Kunst und historischen Denkmale. Series 3，vol. 4，Vienna 1905，column 85-104. 转引自 BACHER E. Kunstwerk oder Denkmal? Alois Riegls Schriftenzur Denkmalpflege ［G］. Wien, Köln，Weimar，1995：217-233.

③ DEHIO G. Geschichte der deutschen Kunst，vol 1 ［M］. Berlin，1930：7.

图 2-10　在德沃夏克书中作为正例和反例的 Steyr Örteltor 在修复前(左)后(右)的外观

价值。最重要的是,德沃夏克指出了遗产的经济重要性。在"如何保护的问题"上,德沃夏克跟前辈们一样,反对风格性修复和纯化的方法,而且认为"日常的小的(保护)需要比大的(保护)需求更加重要。"[1]与英国保护理论家莫里斯(William Morris)强调日常的维护接近。

里格尔的影响不仅在德语世界,1877 年,著名的 SPAB 宣言发布,基本奠定了"年代价值"的正当性,1930 年,保护思想的成熟标志《雅典宪章》公布,它吸收了里格尔对历史价值、使用价值、艺术价值的论述,因此里格尔的思想起到了承上启下的作用。而他思想更深远的影响,是对于布兰迪的"创造性修复"的启发,以及当代对于价值更加开放性的认识。

2.4　社会选择:从精英呼吁到社团运作

除了历史意识、审美意愿的影响,保护思想也要响应社会的需求,并形成波澜壮阔的保护运动。遗产因为其所表征的文化意义,往往成为社会运动中首当其冲的对象。法国大革命中,代表宗教和封建王朝的古物纷纷蒙厄;而教堂修复运动中,积极的教会和组织也毁掉了大量老教堂。与之相反,从暴行混乱到井然有序、从教会的推波助澜到国家意识的形成,遗产逐步与"身份"和"记忆"联系起来,在有效的团体运作和积极的媒介推广下,对遗产的保护逐步成为时代的共识。而社会运动也成为了推动保护思想走向理性的重要因素之一。

---

①　DVOŘÁK M. Katechismus der Denkmalpflege [M]. Wien, 1916.

2.4.1　英国教堂修复运动:教会主导的修复

18 世纪末期到 19 世纪上半叶的英国处于一个许多方面都在经历重大变革的时代,英国现代社会的几个主要特征如政治民主、政教分离、经济自由、信仰多元等都在这个时期趋于定型。社会观念的变革如此剧烈,使得这个时期成为一个充满困惑和焦虑的过渡时代,其情形正如生活于其中的托马斯·阿诺德(Thomas Arnold)在 1838 年描写的那样:"一种不安与似是而非的气氛困扰着当下许多最出色的年轻人,数世纪以来作为定见的内容重新成为讨论的话题。"[①]这里的困惑就包括了对"认信国家"(confessional state)[②]这一传统国家观念的看法。

基督教之于英国,正如儒家思想之于中国。在英国的历史进程中,基督教作为一种占据主导地位的价值和文化体系,深深地根植于社会生活的每一个层面。在这个被称为"认信的"国家里,基督教被看成是公正的法律、温和的统治以及真正的自由的唯一坚实的基础,教会理所当然地成为秩序和道德的维护者,成为政治自由的守护者。而《宣誓法》和《市政法》的废除、《天主教解放法》的通过以及议会改革的成功已经从实质上改变了英国的政教关系,改变了国家的性质。正如基布尔(John Keble)所担忧的,"对于他人的宗教情感,人们的反应越来越冷漠,且对这种冷漠听之任之。在仁爱与宽容的幌子下我们几乎走到这样一个地步:在信仰的事上不分彼此,公众生活与家庭生活中不再以信仰之分决定是否取得认可与信赖的资格。"[③]正是这种信仰淡漠导致了宗教陷入无政府状态,世俗权力凌驾于教会事务之上,传统的认信国家观念濒于破产。伴随着英国人口从 1780 年到 1831 年的 50 年间翻了一番,北部工业区快速发展的城镇中,教堂数量无法满足民众需要,同样情况也发生在伦敦快速发展的郊区和其他发展中地区。英国的知识分子认为重塑教堂是对抗这种自由浪潮和不信教主义流行的方法之一。

莱瑟巴罗(J. Stanley Leatherbarrow)在《维多利亚时代片段》(*Victorian Period Piece*:*Studies Occasioned by a Lancashire Church*)中举例说,在 1820 年,圣餐仪式一年才举行了 3 次;接受葡萄酒的人说"祝您健康,先生",下一个接受者改正为"祝我们的主耶稣健康";洗礼的牧师不用圣水,而是吐了口口水在手中;乡绅们在布道刚刚开始的时候,将午餐的盘子带进家庭包厢;牧师在祈祷时,爬上了圣坛来开窗。[④]根据 1851 年的英国宗教人口普查,英国人口中只有约 35％的人会参加星期日的礼拜仪式,而且其

---

① HOUGHTON W E. The Victorian frame of mind 1830-1870 [M]. Oxford:Oxford University Press,1957:8.

② 叶建军.评 19 世纪英国的牛津运动[J].世界历史,2007(6):23-33.

③ KEBLE J. The Christian Year;Lyra Innocentium;and others poems;together with his sermon on "National Apostasy"[M]. Oxford:Oxford University Press,1914:545-549.

④ 同上。

中只有一半人是听从国教牧师的讲经。① 而此时，教堂的状况更加糟糕。早在 1798 年，卡特(John Carter)就抱怨说："教堂是不通风的，被灰尘和垃圾覆盖着。纪念物被损坏弄脏，用作其他卑劣的用途。"②1811 年，"用教堂来教育穷人的全国协会"③成立了。1818 年，议会颁布了一百万英镑的预算来进行教堂建设，几年以后又追加了 50 万英镑。政府的目的是建造尽可能多的教堂，因此大部分教堂寒酸简陋。多数建筑师采用了哥特式，因为这比古典形式的要便宜些。但是这些所谓的哥特式仅仅有尖窗和薄而无用的扶壁。

　　这场为恢复教堂宗教仪式与建筑尊严而进行的战斗，由一个人和一个协会发起，这个人是对天主教狂热的人，这个协会也称自己是天主教徒，更准确点是"英国国教高教会派教徒"(Anglo-Catholic)。这个人就是普金(A. W. N. Pugin，1812—1952)(图 2-11)，而这个协会就是剑桥卡姆登协会(Cambridge Camden Society)。

　　普金从 1835 年开始写作呼吁，在 1841 年和 1843 年出版了大量书籍(图 2-12)。对于普金来说，英国的教堂多是与天主教有关的，但社会大众实际上大部分是信仰新教的，因此，教堂已不适应大众需要。同样在欧洲大陆，例如法国，大革命的破坏和"异教徒

图 2-11　普金

的影响"④导致了更严重的情况。普金看见被"丑陋的现代意大利装饰"⑤所环绕的教堂就感到心烦意乱。在英国，至少有新教徒们"疏忽的好处"⑥，他认为这样起码保住了原初的特征。普金认为首要的工作是在现代基督教徒心中植入一个信念，"唤醒他们对附着在这些巨大纪念物上的古代价值的虔诚之心"⑦。虽然考古不断地找到历史遗址的细节，他依然感到如果没有深入理解传统形式和教堂组织的"真实原则"，这些对细节的认识就是抽象而苍白的。

　　普金拒绝"风格"一词，他评判艺术和建筑的时候，是基于创作者的道德价值。道义甚至渗透到构造物的细节中，就是要具有真实的特征。普金的父亲是法国移民，普金在知识体系上传承了佩罗(Perrault)、洛吉耶(Laugier)的法国功能主义学说的影响。"建筑的美等于结构的真实"这一说法在法国和意大利是十分流行的。普金认为

①　克里斯托弗·哈维，科林·马修. 19 世纪英国[M]. 韩敏中，译. 北京：外语教学与研究出版社：223.

②　PEVSNER N. Scrap and anti-scrap [G]//PEVSNER N，FAWCETT J. The future of the past：attitudes to conservation 1174-1974. London：Thames & Hudson Inc.，1976：35.

③　JOKILEHTO J. A history of architecture conservation [M]. Butterworth-Heinemann，2002：291.

④　PUGIN A N W. Contrasts [M]. Leicester University press，1973：52.

⑤　同上。

⑥　同上。

⑦　同上：54.

（a）中世纪的小镇风景如画，建筑动人

（b）工业时代的小镇烟囱林立，建筑单调

图 2-12　普金在《对比》一书中展示了"一个基督教小镇"1440 年和 1840 年的状况

"建筑美的最重要标准是其设计与用途的适当匹配，一座建筑的风格与它的用途是如此吻合，使观察者一眼就可以判断它建造的目的所在。"①然而，普金捍卫的不是哥特建筑在功能和使用上的合理性，而是证明建筑的宗教性用途。在他 1836 年的著作《对比》（Contrasts）中，普金将基督启示与建筑联系起来，他将垂直式解释为"耶稣复活的象征"，并将中世纪建筑的兴起与衰落，看作反映"真正天主教原则"的兴起与衰落的过程。他将宗教改革、新教主义、异教化思想与建筑的发展建立了联系，因此在他看来，伟大的建筑只能植根于天主教教义之中。他得出了一个公式："真实的建筑"等于"哥特建筑"等于"基督教建筑"。② 普金认为教堂必须要满足固定的仪式：要有足够长的祭坛来放得下圣坛和唱诗班座席；将祭坛与听众席用屏风隔开；将牧师和听众隔开，显得仪式更加崇高和神圣。在生命的最后阶段，普金更加偏执与狂热，在 1851 年发表的关于教堂唱诗班屏风的论文中，他甚至声称如果谁反对将这样的屏风重新引入教堂，就是天主教正统的敌人。

　　普金对于哥特建筑的捍卫源于对于罗马天主教的狂热，而他将结构、材料、构造的真实恰当视作建筑形式正当性的证据，这一观点固然有功能主义的启发，但还是停留在确立哥特建筑宗教地位的前提上，因此，他没有像维奥莱特-勒-杜克一样，对哥特建筑

① 　汉诺-沃尔特·克鲁夫特.建筑理论史：从维特鲁威到现在[M].北京：中国建筑工业出版社，2005：245.

② 　同上：247.

进行抽象而理性的分析。但是他的观点却启发了拉斯金、莫里斯等后来在保护运动中发挥巨大作用的理论家。

普金的宗教狂热不是孤例,这一时期关于哥特建筑的研究学会在牛津和剑桥纷纷成立,这些学会的目标是借推动哥特建筑进行宗教仪式和传统的恢复。

无论是普金、剑桥卡姆登协会和伦敦建筑学会,这些教会建筑师都希望通过恢复宗教建筑来重塑英国的宗教信仰,进而重拾英国人的美德。英国 18、19 世纪兴起的教堂修复运动,是知识分子阶层在英国从"认信国家"转变为信仰多元化国家的过程中,对于自由主义倾向蔓延和道德沦丧的社会现实的反攻。这也是"真实"在普金的文章中被反复提出的缘故,"真实"其实是一种纯真的道义——虔诚质朴。因此,教会学建筑师的工作是将教会建筑、宗教与道德三者联系起来,于是有了宣传的正当性与广泛回应,只有理解了这一点,才能够了解为什么"原初""真实"会如此重要,这些概念不是美学上的争辩,而是上升为道德、宗教问题。但是教会学建筑师并不具有理性的保护思想,他们对于教堂修复的推动也导致了大量老教堂被损毁。教会学建筑师们唤起了大众对于老教堂的关注,促使了众多与教堂建筑有关的组织的诞生,也提出了对于真实、原初的伦理讨论,因此,教会主导的修复运动是建筑保护思想走向成熟的催化剂。

2.4.2 法国大革命:古物厄运与启蒙初衷

始于 1789 年的法国大革命对于欧洲的遗产保护有着非常重要的意义。一方面,法国大革命中,反对宗教、封建王朝的呼声鼓动民众肆意破坏带有基督教和王权痕迹的建筑、雕塑、绘画、书籍等珍贵的古物,尽管这是与 18 世纪包容的文化气氛不符的;另一方面,革命诞生了共和、集体利益的认识,"共和"与"公民"的关系取代了传统宗教、贵族、封建的文化体系。它将宗教的集体记忆转化为了国家的文化记忆,国家的利益、国家的语言、国家的遗产都是全民共有的财产。博物馆和国家图书馆作为现代的国家机构取代了教堂、宫殿和修道院。

"民族文化的概念发生了转型,理论上这是全体民众共同承袭的遗产,而不是一种从政治权力中心散布的和少数人垄断的文化。在大革命的话语中,'国家'(the nation)是一个不可分割的整体,不再给精英阶层、少数人的个别集团的利益留有空间,文化遗产是国民统一体的象征。"[①]艺术不再为绝对主义王权服务,文化政策也开始演化为公民政治文化的拓展。大革命的十年,重新确立了法国文化特殊性的基础,并在保护和毁坏遗存艺术品的争辩中,诞生了"民族文化遗产"这一概念。

---

① LOOSELEY D L. The politics of fun:cultural policy and debate in contemporary France [M]. Oxford:Berg Publishers,1995:12.

　　19 世纪法国艺术政策最显著的贡献是确立了民族文化资产的观念和遗产保护的公共权责,将收藏行为组织化和制度化,并和国民教育形成互动,为西方社会乃至现代世界树立了典范,成为现代性的一部分。文化遗产概念(heritage or cultural property)在欧洲对应的词语是"patrimony"或法语"patrimoine",其渊源可以追溯到文艺复兴时期人文主义者对古物、古迹、古文献的重视,启蒙运动中历史观念的影响和路易十六时期的博物馆计划。"国家的古代遗物"去除了种族、信仰、政治的暗示,开始作为验证历史的重要实物。现代意义的"民族文化资产"和"文化遗产"观念最终合法化诞生于法国大革命时期激烈的政治动荡中。1789 年 11 月 2 日的制宪会议决定将教会的财产,包括文物艺术品收归国有,继而 1790 年 10 月国民公会作了一项重大决策,将这些财产列为国家艺术文化资产,由古迹委员会负责登记造册,而对皇室收藏品,却有意摧毁。1792 年 8 月 14 日雅各宾派颁发了政令,要销毁所有皇家象征物品和象征君主暴政的古迹建筑,顿时各界舆论哗然。

1. 暴行

　　法国大革命期间,愤怒的民众洗劫并摧毁了大量的建筑、雕塑、绘画、工艺品、书籍和手抄本。"大革命后,巴黎超过四分之三的老教堂消失了,在西岱岛上,原来有 17 座教堂,现在也只剩下 2 个。就是幸存下的这两座教堂,革命者也并不吝啬他们的锤子,他们先铲除了巴黎圣母院西立面上的国王群雕;1792 年,巴黎圣母院上的塔楼也被认为是'平等的对立面'而被破坏……"①

　　葛里高利(Abbé Henri Grégoire)神父(图 2-13)第一个将这种损毁教堂、修道院、世俗建筑和手稿、绘画、雕塑的大规模反宗教运动(iconoclasm)称作"暴行"(vandalism)。他说:

图 2-13　葛里高利

　　　　回想一下,愤怒的暴徒打算烧毁所有的图书馆,他们四处毁坏带有宗教、王权和皇家痕迹的书籍、绘画、纪念物,造成了不计其数的宗教、科学、文学上的损失。当我开始打算阻止这些暴行时,我被冠上了宗教信徒的绰号。有人认为,我以热爱艺术为借口,打算保护这些宗教的圣物。然而,这是他们的揣度,最终我被允许向委员会(公众教育委员会,被认为是大革命时期仅存的有判断力的地方)提交反对暴行的报告。我创造这个词,希望来阻止这些事情。②

　　法国中世纪的艺术和建筑先后遭受了三次主要的"暴行":第

---

① 邵甬.法国建筑、城市、景观遗产的保护与价值重现[M].上海:同济大学出版社,2010:19.

② SCHIDGEN B D. Heritage or heresy:preservation and destruction of religious art and architecture in europe[M]. Palgrave Macmillan,2008:121.

一次是 1562 年至 18 世纪的宗教战争；第二次是 1793 年开始的法国大革命；第三次则是黑帮(Bande Noire)的破坏，即 19 世纪初，大革命之后，一些建筑投机商倒卖封存的宗教财产来牟利。在 1959 年路易斯·雷奥(Louis Reau)出版的书《肆意破坏的历史：法国艺术品的损坏》(*Histoire du vandalism en France*)中，归纳了五种肆意破坏的动机：①宗教的偏执和正统(这导致了宗教战争和大革命期间对建筑和雕塑的砸毁)；②感情用事的破坏(基于愤怒地拆毁建筑，例如大革命期间作为王权象征的巴士底狱)；③美学破坏(基于个人品味)；④修复破坏(例如维奥莱特-勒-杜克的修复)；⑤埃尔金主义(将艺术品从原址移走，这词是来源于 1801 年英国埃尔金爵士掠夺走了雅典卫城的雕塑)。[①] 这些破坏从大革命开始直到文物建筑委员会的成立，一直在不断发生。

2. 启蒙初衷——从"遗产"到"身份认同"

随着原王室、贵族、教会财产充公从而转变为国家财产，艺术在理论上不再是政治权力中心的荣耀和少数人的垄断物，而是成为一种现代意义的民族文化和民族文化遗产。统治者私人赞助的做法被公开评审的政府艺术采购取代。艺术成为国民教育的工具，政府将培养艺术能力和传承艺术素质视为艺术教育的目标。大革命之后的历届政府都始终不渝地坚持了发展文化艺术和积极干预的政策。艺术文化财富超越政治制度和部门管理模式，再一次被看作是实现民族团结和同一性的强有力的保证，以及塑造新型国家的手段。

葛里高利首次用遗产(patrimony)这个词来定义这些中世纪的建筑和艺术品。[②] 葛里高利认识到，这些遗产是前人留给所有民众的，它们不仅有艺术价值，也具有历史价值，它们见证了工艺的历史和技艺。因此，他极力抢救这些艺术品、建立国家博物馆来存放它们、建立双语体系的档案(法文和拉丁文或希腊语)、推动科学研究。同时，他也整理起了揭露皇家丑恶行径的材料——因为它们形成了共和国的历史。安东尼·维尔代(Anthony Vilder)在评论葛里高利的时候说到，葛里高利神父在 1794 年在大会上提交的 3 份报告中所倡导的历史纪念物保护都是出于对老建筑"没有个人好恶"的爱。维尔代觉得，葛里高利是一个在语言和民主主义方面的"革命者"，他改变了人们对于纪念物的看法，他告诉人们破坏古迹是"反革命行为"，因为那将剥夺法国人们的历史和学习历史的机会。[③]

---

① SCHIDGEN B D. Heritage or heresy：preservation and destruction of religious art and architecture in europe [M]. Palgrave Macmillan，2008：124.

② SAX J L. Historic preservation as a public duty：the Abbe Gregoire and the origin of an idea [J]. Michigan Law Review，1990，88(5)：1142-1169.

③ MURPHY K D. Memory and modernit，Viollet-Le-Duc at Vezelay [M]. Pennsylvania State University Press，1999：42.

　　葛里高利的目的除了阻止暴行,还希望通过尊重历史来重塑"民族国家"的概念。葛里高利的核心词包括了遗产(patrimony)、爱国者(patriot)、共和(republic)和公众(citizen)。在葛里高利的设想中,为民众服务的机构,例如教育机构和国家博物馆,应该使得中世纪的传统成为国家意识的基础。正如布迪厄说的"文化的内化功能"(interiorization of cultural rules),死去的封建王朝、中世纪宗教建筑作为"象征的资本",获得了新的意义——它们属于过去,但是它们在当下表达了国家特征和威望。[①]

　　与葛里高利的看法类似,雨果反对库里耶(Paul-Louis Courier)发表在 1831 年 12 月 6 日《埃纳报》(Journal de l'Aisne)上的观点,库里耶认为那些塔楼会唤起"可耻的腐化,臭名昭著的叛国、刺杀、屠杀、折磨、恶行、奢华、教士和僧人们的愚昧,还有虚伪"。[②] 雨果认为,来自国王时代的建筑并不该因为它们和压迫势力有关就要被砸掉。在他看来,这些建筑物同样讲述着法国人民的历史。将过去王朝的纪念物保护下来,就是一种政治进步的表现(而不是反动或是反革命的表现)。这一认识是七月王朝期间确立政府保护机关的根本基础。

　　正如皮埃尔·诺拉(Pierre Nora)在《记忆的土地:法国历史的形成》(Realms of Memory: the Construction of the French Past)一书中所言,法国的遗产从世世代代传承的财富,转变为了"使我们成为我们的见证"。[③] 诺拉的关键词有三个:"身份"(identity)、"记忆"和"遗产"。因为大革命的影响,民众和国家的意识被唤起,人们认识到一个现代国家的建立,除了包括它的领土和历史以外,还包括它所有人民的认同感。

　　虽然大革命造成了废墟,但是法国是第一个将国家纪念物的保护置于国家体系以内的欧洲国家,也许这是因为封建王朝和教会的财产在 1789—1790 年被收归国有。实际上,"文物"(historic monument)的概念恰恰是在这个时期出现在历史舞台上的,由 L. A. 米林(L. A. Millin)在 1790 年首次使用,而基佐(Francois Guizot)在 1840 年设立文物建筑总监的职务时,将其制度化。无论是复辟的波旁王朝还是共和政府,在建构法兰西历史叙述中都体现着强烈的国家化诉求,代表这一愿望的是后续的一系列遗产保护机构的设立。1821 年,先是古文学校(Ecole de Chartres)的设立迈出了"公共纪念物署"(servicede memoire)的重要一步。七月王朝(1830—1848)在政治家和历史学家基佐的启发下创办研究纪念性遗迹的"历史工程理事会"(Comite des travaux historiques)和旨在保护修复历史纪念物的"历史工程委员会"(Commission des travaux

---

① BOURDIEU P, DARBEL A. L'amour de l'art [M]. Paris: Minuit, 1966: 162.

② MURPHY K D. Memory and modernit, Viollet-Le-Duc at Vezelay [M]. Pennsylvania State University Press, 1999.

③ SCHIDGEN B D. Heritage or heresy: preservation and destruction of religious art and architecture in europe [M]. Palgrave Macmillan, 2008: 124.

historiques）。基佐在《欧洲文明史》（*Histoire de la civilisation en Europe*）中认为，激发民众欣赏古代遗迹的热情可以彰显理性的卓越品质。

启蒙思想在现代国家和文明之间建构了密切的联系，以历史进步和文明的演化来证明国家的存在意义。因此，"文化资产""文化遗产"概念自形成之时，就确立了国家对其权责的合法性，架构了一个"至善"的、不可驳难的起点，它包含了一切合理性，即成为19世纪"国家想象"中必不可少的内容。国家作为"想象的共同体"①，要求个体对其履行政治和文化的效忠，将国家和共同体的利益置于个人、家庭、地方之上。这和专制时代强有力的文化干预思想不谋而合，法语"patrimoine"（文化遗产）本身隐含了"patrie"（祖国），文化遗产被神圣化了，政府用其来传达、宣教以国家为核心的历史叙述，成为表现政府对艺术和知识控制权的重要载体。

2.4.3 早期社会团体的运作及影响

在19世纪到20世纪的保护与修复的论战中，学者们组成的小圈子发挥了巨大的作用。他们将孤立的声音放大，将散落的档案整理、将一阵风潮似的运动转变为了规范而常态的活动。更重要的是，他们吸引了学术界、政界、社会方方面面的关注，从而为保护或修复哲学的明确奠定了基础。法国是从政府层面上于1834年先设立了法国古迹总监，又于1837年在内政部建立了古迹委员会。而英国的情况很不一样，英国的社会团体没有太多官方的色彩，主要是一些有共同理想的知识分子自发组成。在著名的SPAB（英格兰古建筑保护协会）成立之前，还有伦敦古物协会（Society of Antiquaries of London，SAL，1717）、剑桥卡姆登协会（Cambridge Camden Society，1839）、牛津建筑学会（Oxfordshire Architectural and Historical Society，1839）、英国公众保护协会（Commons Preservation Society，1865）、英国基督教会学建筑师和检测师联盟（Ecclesiastical Architects and Surveyors Association，1872）、旧伦敦遗迹摄影协会（Society for Photographing Relics of Old London，1874），等等。在此将几个重要的协会及其影响一一介绍。

1. 伦敦古物协会

该协会成立于1717年，协会的宗旨是"鼓励和促进本国及其他国家的古物历史的研究和认知"②。协会的前身为1586年成立的古物学院（或称古物协会）。协会出版了考古和古物期刊《纪录历史的国际期刊》。协会雕版印刷了大量考古题材的插图，包括古建筑、考古遗址、文物等，这些通俗易懂的介绍与多角度的建筑细节图一起，极大地引

---

① 本尼迪克特·安德森. 想象的共同体[M]. 吴叡人，译. 上海：上海人民出版社，2011：5.

② EVANS J. A history of the Society of Antiquaries [M]. London，1956.

起了大众的兴趣。这些图文并茂的记录,从 1718 年开始以《古代纪念物》(拉丁语: *Vetusta Monumenta*)的名义开始出版。协会 1771—1791 年的主席理查德·高夫 (Richard Gough),极力推动当时濒临毁坏的哥特建筑的整理出版。

2. 剑桥卡姆登协会

卡姆登协会由剑桥的大学生尼尔(John Mason Neale)和韦伯(Benjamin Webb)在 1839 年创办,发行了期刊《教会学建筑师》(*Ecclesiologist*),1841—1868 年,每年出版 5 期。卡姆登协会被指控想搞罗马天主教的复辟,不得不解散,在 1845 年以"教会学协会"(Ecclesiological Society)的名义再次成立。术语"教会学"(Ecclesiology)包含有教会建筑和教会装饰艺术的双重含义。剑桥卡姆登协会在成立之初提到了其运行目标,是"推动对教会建筑和古物的研究,修复破损的建筑遗存"[①]。与 18 世纪的考古学对于建筑遗存的看法不同,协会提出了对纪念物的另外一种认识。"教堂形态学"意味着"礼拜学",正如佩夫斯纳(Nikolaus Pevsner)解释的,是"一门教授教堂应该如何去建造、重建或重新装备来使其满足英国国教教堂礼拜仪式需要的学问"[②]。历史学家詹姆斯·怀特(James F. White)指出:"即便是当代风格的建筑,除了少数特例,都运用到了卡姆登协会一个多世纪之前建立起来的礼拜格局。他们认为这是正确地建造教堂的方式,成千上万的教民则改变自己的习惯来适应这种建筑上的变化。"[③]在协会的推动下,用金钱购买固定座位的做法被废除,祭坛也从 19 世纪 60 年代开始成为了教堂不可或缺的元素。通过建筑上的改革、对中世纪的浪漫追思和牛津运动,协会试图寻找回英格兰的中世纪风格、重新发现哥特建筑的美、使圣公会教堂恢复活力。(图 2-14)

1842 年,教会学建筑师发表他们的观点:"我们必须,要么从现存的证据,重新推断出最早建造者所预想的大厦形式;要么保留后人的加建和改建,必要的时候修缮它们,甚至按照某种意愿改变它们。我们倾向于前者;但考虑到后来工作的时代背景,加建的偶然性,对使用者的适应性、舒适的固有优点,(这些加建和改建)也很重要。"[④]他们的这种态度导致了大量拆除和"无畏的"重建。"彻底的和基督教的修复",被认为是"对优秀范本的复制"[⑤]。肯尼思·克拉克(Kenneth Clark)这样评论这些"修复":"有趣的是,

---

① BRINE J. The religious intention of the Cambridge Camden Society and their effect on the gothic revival [J]. Fabrications,1990:4-18.

② PEVSNER N. Scrap and anti-scrap [G]//PEVSNER N, FAWCETT J. The future of the past: attitudes to conservation 1174-1974. London: Thames & Hudson Inc. , 1976:35.

③ WHITE J F. Cambridge movement: the ecclesiologists and the gothic revival [M]. Cambridge: Cambridge University Press, 1962:115.

④ PEVSNER N. Scrap and anti-scrap [G]//PEVSNER N, FAWCETT J. The future of the past: attitudes to conservation 1174-1974. London: Thames & Hudson Inc. , 1976:40.

⑤ CLARK K. The gothic revival, an essay in the history of taste [M]. J. Murray,USA, 1974:173.

A CHURCH SCHEME

(From *Report of the Cambridge Camden Society for MDCCCXLI*, folio sheet inserted between pages 81 and 81)
No.

Cambridge Camden Society

The Society trusts that its Members, while pursuing their Antiquarian researches, will never forget the respect due to the sacred character of the edifices which they visit.

Date.   Name of Visitor.

Dedication.   Diocese.

Parish.   Archdeaconry.

Country.   Deanery.

I. Ground Plan.

                Chancel {   Nave   { }   Aisles   { }

1. Length   of
2. Breadth

                Transepts{   } Tower { } Chapel { }

3. Orientation.

II. Interior.

I. *Chancel.*

1. East Window.   4. Apse.

2. Window Arch.   5. Windows, N. S.

3. Altar.   6. Window Arches, N. S.

α. Altar Stone, fixed   7. Piers, N.S.
or

remove.   8. Pier Archies, N.S.

β. Reredos.   9. Chancel Arch.

γ. Piscina.   10. Stalls and Misereres.

(1) Orifice.   11. Chancel Seats,
                                                         exterior or

(2) Shelf.   Interior.

δ. Sedilia.   12. Elevation of Chancel.

ε. Aumbrye.   13. Corbels.

图 2-14　剑桥卡姆登协会调查表,标识出调查的范围和内容

如果卡姆登协会有充足的资金,他们会不会和卡彭特(Richard Cromwell Carpenter,1812—1855)毁坏一样多的中世纪建筑?"①正如朱迪·布兰(Judith Brine)所言,卡姆登协会的名声十分尴尬,一方面,他们推动了英国的哥特复兴,而另一方面他们也给英国的老教堂带来了无法挽回的伤害。②

---

① CLARK K. The gothic revival, an essay in the history of taste [M]. J. Murray,USA, 1974: 173.
② BRINE J. The religious intention of the Cambridge Camden Society and their effect on the gothic revival [J]. Fabrications,1990: 4-18.

3. 牛津建筑学会

1839 年在牛津成立了"牛津推动哥特建筑研究学会"(Oxford Society for Promoting the Study of Gothic Architecture),1848 年更名为"牛津建筑学会"(Oxford Architectural Society),1860 年更名为"牛津建筑与历史学会"(Oxford Architectural and Historical Society)。这个学会顺应了英国的哥特复兴和牛津运动而成立。在其 1842 年发布的准则上,这样写道:"这个国家的每个角落都在快速新建教堂,因此急需提供正确的建筑美学品位;这个地区尤其需要,因为这里的很多居民已经或者很快将成为教徒,将成为我们教会建筑长久的守护者,而城市自身,和其社区中,将充满每个时期的艺术珍品。"①

牛津建筑学会的工作与同时代的剑桥卡姆登协会相比,没有那么强烈的宗教福音传道的目的,更加宽容而具学术意味。这个学会的工作包括了出版物和教堂建筑新建和修复的指导。会员们首先对哥特建筑的结构、装饰以及形式演变进行了系统和详尽的研究。他们不仅收集了约翰·布里顿、R. W. 比林斯(Robert William Billings,1813—1874)、普金的书籍,也收集了大量的图纸、黄铜拓片、模型和建筑构件。学会的办公室看起来就如同小型的博物馆;其次,会员们对本地区的教堂进行了系统详尽的测绘调查,也借用了一些卡姆登协会设计的调查问卷,这些工作都很快地在学会的出版物上刊登。在 1839 年 5 月 10 日的会议上,学会制定了牛津地区的建筑指南,包括大量的教堂和其他一些有价值的古迹。更重要的是,当地的教堂被遴选、出版,作为新教堂建设的蓝本。每个发表的教堂都包括了平面、立面、剖面、施工图和材料及成本的说明。这些教堂包括:"早期英国式的典型"——圣贾尔斯教堂(St. Giles's);"装饰式的典型"——肖特斯布鲁克教堂(Shottesbrook)。书中还有古代教堂长椅、洗礼盘和讲坛的施工图,这些细小、具体的工作恰恰还原了一个真实的、可操作的哥特建筑。

4. 英格兰古建筑保护协会

1876 年到 1877 年的冬春之交,莫里斯依托于他广泛的文物学家圈子开始物色会员。核心人物包括了拉斯金和托马斯·卡莱尔(Thomas Carlyle);还有莫里斯的前拉斐尔派的朋友,霍尔曼·亨特(Holman Hunt)、爱德华·伯恩-琼斯(Edward Burne-Jones)和菲利普·韦伯(Philip Webb)等;一些反对修复的建筑师,比如 F. G. 斯蒂芬斯(F. G. Stephens)、约翰·J. 史蒂文森(John J. Stevenson)等,和一些社会名流,像霍顿勋爵(Lord Houghton)和约翰·威廉·卢伯克爵士(John William Lubbock),后者是保护积极的倡导者——1882 年古代纪念物法令出台的关键人物。1877 年的 3 月 2 日,一共有 88 位人士在莫里斯公司里出席了会议。几天以后,莫里斯给《雅典殿堂》

---

① *The Rules of the Oxford Society for Promoting the Study of Gothic Architecture*,1842。

(*Athenæum*)杂志寄去了一封信,通告了协会的成立。在 3 月 10 日的杂志上这封信公开发表,确立了协会的名字:古建筑保护协会(SPAB)。这个协会有很多别名:新协会、反修复协会、无修复主义者协会。斯科特称之为"预防修复协会"或者"不作为主义协会",埃德蒙·贝特(Edmund Beckeet)爵士称之为"反修复主义者",最妙的还是莫里斯自己起的"反刮擦协会"①(anti-scrape,这也是他的宠物的名字)。

英格兰古建筑保护协会从理论和实践上都给现代保护思想奠定了基础。莫里斯在协会"宣言"(Manifesto)中,提出了两个非常重要的理论。首先,他提出了基于史料价值来看待纪念物的历史态度,这与以前主要基于纪念物的风格来评判其高下的观念完全不同;其次,他提出了将所有的历史时期以平等的观念来看待,古代建筑及其所经历的各种改变和添加都应该被视为一个整体,古代建筑,无论是"艺术的、如画的、历史的、古旧的或者是丰富的,简而言之,任何一个受过艺术教育的人都知道它们具有毋庸置疑的宝贵价值"②。在实践中,SPAB 的指导方针就是"保护性修缮",以及"通过日常维护保养以延缓朽坏"③。而菲利普·韦伯的实践赋予了保护方法论的可靠性和现实意义。他们两人是建筑保护界独一无二的合作者。

在这些社会团体的推动下,英国的保护运动逐渐壮大、规范,并且逐步得到政府的支持。譬如 1895 年成立的国家名胜古迹信托协会,就被法律授予"有宣布不能让予的土地"的权利。它同时强调民间社会力,是公私合作的典范。其后又涌现了大量的保护团体,包括 1924 年的古迹协会、1937 年成立的乔治小组、1944 年的不列颠考古委员会、1958 年的维多利亚协会。从国家信托开始,英国的这些保护协会开始具有了对政府的影响力,他们在一定程度上介入法律保护程序,并且获得政府的资助。这些协会越来越娴熟地进行宣传和咨询活动,他们招募会员、筹募资金、接受咨询、给政府提出建议、出版自己的书籍和期刊,不断在保护的运动中发挥越来越重要的作用。

2.4.4　早期主要的出版物和宣传媒介

在保护与修复的论战中,出版物无疑给辩论的双方提供了开放的平台,主要的出版物包括英国的《教会学建筑师》、《雅典殿堂》、《建造者》(*The Builder*)、《教堂建造者》(*The Church Builder*)、法国的《考古记录》(*Annales archeologique*)等杂志,本节将介绍其中一些在保护理论发展过程中起到重要作用的杂志。

---

① MIELE C. From William Morris: building conservation and the arts and crafts cult of authenticity, 1877-1939 [M]. Yale University Press, 2005.

② 尤嘎·尤基莱托. 建筑保护史[M]. 郭旃, 译. 北京: 中华书局, 2011: 258.

③ MIELE C. From William Morris: building conservation and the arts and crafts cult of authenticity, 1877-1939 [M]. Yale University Press, 2005.

图 2-15　《教会学建筑师》

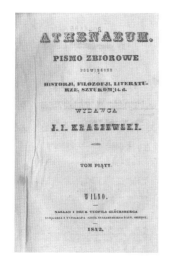

图 2-16　《雅典殿堂》

《教会学建筑师》(图 2-15)杂志是剑桥卡姆登协会的通讯期刊,1841 年 10 月出版了第一期。对教堂修复近 30 年(1841—1868)的观察中,《教会学建筑师》杂志涉及了超过一千所教堂,它对不符合其偏好的教堂和建筑师提出批评从不迟疑,而且这种批评往往与建筑师本人的信仰相关。譬如普金,这位哥特复兴的先驱似乎与协会有着类似的审美品味,但是因为他的罗马天主教信仰而饱受批判。同样待遇的还有教友派的建筑师托马斯·里克曼(Thomas Rickman),杂志说他的设计“是对教会学极端无知的纪念碑”[1]。而威廉·巴特菲尔德(William Butterfield)则是杂志的宠儿,这位坚决拒绝罗马天主教的建筑师尽管设计中屡屡破坏《教会学建筑师》的规则,但是依然受到了协会的高度赞誉。

与之类似的还包括《教堂建造者》,这是教堂建筑联合协会的出版物,从 1862 年开始出版。

《雅典殿堂》(图 2-16)是一份文学杂志,从 1828 年到 1921 年在伦敦出版,它刊登了那个时代最顶尖作家的文章。杂志的观点比较开放,它涵盖了所有的艺术形式,在 19 世纪 70 年代,它给评论和辩论留下了大幅的版面。在 1877 年,莫里斯在该杂志上发表了一系列关于 SPAB 的文章,引起了巨大反响。在 1878 年的《雅典殿堂》杂志中,我们看到:“要保持我们古老建筑现在的样子……保持中世纪的教堂,不仅是伊丽莎白时代的看台(stall)和詹姆士一世时代的护墙板(panelling),还有我们这个时代的条凳和座席。它们形成了历史的全部。”[2]

《建造者》是一份偏技术的建筑类期刊,在 1844 年到 1883 年间,它成为“最成功和重要的专业报纸,它的读者群甚至超出了建筑和建造界。”[3]它在讨论理论问题的同时,也

---

① STANTON P B. The gothic revival & American church architecture: an episode in taste, 1840-1856 [M]. The Johns Hopkins Press, 1968: 128.

② Anon. Waterhouse, the ravages of restoration [J]. Athenœum, 1878(2655): 345.

③ SMITHG B. Godwin, George (1813 1888) [Z]// RICHARDSONR, THORNER. Oxford dictionary of national biography. Oxford University Press, 2004[2008-01-05]. http://dx.doi.org/10.1093/ref:odnb/10891.

讨论了很多实践的、技术的修复问题。早在1855年，它就给修复留下了理性的讨论空间，比方说乔治·特鲁菲特(George Truefitt)的“在伍斯特(Worcester)建筑协会上宣读的论文”[1]。在1868年的《建造者》杂志上，我们看到了对拉斯金观点的讨论，建筑师詹姆斯·普里切特(James Piggot Pritchett)介绍了拉斯金的观点“老建筑的每个特征都在传达它的历史信息，需要小心保护”[2]。查尔斯·阿姆菲尔德(Charles Armfield)，在同一期杂志上反对拉斯金的观点，警告需要警惕那种“虚假的古物”[3]。在1870年的《修复的理论》一文中，杂志秉持着这样的观点：“一个绝佳的建筑设计必须是主题和风格的统一展现。”[4]同年，在《适度的修复》一文中，可以读到：“《建造者》也许还在紧紧地约束着修复者们。”[5]说明此时的《建造者》杂志还是支持修复的。而在两年以后，杂志的论调改变了。在1873年的《建造者》杂志中，我们可以读到：“毕竟，也许是最好的、最简单的忠告给那些从事修复的人……做得越少越好。”[6]《建造者》杂志对“修复”态度的转变展示了英国的建筑界对于“修复”观念的转变。

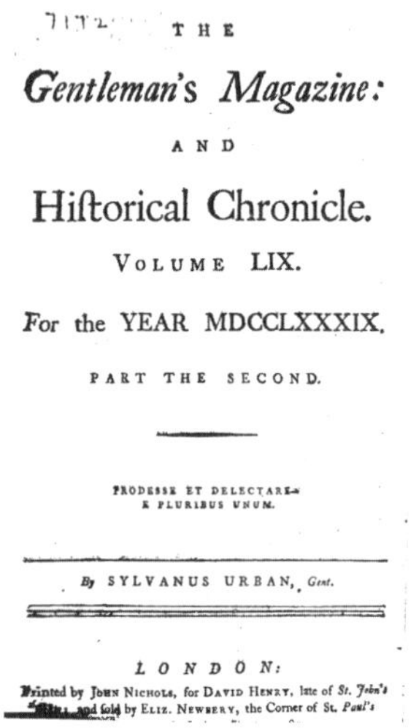
THE
Gentleman's Magazine:
AND
Hiftorical Chronicle.
VOLUME LIX.
For the YEAR MDCCLXXXIX.
PART THE SECOND.
PRODESSE ET DELECTARE
E PLURIBUS UNUM.
By SYLVANUS URBAN, Gent.
LONDON:
Printed by JOHN NICHOLS, for DAVID HENRY, late of St. John's
and sold by ELIZ. NEWBERY, the Corner of St. Paul's

图2-17 《绅士》

《绅士》(*Gentleman*，图2-17)杂志于1731年创办于伦敦，内容广杂，从商品交易价格到拉丁诗歌都有涉及。它也是第一个采用“杂志”(magazine)[7]作为期刊名称的出版物。《绅士》杂志在修复与反修复运动中推波助澜。譬如，1789年，《绅士》杂志就刊登了高夫对怀亚特的批判。同样，为怀亚特辩护的文章也随后刊登出来。通过这场论战，“修复”成为贬义词，而怀亚特的名声也被丑化到极点。

2.5 价值理性的共识

保护思想的发展是一个逐步建构价值理性的过程。它经历了从文艺复兴的铺垫、启蒙时期的诞生、双元革命时代的争论一直到20世纪的成熟几个阶段。

---

① 10月号《建造者》，489-90页。

② 第XXVI卷，414页。

③ 同上。

④ Anon. Theory of restoration [J]. The Builder, 1870, XXVIII: 649.

⑤ Anon. Moderation in restoration [J]. The Builder, 1870, XXVIII: 202.

⑥ SHARPE E. Against restoration [J]. The Builder, 1873, XXXI: 672.

⑦ 原意为仓库。

　　文艺复兴时期,保护思想并没有真正的确立,但是人们开始具有了理性的历史观念,认识到过去与今天的距离感。这一时期,无论是诗人的怀古、还是建筑师要从过去的经典中找寻可供学习的范例,抑或是艺术家们试图用历史的信息来警醒世人,他们的共同点在于都意识到古代遗迹中蕴含的历史、艺术价值,共同为现代保护意识奠定了基础。

　　启蒙时期,这是建筑遗产保护思想真正诞生的年代:当下从古与今的冲突中胜出;人们开始用科学的方法研究历史;"古色"概念身上加载的天然与人为、原真与篡改、美与丑的哲学辩论,确立美学的多样表达。这些既确立了保护思想的价值理性基础,也埋下了近两个世纪对保护理论反复争论的种子。

　　在双元革命时期,对于古迹的考古发现与整理、对废墟美学的确立,以及宗教狂热人士、团体对于信仰重塑的呼吁是 18 世纪英国历史保护理论诞生的三个最主要的推动力;而在法国,遗产概念的形成,确立了国家对其权责的合法性与合理性,即成为 19 世纪"国家想象"中必不可少的内容。

　　19 世纪晚期到 20 世纪上半叶,保护思想在现代主义的浪潮中表现出了更加理性、务实的特征。一方面,以 SPAB 宣言为标志,保护思想终于确立了将历代建筑遗产视作价值平等的保护对象的观念;另一方面以乔瓦诺尼的"科学性修复"理念为标志,保护思想将现代主义时期的历史观念发挥得淋漓尽致,这两种保护的主要思想在《雅典宪章》得到体现。第二次世界大战以后的《威尼斯宪章》将保护思想的价值理性进一步诠释出来。而奥地利的艺术史学家里格尔在梳理历史建筑的各种价值的同时,更指出了价值的当代性和开放性,搭建起来通往当代保护思想的桥梁。

　　第一次世界大战结束后,在 1919 年的巴黎和会中诞生了国际联盟(League of Nations),这一组织内的国际知识分子合作委员会(International Committee on Intellectual Cooperation)决定于 1926 年在巴黎成立一个国际博物馆办公室(International Museums Office),其活动包括出版《博物馆》杂志、推动博物馆和艺术品保护的活动以及组织国际会议。

　　1931 年 10 月 21 日到 30 日,在雅典召开的历史性纪念物建筑师及技师国际会议,讨论关于古迹保护的问题,并审议通过了《雅典宪章》。雅典会议的参与者主要来自欧洲,包括法国的保罗·莱昂(Paul Léon),他是《历史纪念物:保护与修复》(*Les Monuments historiques, conservation, restauration*)的作者;英国的波伊斯(A.R. Powys),他是 SPAB 的前任秘书,曾经在 1929 年出版了《古建筑修缮》(*Repair of Ancient Buildings*)一书,以及西西尔·哈库特·史密斯爵士(Cecil Harcourt Smith),他是维多利亚和艾伯特博物馆的馆长,也是教会建筑协会的主席;意大利的乔瓦诺尼等等。从与会的人员组成就可以发现,基本上欧洲最主流的保护学说代表人都汇聚于此。

会议分为七个议题:学说和普遍原理,行政和立法措施,美学意义的提升,修复材料,衰败老化,保护技术,以及国际合作。

第一次世界大战对欧洲大陆的一些历史城市造成了毁灭性打击,例如比利时著名小镇伊普雷(Ypres)在战争中被彻底摧毁,哥特时期的古城鲁汶(Louvain)也遭到严重破坏。对这些历史城镇的战后重建成为当时欧洲各国必须要面对的难题:有的人提出保留战争遗迹,以供后人留念凭吊;也有的人认为这是一个让城市走向现代化的好机会,可以借重建之机来实践霍华德田园城市的设想;不过也有人并不愿意轻易舍弃这些中世纪城镇所蕴含的象征价值,希望能够将城市恢复到战争破坏前的模样。这就是20世纪30年代初制订关于历史性纪念物修复的《雅典宪章》的历史背景。

《雅典宪章》的主要观点是杜绝风格性修复,对纪念物上各个时期的不同风格都应该予以尊重并得到妥善保护。价值理性的共识表现在下面几个方面:首先,它客观地将过去的历史和艺术作品视作需要尊重的对象,这表明了其进步且立足当下的历史观念。它不再把过去功利地与今天比较,而是客观而有距离地研究过去的历史阶段,将过去视作可以解读的文本,而非模仿的对象。因此,对于历史的价值,《雅典宪章》采用了实证的态度来给予认定。

其次,它提出保护的策略是"通过创立一个定期、持久的维护体系来有计划地保护建筑"①。如果说18、19世纪的修复乱象是建筑在艺术以及历史价值两极间的摇摆造成的,那么《雅典宪章》吸收了SPAB宣言、乔瓦诺尼的思想后所给出的保护策略,搁置了这种选择,将建筑遗产的所有价值尽可能地固封,这是一种折衷的做法,也是相对周到的做法。

第三,《雅典宪章》考虑了建筑遗产与其周边城市环境的关系,这是其与之前的保护思想最大的不同,也是最具有启迪意义的内容。因为对于历史建筑的价值考量如果仅限于对自身文本的解读,难免会陷入重重矛盾中,因为折中地顾全尽可能多的价值,往往也会导致一些价值的掩盖和丢失。而将遗产这个个体放在城市整个结构中来考量,往往会有不一样的解读方法和观察视角,这为当代的保护思想留下了讨论的空间。

总之,《雅典宪章》是保护思想逐渐成熟的标识,它综合了主流的保护观念,摒弃了整体修复的实践方法,提出了关于建筑遗产周边城市环境的保护问题,是建筑遗产保护思想展现出价值理性的一次具有阶段性的总结。但是它并没有脱离20世纪初的历史语境,依然沿用乔瓦诺尼的"科学性保护"的方法论,忽略了遗产本身的主体性,这是其局限性所在。

---

① 张松.城市文化遗产保护国际宪章与国内法规[M].上海:同济大学出版社,2007:35.

第3章 建筑遗产保护思想的工具论

3.1 理性的工具论

理性最直接的表现形式是其在自然科学方面取得的成就。英国哲学家弗朗西斯·培根（Francis Bacon，1214—1292）所发展的新科学方法，是理性工具论的始祖。他提出的通过分析、实践获得的可以重演的知识的实验科学方法论，是促进人类文明不断发展的动力。但是，这种理性不仅仅是科学技术的方法论，它更是在认识论上，确立了近现代的知识标准，即"客观性、普遍性、必然性、确定性"——以赛亚·伯林将这种知识观称为"启蒙运动的中心原则"。[①] 这些方法至今还在普遍运用，它的规则在今天随处可见。有谁能逃脱"研究"呢？又有谁敢不提出确切的引文和时间，不参考以前的作品，不引证出处，不列参考书目，或者不使用脚注来标明自己论断的来源呢？在启蒙时期、包括后来的双元革命时期，工具层面的理性（下文简称工具理性）是人类文明最主要推动力，也是西方社会现代性的最重要表征。

建筑遗产的保护与修复因为涉及建造、技术、程序等实践方面的问题，必然会受到工具理性的指导和影响。早在文艺复兴时期，建筑师们就发现了修复中的所蕴含的理性知识。在阿尔伯蒂的《建筑十书》中最后一书题为《建筑物的修复》，这里的"修复"指的是"纠正"的意思，并非后来基于风格考量进行的对建筑物的处置，因此在下文中将以"维修"替代"修复"阐述阿尔伯蒂的理论。

阿尔伯蒂首先指出："当我们讨论到有关建筑物的问题以及如何纠正时，首先应当考虑的是充分认识这些可能被人类之手纠正的错误特征与类型；就像医生所坚持认为的，一旦疾病被诊断出来，它就能够被顺利治愈。"[②]这对于后来的建筑保护技术层面的研究是具有启蒙意义的。例如今天广为接受的建筑病理学也认为，首先要识别、调查和诊断现有建筑物的缺陷，才能开展后继的工作。其次，阿尔伯蒂从水源、土壤、动植物、天气、建筑材料等角度讨论这些损害的原因和挽救的方法，同时，他将这些元素视作一

---

① 以赛亚·伯林.反潮流——观念史论文集[M].冯克利，译.南京：译林出版社，2002：10.
② 阿尔伯蒂.阿尔伯蒂论建筑[M].王贵祥，译.北京：中国建筑工业出版社，2010：380.

个有机的整体，它们之间也会相互影响。这与今天建筑病理学中，将人的活动、室内环境、室外环境、建筑设备、结构、围护体的共同作用作为整体考虑是类似的。可见对建筑物的维修一直具有实践的理性色彩。

正因为保护理论是从实践中获得，同时也在实践中反复验证，它也就不可避免地在逻辑、技术、程序各种方面做出相应的反馈。然而长久以来，保护的理论界更多关注于价值层面的考量，而忽略了工具层面的合理性，这一方面是现代主义所带来的"工具理性"渗透进了人类生活的方方面面，包括意识形态，造成了"单向度的人"的恶果，人们在广泛批判"工具理性"的同时，也往往将其诞生之初的合理性一同抹杀，可谓矫枉过正；另一方面，保护理论的总结往往是历史学家、批评家做出的，在其优美文字的感召下，价值层面的呼吁往往更加深入人心。譬如英国建筑大师斯科特，尽管依靠自己的历史知识和建筑学技能抢救了众多英国重要建筑物，他依然承认："在修复问题上，我们都是罪人"[1]。而作为国际保护思想共识的标志，《威尼斯宪章》也因为"学者、批评家以及历史学家的完全缺席"，被博内利称为"是失衡的、概要的……内容相当空洞落伍。它依据的不过是19世纪末实证主义的那套发育不全的经验方法，完全忽略了近二十年来保护领域的进展"[2]。可想而知，在史学家、批评家这样的鼓吹下，保护思想本身应该包含的工具理性就不得不被小心翼翼地包装起来。

然而，现代保护理论正是诞生于科学技术迅猛发展的理性时代，因此，我们在讨论其发展规律时，必须要理解并且分析工具层面理性的影响。工具层面的理性大致包括了逻辑、实践、技术、程序等方面，在保护思想领域中，这些方面指向了对"修复"这个关键词的思考与批判、建筑师在实践中的困境、保护技术发展过程中的经验与教训、保护体制的形成等等，如果说价值理性关注的是"为何保护"的问题，那么工具理性关注的正是"如何保护"的问题。本书不可能穷尽这些理性的表征，仅通过对以上命题从理论和事例上的举例来说明，建筑遗产保护思想所追求的价值理性如何受到实践中的理性的限制，以及实践中的理性又是如何促进了保护思想的发展。

3.2 "修复"——建筑遗产批判的实践

"修复"这个词在建筑遗产保护思想的发展历程中，一直是一个颇多争议的核心词，也是任何一个保护工程的参与者无法逃避的抉择。意大利建筑史学家雷纳托·博内利把修

---

① SCOTT G G. On the conservation of ancient architectural monuments and remains [G]//Sessional Papers of the RIBA, 1862: 65-84.

② BARDESCHI M D. Viaggio nell' Italia dei restauri: promemoria per la storia e per il futuro della conservazione [G]// BARDESCHI C D, MESSERI B. Dal restauro alla conservazione. Florence: Alinea Editrice, 2008: 11-15.

复定义为"批判的实践",将技术手法与价值判断整合在一起。在早期,"修复"仅仅是一个工程上的术语,并没有任何的感情色彩,但是在 19 世纪的"反修复运动"中,它成为了一个"带有侮辱性的俗语",这种转变十分具有戏剧性。"过度的修复"当然应该被阻止,但是"修复"能够成为 18、19 世纪处理历史建筑的主流方法,也应该被深刻地思考。除了上一章中我们指出的宗教和社会的需求以外,"修复"本身是具有合理性的,"修复"在保护实践中意味着考古学上的研究和建筑学上的考虑。下文将以几个案例来说明这一点。保护思想的形成与"修复"的产生及被批判是息息相关的,因为"修复"涉及保护的操作、实践层面,对这个词的解读是对保护思想理性的最好阐释之一。即便是今天,"修复"也是保护工程中不可摒弃的一种有效手段,因此我们可以看到"重点维修""局部复原"等词语,其实它们都是"修复"在今天的演变形式,通过对"修复"这个关键词历史演变的考量,我们可以更具有批判性地将其纳入到保护思想乃至操作手段的体系中。

3.2.1 "修复"语义在 18、19 世纪的演变与传播

1765 年,法国有位叫布朗杰(M. Boulanger)的人,在巴黎开了个小馆子,他在招揽客人的招牌上写道:"来吧,饥肠辘辘的人,我会填满你的胃。"据说这是欧洲的第一家餐馆,从此,restore 这个词也逐渐流行起来。① restauration 在 19 世纪有两层含义,可以指"吃饭的地方",也意味着"将物品归位"(put in order)。今天这个词也有不同的含义,reataurator 或者 restaurateur 可以指经营餐馆的人或者修复者。那么,这个词最初的词源来自哪里,又是如何在 18、19 世纪发生了语义转变,从而影响到保护理论的核心观点的呢?

印欧语系中 st(h)ā 作为词根意味着"站立、置身",后面可以缀上 u/v 以及 r。在希腊语中,stavros 意味着"栅栏、木杆、木桩"。在拉丁语中,restaurare 是由前缀 re 和动词 staurare 组成,动词 staurare 意味着"强壮,使快速",这就将印欧语系的词根"站立、置身"和希腊语的名词"栅栏"联系起来了。因为罗马早期的防御工事是由栅栏围合起来的,这就很自然地将 restaurant 的最初含义推测为"更新栅栏,加强防御"。这个词属于军事和建筑工程范畴,与筑城的艺术有关。这个词也与"修理"有关,因为它也包含了拉丁词根 parare(准备)。

在整个中世纪,restore 和 restoration 都是"修理"之意,在《安娜女王词典,1611》②中,ristorare 和 restaurare 被解释为"修理、完形、使舒适、满足、补偿"。在 1730 年的《大不列颠词典》③中,restauration 被解释为"重置、或重建;将事物安置回早前较好的状

---

① FOURNIER E. Paris d moli [M]. Paris, 1855: XXXIX. 本节对"restoration"词根的追溯参考了 MADSEN S T. Restoration and anti-restoration [M]. Oslo: Universitetsforlaget, 1976: 13-18.

② *Queen Anna's new world of words*, 1611.

③ *Dictionarium Britanicum*, 1730.

态的行为"。在理查德·纳韦（Richard Nave）1736 年出版的《城乡置业者和建造者字典》①中，并没有包括 restauration 这个词，而修理（repair）被详细地解释了。

在 18 世纪，restoring 在建筑工程中与修理和改进是近义词。1755 年，塞缪尔·约翰松（Samuel Johnson）在他的《英语词典》中这样定义 restoration："复原早先状态的行为，来恢复已经失去或被带走的东西。"②这个定义在默里（Murray）的《牛津英文词典》（1903—1905）中被采用，restore 意味着"恢复，使回来"。在其第三条词义中，解释为"再次建造，恢复到原初状态"。③ 这个"再次建造"的语义可以追溯到法国的中世纪。在 1873 年的法语词典中，restaurer 意味着"对于建筑、雕塑、绘画的修理和恢复。"④德昆西在 1832 年撰写字典时这样定义"修复"这个词：首先，是对建筑的工作；其次，是对损毁的纪念物原初形象的图像阐释。他强调对纪念物修复的教育价值，但希望限制在一个真实的对象上。"废墟的残片可以被重组，只有因为这样才可以为艺术提供模型或者为考古学提供珍贵的线索。"⑤他引用了提图斯凯旋门 1818—1821 年的修复案例来解释自己的观点。这个纪念物虽然完形了，但是清晰地被标示出了新旧的区别。通过这个例子，他进一步解释了被雕塑装饰的古典纪念物被修复的准则："如果细节留存下来，那么重塑丢失的部分是允许的，因为这样观察者不会混淆古代和重塑的部分。"⑥

至此，restoration 与其他没有什么感情色彩的建筑工程词汇是没有什么不同的，可以理解为"修理、复原"。但是在 19 世纪后半叶，这个原义为"修理"的词有了"使完整"的含义，并且与一场建筑运动联系到一起，从而就牵涉到了艺术品或建筑物的价值判断问题。

当修复运动如火如荼的时候，斯科特在 1841 年这样说："理性的现代修复体系对于古代艺术品的破坏比狂热信徒的肆意编造还要厉害。"⑦在 1854 年的英国，这个词已经贬低为"所谓的修复"⑧。拉斯金在《记忆之灯》中强烈地反对修复。他说："所谓的修复，是最坏的一种破坏方式。修复总是谎言，它是最彻底的破坏，它就如同让死者复活一样荒谬。"⑨同时，拉斯金创造了"修复狂"（restoration mania）一词。到了 1862 年，斯科特将"修复"

---

① *The city and country purchaser's and builder's dictionary*，1736.

② *Dictionary of the English Language*，1755.

③ *Oxford English Dictionary*. Volume R，1903-05.

④ *Dictionnaire de la langue française*，1873.

⑤ SCHIDGEN B D. Heritage or heresy：preservation and destruction of religious art and architecture in europe [M]. Palgrave Macmillan，2008：56.

⑥ 同上。

⑦ SCOTT G G. A rely to Mr. Stevenson [J]. Sessional Papers of the RIBA，1877，27：242-256.

⑧ SCOTT G G. A plea for the faithful restoration of our ancient churches [M]. London：John Henry Parker，1850：13.

⑨ RUSKIN J. The seven lamps of architecture（first edition 1849）[M]. London：George Allen and Unwin，1925.

打上引号,甚至希望它从建筑字典中消失。1876 年,出现了"修复即重建"①的定义。到了 1877 年,这个词成了一个"带有侮辱性的俗语"。莫里斯认为这些"博学的修复"只应该存放于"档案袋中"②。1879 年,《建造者》杂志上刊登文章:"修复,一般来说,是大规模破坏和最坏亵渎的现代托辞。"③第二年,阿莱斯(Hales)教授说这个词"是破坏的一种伪装"。④ 到了 1891 年,里奇蒙(Richmond)说:"修复是荒谬和不可能的"。⑤

对于"修复"的批判不仅盛行于英国国内,英国对于法国修复的批判也在逐渐升温。最早对于法国修复的批判是英国建筑师斯特里特(George Edmund Street,1824—1881)1857 年发表的系列文章《大陆上的破坏性修复》。他说:"如果我们要给出大规模破坏的案例,以修复的名义制造的恶果,那就是法国的情况……如果英国模仿法国的模式,将会带来无可挽回的后果。"⑥他举了兰斯(Rheims)和拉翁(Laon)大教堂的例子,"就让它们这样下去,也让无知的手剥下岁月的痕迹,修理每处濒危的物件、清洁整个建筑、使它就像新造的一样崭新要好……旧的东西一起灰飞湮灭也比被无心的人剥离、重新雕琢、清洗、现代化要好"。⑦

在 19 世纪 60 年代,对法国修复的批评并没有减弱。斯科特的一个助手,乔治·博德利(George Frederick Bodley,1827—1907),在《教会学建筑师》上谈到了这个问题:"法国的修复完全是彻底地破坏他们的纪念物,而且是以修复的名义进行的。""……但是最重要的是,虽然法国的工作是很大胆的设想和有技巧地实施着,然而他们的本质是破坏性的,后果是无可挽回的。法国政府推行这些修复的努力是值得称赞的。然而,我们不禁感到,法国的皇帝在这样大规模的更新中是想将这些荣耀的纪念物变成自己的。"⑧在英国人看来,法国的政治因素,可以归纳成这样的公式:"法国整个的教堂修复都是拿破仑的主意。"⑨

在 1861 年 6 月 13 号的教会学建筑师协会会议上,关于修复的问题被摆上桌面。拉斯金说:"法国的修复是在不断地刮擦(scrape)。"⑩会上还讨论了法国的专家们制定

① THORNE J. Handbook to the environs of London. Vol. Ⅰ[M].[S. l.]:[S. n.],1876:55.

② William Morris,"Letter to *The Times*",7 June,1877.

③ 第 XXXVII 卷,238 页。

④ Anon. Annual report of the Society for the Protection of Ancient Buildings [J].[S. l.]:[s. n.],1880:29.

⑤ RICHMOND W B. The impossibility of restoration [J]. Annual Report of the Society for the Protection of Ancient Buildings,1891:47.

⑥ STREET G E. Destructive restoration on the continent [J]. The Ecclesiologist,1857,XVIII:342.

⑦ 同上。

⑧ BODLEY G F. Church restoration in France [J]. The Ecclesiologist,1861,XXI:70-77.

⑨ Anon. The Ecclesiological Society's debate on French restoration [J]. The Ecclesiologist,1861,XXI:215.

⑩ *The Ecclesiologist*,1861,XXI:254.

的方法是否应该被接受,但是,英国的两位重要的修复建筑师——斯科特和斯特里特,他们深刻地理解修复难度所在,因此坚持应该按照自己的情况来进行修复,并且用案例展示给法国人应该遵循怎样的修复原则。

而在海峡的另外一边,restoration 在沿着另外一条路线发展。在 1845 年,普罗斯珀·梅里美(Prosper Mérimée)在他的巴黎圣母院修复报告中,正式提出了下列定义:"我们认为修复就是保护现存的,同时重建可以确认存在过的。"①这似乎给 19 世纪中期以前法国的修复境况做了最好的注解。逻辑的、史料的和科学的准确性是风格性修复的基石。维奥莱特-勒-杜克对于 restoration 的定义表达了法国概念的延续,在 1866 年,他说:"修复一座建筑,不仅仅是要对它进行保存、修理和修改,而是要将它重新置于一种更完整的状态,甚至这种状态可能在历史上从来没有出现过。"②从 1860 年开始,维奥莱特-勒-杜克开始全身心地推广起法国的风格性修复。

法国国内同样有批评的声音,雷蒙德·波尔多(Raymond Bordeaux)发表了文章《教会学的疑问》(Questions Ecclésiologiques)。他特别批判了教会礼拜仪式和设施的草率,也批评了维奥莱特-勒-杜克。这篇文章比英国人写得要更加严厉,很快就在 1867年的《教会学建筑师》上被引用和讨论。

但是直到 19 世纪 70 年代,风格性修复依然在法国大行其道。法国建筑师杜克洛(A. D. Duclos)在 1874 年说:"修复建筑师需要受到统一、自然的准则启发……风格的统一毫无疑问是建筑美的一个主要元素。"他又举例说:"文艺复兴时期给哥特建筑加建的部分是难看的寄生物。在这个议题上,建筑和家具一样,那些平庸丑陋复杂的部分总是附着在哥特时代精妙绝伦的作品上。"③

英法两国在哥特复兴运动和教会建筑复兴运动之初就有着密切的联系。1846 年的《教会学建筑师》杂志刊登了法国考古学家、保护主义者迪南(Diron)1839 年的声明,尽管英法两国的学者都认识到过度修复的恶果,但是没人像迪南一样总结得如此精辟,他说:"实际上,古代纪念物,加固比修理好,比修复好,比粉饰好。任何情况下,不要增加任何东西,更不能扔掉任何东西。"④《教会学建筑师》杂志也刊登了巴黎圣母院的修复记录,通过这个报告,英国读者可以更深入地了解法国的修复。同样,法国的考古年鉴也刊登了关于英国考古的文章。1860 年,法国评论家 J. A. 米勒桑(J. A. Milsand)在《两个世界的回顾》(*Revue des deux mondes*)杂志上发表了《英国的一种新艺术理论》("Une nouvelle theorie de l'art en Angleterre")一文,这是法国学术界首次介绍拉斯金

① MÉRIMÉE P. Rapport sur la restauration de Nôtre Dame de Paris [R]. 1845.
② VIOLLET-LE-DUC E-E. Dictionnaire raisonn de l'architecture française [Z]. Paris, vol. VIII, 1866:14.
③ DUCLOS A D. Bulletin de la Gilde de St. Thomas et de St. Luc, vol. III, 1874-75:32-48.
④ BORDEAUX R. Questions Ecclésiologiques [J]. Revue de l'art chrétien, 1866, X:437-47.

的理论。随后,他又出版了《拉斯金的美学研究》(*L'Esthetique Anglaise. Etude sur M. John Ruskin*)一书,系统地介绍了拉斯金的思想。拉斯金著名的《记忆之灯》这篇关于保护的文章在 1895 年 10 月,被刊登在《评论》(*Revue generale*)杂志上。从 1897 年到 1900 年,不断有学者翻译介绍拉斯金的书。

真正将英国的保护理论推广到欧洲大陆的是莫里斯和英格兰古建筑保护协会(SPAB)。查尔斯·诺曼德(Charles Normand)本着"照看法国的纪念物、城市风土、保护如画美景的目的"[①],从 1887 年开始了《纪念物之友图册》(*L'Ami des monuments*)的整理工作,这个定期的活动类似于英格兰古建筑保护协会的作用,同时,这个杂志也给"修复"的讨论提供了平台。在 1889 年,古迹委员会委员罗伯特·德·拉斯泰里(Robert de Lasteyrie)说:"我们要认识到,正有一场反对疯狂修复的运动。"[②]他同样批评了"妄图给我们的建筑一个统一风格的想法,这种风格从来没有人知道"。

到了 19 世纪末期,英国的保护哲学逐渐在法国得到了肯定。安热·德·拉苏斯(Angéde Lassus)在 1890 年说:"我们要保护(conserve),而非重建。"[③]法国学院的成员,阿纳托尔·勒鲁瓦-比利(Anatole Leroy-Beaulieu),在 1891 年指出在英国"公众是不会允许拆毁的。而在法国,情况是不一样的"。他感叹道:"我们宁可用谦逊的修理来进行纯粹的保存,来替代今天是如此盛行的修复。"[④]1892 年,《现代建筑》(*La construction moderne*)的主编保罗·普拉纳(Paul Planat)写道:"如果我们试图重塑风格,原初的建筑将会变成一个毫无真实价值的小丑。"[⑤]

而法国的修复界也对英国的哲学产生了反思。在 1893 年,贝尔金·路易斯·克洛凯(Belgian Louis Cloquet)将纪念物进一步分为两类:"死去的纪念物和活着的纪念物"[⑥]。"死去的纪念物"只能作为历史档案,包括金字塔、庙宇、废墟等。他将中世纪的教堂、文艺复兴的宫殿/城堡,庄园,视作"活着的纪念物"。他说:"英国的公式——保护,而不修复,在我们看来,过于约束。在讨论活着的纪念物时,建筑师有更自由的控制权。"他接着发问:"为什么我们被禁止做那些历史上一直做的事情?""对于死去的纪念物,加固好于修理,修理好于修复;对于活着的纪念物,修复好于重建,重建好于臆造。"

---

① *L'Ami des monuments*,1897,vol. I,title page. 原文为"le but de veiller sur les monuments d'art de la France,la physionomie des villes,la défense du pittoresque et du beau."

② DE LASTEYRIE R. Conservation ou restauration [J]. L'Ami des monuments,1889,III:36-41.

③ LASSUS A. A propos de la conservation des monuments [J]. L'Ami des monuments,1890,IV:8-12.

④ LEROY-BEAULIEU A. La Restoration de nos monuments historique [J]. L'Ami des monuments,1891,V:192-203,255-273.

⑤ PLANAT P. Response [J]. L'Ami des monuments,1891,VI:49-52.

⑥ CLOQUET L. Restauration des monuments anciens [J]. Bulletin de cercle historique et archa ologique de Grand,1894,I:23-47,49-72,77-106.

维奥莱特-勒-杜克的风格性修复理论影响到了欧洲大陆的其他国家,比利时的 A. 杜克洛(A. Duclos)也按照法国的定义在 1874 年完善了对 restoration 的定义:"修复,就是按照纪念物的原初状态来重建和完善之,如果必要,就按照设想的历史风格来建造。"①英国反对"修复"的声音过了很久才被欧洲大陆所认同。1904 年,德国的艺术史学家斯奇什奇·约瑟夫(Josef Strzygowsk)才明确反对"修复",他说:"修复是一种倒退,是基于艺术史的研究,恢复一栋建筑,或者某一特定部分回到原初的状态。"②德约提出了非常简明扼要的口号:"保护,而不要修复"(konservieren, nicht restaurieren)③。同时,他也制定了更加全面的保护方案。里格尔的学生德沃夏克,被称为是德国遗产保护真正的英雄。他的保护思想主要来源于里格尔和德约,德沃夏克跟前辈们一样,反对风格性修复和纯化的方法,而且认为"日常的小的(保护)需要比大的(保护)需求更加重要。"④

在艺术历史学家主导修复活动的国家,对于"修复"的认识要早于建筑师主导修复的国家。直到 20 世纪 30 年代,保守性的保护方法才被官方所认可,在 1930 年的雅典会议上,"风格性修复"被彻底终结:"对无法避免进行修复的案例,大会建议过去的历史和艺术作品都需要尊重,而不能拒绝任何时期的风格。"

3.2.2 埃利教堂的修复

在第一节中,我们追溯了"修复"词源的发展,如何从一个中性词变成贬义词,这伴随着保护思想的逐步成熟。但是"修复"能够成为 18、19 世纪处理历史建筑的主流方法,甚至今天也是我们保护实践中不可或缺的一种手段,也说明它具有存在的合理性,而这种合理性也给保护思想的发展提出了限制和指导,值得再以案例研究的方式进行深入地剖析。

埃利(Ely)教堂的八角会堂在 18、19 世纪经历了两次修复。通过对詹姆斯·埃塞克斯(James Essex)在 18 世纪和斯科特在 19 世纪两次修复的比较,我们可以看到"修复"在策略和目标上的变化,也可以看到"修复"在理性之路上是如何进化的。

埃利教堂的八角形中心塔是英国装饰风格最重要的建筑之一。八角厅最初的建造开始于 1322 年,结束于 1341~1342 年间。

1707 年,当时的教长和牧师会请木匠、铅工和其他专业人员对八角厅进行了一次

① DUCLOS A. Quels sont les principes généraux qui doivent prévaloir dans la restauration des monuments réligieux du moyenâge [J]. Bulletin de la Gilde de St. Thomas et de St. Luc, 1874-76, III; 32-48.

② STRZYGOWSK J. Der Dom zu Aachen und seine Entstellung [M]. Leipzig, 1904; 68.

③ DEHIO G. Geschichte der deutschen Kunst, vol 1 [M]. Berlin, 1930; 7.

④ DVOŘÁK M. Katechismus der Denkmalpflege [M]. Wien, 1916.

调查,调查报告建议要进行一些修修补补的工作:灯室一些主要的支柱、箍筋和木材正在腐烂,铅工汇报说平台、支撑柱、栏杆上的铅板都很薄,靠焊接是无法保证强度的。因此牧师让铅工剥去铅板损坏和薄弱的部分,补上新的部分;让木匠要么拼接起腐朽的木材部分,要么用新的木材顶替上去。

这些修理是临时性的,到了 1754 年,漏水问题已经非常严重了。八角厅处在非常破败的境地:单薄的铅表皮、腐朽的木料、破损的石材使得整个建筑危机四伏。

埃塞克斯在 1757 年被任命来调查这个教堂。从詹姆斯·本瑟姆(James Bentham) 1756 年的画作(图 3-1)中可以看到八角厅修复前的外貌:灯室有箭垛状的塔楼、飞扶壁,表面被有条纹的铅板覆盖。每个灯室的窗户都有四扇玻璃,花格的顶部是圆形的。钟楼的窗户一组四扇、端部为三叶式。布朗·威利斯(Brown Willis)1730 年的版画(图 3-2)和其有些不同。但是二者都清楚地描绘了主窗两侧的通风圆窗以及转了 45° 带有飞扶壁的塔楼。按照本瑟姆的画作,这些塔楼本来是有尖顶的。

图 3-1　八角厅南立面(詹姆斯·本瑟姆)

图 3-2　八角厅南立面(布朗·威利斯)

埃塞克斯在 1757 年给教长和牧师会的信中表达了结构性修复八角厅的必要性:

最初灯室是由 16 根木材支撑的,现在有七八根已经腐朽了,失去了支撑力,因此整个灯室的重量压在了剩下的几根上。腐朽是因为没有排水沟,并且覆盖在灯室上的铅皮因为没有被恰当修理或是长期疏忽已经损坏严重。而且我发现铅板上层层叠加,掩盖了许多修理失当的部位。窗户的状况也很糟糕,已无法修理。灯室上的屋顶状况也很差,几乎不能抵挡任何水的入侵,屋顶需要重新找坡来排水。两个塔楼需要重建,因为已经很不安全了,随时会坍塌。①

　　埃塞克斯首先移除了八角厅角部的 8 根主要木梁,它们不是支撑灯室脚柱的斜撑木,而是嵌入砌体的木梁。这些角部的木梁,从下部的砌体中伸出,承担了最主要的支撑作用,因为木梁的拉伸而裂开。埃塞克斯移走了它们,代之以新的体系,他在原来角梁的部位设置了石梁托。埃塞克斯改变了屋面的角度,以避免积水,这让灯室的窗高降低了 3 英尺以上。他也改变了原来的窗格,将 4 扇变为 3 扇。其他的外部变化更大:小飞扶壁和转角的塔楼被移除,代以新的方形的塔楼。灯室顶部加上了一圈四叶纹的护栏,灯室的窗也被替换了(图 3-3)。埃塞克斯在 1757 年获准开始施工,修复工程持续了1 年,在 1759 年的夏天完工。

图 3-3　埃塞克斯修复后的八角厅外观

　　如何评价埃塞克斯的工作? 很明显结构维修是必须的,因为建筑物的状况岌岌可危。同时,埃塞克斯对工艺是非常讲究的,即便是 19 世纪的修复者在拆除埃塞克斯的工作时,也不得不承认,这次维修的木工很精美。但是“改进”的做法却是对建筑价值的一种伤害。所谓“改进”,是一种在哥特复兴时期非常流行的修复观点,三四十年以后才遭到了批判。塔楼、窗的改变和低矮屋顶的拔高都被建筑师和教长、牧师会认为是对中世纪建筑的“改进”。那么,维多利亚时代的修复者又出于怎样的目标呢?

　　结构的破损不再是 19 世纪修复八角厅的借口。18 世纪埃塞克斯的工作使得八角厅保持了很好的状态。新的修复,不是为了结构的加固,而是为了恢复其中世纪的外观(这个动机最终促成了西北翼殿的重建)。

---

① 剑桥图书馆馆藏文件 MS EDC 4/6/8/IW. 转引自 COCKE T H, ESSEXJ. Cathedral restorer [J]. Architectural History,1975,18:12-22.

1858 年 12 月 30 日,修复委员会第一次会议,要求斯科特(此时他已经做了 11 年的建筑顾问)提交一个方案,包括修复石材的八角厅和木构的灯室所需的费用。1859 年的《教会学建筑师》刊登了斯科特的修复计划和估算的 5000 英镑费用。同时还刊登了教长的来信,他将埃塞克斯的窗格称为"哥特木构最难看的代表"①,同时很悲观地讨论了对其进行修复的可能性。如果说教长的声明说明了权威人士对埃塞克斯的反对,那么一封署名为"E. E."的信就表明当时人们力促修复的盲目性:"写信的人认为'现存的灯室绝不可能是真正的古物',并且希望看到灯室的顶上加上尖塔。"②这个建议得到了《教会学建筑师》的支持,理由是发现八角厅是安置过钟的。编辑认为,这说明"当然应该加上尖塔来呼应钟的存在,取代灯室的形式。"③要求加建尖塔的呼吁如此热烈,于是斯科特被要求设计一个尖塔,他在 1860 年的 7 月 20 日,向委员会提交了方案。这个方案虽然没有实施,但是可以看到相关的图纸(图 3-4):斯科

图 3-4 斯科特所做的修复设计图

特设计了一个狭窄的尖塔和一些装饰物,明显提高了灯室塔楼的高度。这个十分武断的设计在斯科特的研究过程中被他自己否决了。

斯科特在 1859 年 6 月提交了对八角厅的研究报告。他在开篇就指出:"我的目标已经确定,无论原初的设计与现存的状况有多么不同,我们要尽可能地发掘其真实的特征。"④斯科特主要的参考来源就是八角厅以前的版画和残留的中世纪结构的痕迹。

斯科特的报告讨论了埃塞克斯修复后的八角厅的状态,并且断然地否定灯室是晚于其他部分的判断。他通过埃塞克斯的测绘,不仅证明灯室和钟楼是 14 世纪结构的一部分,也证明钟楼是包含有钟的,"(推断)应该是正确的……因为我们在灯室中发现了

---

① *The Ecclesiologist*,1859,20:328-30. 转引自 LINDLEY P. "Carpenter's gothic" and gothic carpentry: contrasting attitudes to the restoration of the octagon and removals of the choir at Ely Cathedral [J]. Architectural History,1987,30:83-112.

② 同上。

③ 同上。

④ 剑桥图书馆馆藏资料 MS EDC 4/6/8/If. 转引自 LINDLEY P. "Carpenter's gothic" and gothic carpentry: contrasting attitudes to the restoration of the octagon and removals of the choir at Ely Cathedral [J]. Architectural History,1987,30:83-112.

老的钟架和其他一些木梁"①。教长后来也说明,从木材上留下的绳子痕迹可以看出曾经在南翼殿或八角厅的南边放过钟。总之,斯科特驳斥了钟楼是后期加建,以及这顶上曾经有个尖塔的观点。斯科特发现不仅在屋顶木头上留下的木匠记号与灯室立柱上的记号一致,而且有些立柱实际上是系统地被榫接进钟楼里面,与侧面的填充木料咬合,并且榫接在承托屋顶的水平板内。

在回应对他发表在《教会学建筑师》上的设计图的质疑时,斯科特争辩道:

飞扶壁的位置、样式和转角塔楼的式样是很确定的。不仅因为旧时的图像,也因为现在残留的痕迹。而窗户的式样也因为拆除了铅制品找到了残片而可以基本确定。上层楼座的分割也可以根据旧有的图像和现存的榫卯来确定;栏杆不是那么确定,威利斯将铅制的栏杆和石制的栏杆画作一样,他的画作总是不太可靠。小塔尖(它们在修复中被遗忘了)是事后想起来的,它们很像石制品,这是一个我本应该避免的错误。②

1860 年的 10 月,教长和牧师会授权开始工作,"这个命令并不包括建造一个塔尖"③。事实上,斯科特放弃了灯室塔楼的尖塔的设计,而是把塔楼的齿状端头提高,增加了塔尖的意象,灯室窗户的花格也进行了稍微的改动,增加了百叶。灯室基本上是按照斯科特的想法重建了。教长在 1865 年的报告中说"灯室基本上完成了"④(图 3-5)。

斯科特的修复图纸很多留存至今,收藏在维多利亚和阿尔伯特博物馆中(Victoria and Albert Museum)。它们记载了哪些构件是被替换的,哪些是原初的,埃塞克斯的工作也被很仔细地标明了(图 3-6、图 3-7)。画作提供了全面和准确的证据来了解斯科特的修复。

比较他们的修复活动,我们看到埃塞克斯和斯科特修复观念的不同。埃塞克斯的"修复"更多的是一种修缮,是为了挽救濒危的结构,不得不进行的工作。但是他在实际上"改进"得过多,这是因为当时"改进"是主流的修复观念,埃塞克斯并不具有现代的保护观念;而斯科特的"修复"是一种"风格性修复",他拆除了埃塞克斯的工作,按照原初的形式重塑

---

① *The Ecclesiologist*,1860,21:27,77-78. 转引自 LINDLEY P. "Carpenter's gothic" and gothic carpentry:contrasting attitudes to the restoration of the octagon and removals of the choir at Ely Cathedral [J]. Architectural History,1987,30:83-112.

② *The Ecclesiologist*,1860,21:25. 转引自 LINDLEY P. "Carpenter's gothic"and gothic carpentry:contrasting attitudes to the restoration of the octagon and removals of the choir at Ely Cathedral [J]. Architectural History,1987,30:83-112.

③ *The Ecclesiologist*,1860,21:402. 转引自 LINDLEY P. "Carpenter's gothic" and gothic carpentry:contrasting attitudes to the restoration of the octagon and removals of the choir at Ely Cathedral [J]. Architectural History,1987,30:83-112.

④ 剑桥图书馆馆藏文件 MS EDC 4/6/8/If. 转引自 LINDLEY P. "Carpenter's gothic" and gothic carpentry:contrasting attitudes to the restoration of the octagon and removals of the choir at Ely Cathedral [J]. Architectural History,1987,30:83-112.

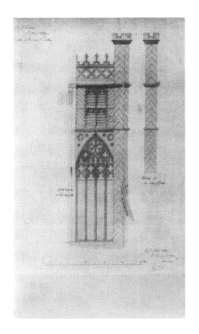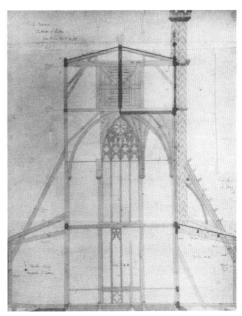

图 3-5　斯科特的灯室设计图

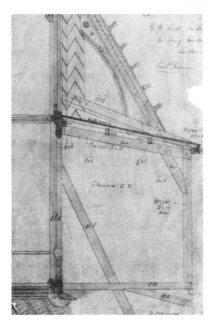

图 3-6　斯科特设计图细部,标示出了旧的、　　　图 3-7　斯科特修复后的八角厅
　　　　　新的和埃塞克斯的构件

历史外观。斯科特的意图是纠正早期修复造成的外观上的变化,恢复到他所认为的 14 世纪风格。斯科特的"修复"更加尊重历史证据,他尽力按照 14 世纪的遗留线索完成修复。所以可以说,按照今天的保护标准,如果斯科特面对的是埃塞克斯修复之前的濒危状况,他的修复肯定会比埃塞克斯来得恰当稳健的,但是斯科特将 100 多年前的修复完全拆毁进行重塑说明他在实践中还是没有脱离"风格性修复"根本的问题。

我们今天在面对同时代或者几十年前的重建物时,也往往会心存轻视,也往往会用自己的修复取而代之。那么是不是有一个时间节点,早于多少年前修复的就是应该保存的,而晚于这个时间点的就可以重新修复? 或者应该有个价值评判的机制,修得好的就应该留下,而修得不符合今天品味的就需要推翻重来? 在"修复"的道路上,斯科特无疑是比埃塞克斯更有目的性,更有选择上的偏好,也更加符合埃利教堂最有价值的形象,他的修复实践尽管没有进入保护的语境中,但是无疑比埃塞克斯的"改进"要进了一步。而且,修复的理性在斯科特的工作中,特别是在考古学研究、建筑结构和材料的处理上得到了充分体现。他基于一些旧版画、埃塞克斯之前的测绘图和现存的一些痕迹进行推测,这些推测基本上是谨慎和可靠的。但是斯科特的手法依然是"风格性修复"的做法,这注定要遭到攻击。

1964 年,英国建筑史学家皮特·费里特(Peter Ferriday)写道,对于中世纪教堂进行的改建和修复,斯科特可以说是"小心谨慎的首要罪犯……他是唯一公开忏悔的修复者,依然招致了公众的指责。"[①]这些指责直到今天也是斯科特所背负的十字架。

斯科特深信中期哥特式是最能代表英格兰的基督教建筑形式——它是活生生的风格,而非死而复生的东西。他对于中世纪艺术真诚的爱和广博的知识让他觉得这些教堂是可以活在当下的,而不仅仅属于遥远的过去。这些在他的《呼吁》(A Plea for the Faithful Restoration of Our Ancient Churches)一书中可以看到,他不仅捍卫了修复中的保护,而且指出建筑所具有的道德力量,"这是唯一能够适合我们宗教纯洁和庄严的建筑形式,在我们国家的各种类型中,唯一能适应我们的气候和传统的,它的每处痕迹,虽然简单或朴实,都值得我们给予最大的尊敬和照顾。"[②]

那么为何人们对斯科特有那么大的争议,他的修复问题究竟出在哪里? 英国建筑史学家加文·斯坦普(Gavin Stamp)写道:"人们总是说他的修复几近于破坏,但是,不应该在没有进行细节的研究,仅仅基于文献和照片就给他的修复工作做评价。"[③]因此,

---

① FERRIDAY P. The church restorers [J]. Architectural Review, 1964: 93.

② SCOTT G G. A plea for the faithful restoration of our ancient churches [M]. London: John Henry Parker, 1850: 13.

③ G. Stamp, *Scott Catalogue RIBA Drawings Collection*, pp. 148-50. 转引自 JORDAN W J. Sir George Gilbert Scott R. A., Surveyor to Westminster Abbey 1849-1878 [J]. Architectural History, 1980, 23: 60-90.

我们将进一步通过威斯敏斯特教堂的案例来分析斯科特的修复实践，不仅仅因为这个教堂的重要性和复杂性，也因为斯科特对这个教堂有着个人真挚的、考古学上的偏爱，因此投入了巨大的精力。

3.2.3　威斯敏斯特教堂的修复

> 凝视着哥特的遗存，
>
> 视线越过它的塔楼，废墟悄悄地浮现。
>
> 时间把她的痕迹留在每个飞扶壁上，
>
> 在每一处灰色的墙垛处，时间的阴影睡去了，
>
> 什么不会老去？——所有的记录在最后都会终结，
>
> 没有几年庙宇和石碑就被卷入无尽的深渊，那里万物归零，
>
> 缓慢的损害者——时间，看着摇摇欲坠的帝国毁灭。
>
> ——欧文·豪威尔（Owen Howell）给威斯敏斯特教堂的颂歌，1849 年[①]

在英国，19 世纪之前的建筑师对于结构的维修往往忽略了哥特结构的原则，因此修理和设计往往是马虎和水平低下的：拱快塌了就被填实；飞扶壁开裂了就被砖堵上；装饰都被简单地移走。威斯敏斯特教堂的牧师会教堂在 1849 年的状况就反映了哥特建筑在古典主义时代遭到的冷遇。斯科特的修复初衷，看上去非常符合保护的观念。在他的《呼吁》一书中，他呼吁要严格地坚持原初的设计和细节："当任何一部分墙要被推倒的时候，其每块精致的石材都需要妥善地保存起来，因为它们身上保存了最有价值的原初信息，对修复到早期的风格十分重要。一个原初的细节（特别是雕刻），虽然部分损坏或残缺，也会比修复中最精巧的设计有价值得多。"[②]

斯科特这样描述"修复"：

> 修复者，即便倾向于保守，也常常误解修复真正的含义和目标，这不是让建筑看起来崭新，而是（考虑到结构）将其进行适宜地修理；替换掉那些确实因为最近的残缺而毁掉的构件，它们是可以很明显地查找出来的。从现代过度的覆层中清理出古代的表面，确定衰落和破旧的过程。越多的古代材料和古代表面得到保存，越少的新东西被加入，修复就越成功。[③]

---

① *Builder*，1849：500. 转引自 JORDAN W J. Sir George Gilbert Scott R. A.，Surveyor to Westminster Abbey 1849-1878 [J]. Architectural History，1980，23：60-90.

② SCOTT G G. A plea for the faithful restoration of our ancient churches [M]. London：John Henry Parker，1850：130.

③ 斯科特给威斯敏斯特主教的信，1849 年 3 月 6 日，威斯敏斯特教堂文件 66645. 转引自 JORDAN W J. Sir George Gilbert Scott R. A.，Surveyor to Westminster Abbey 1849-1878 [J]. Architectural History，1980，23：60-90.

图 3-8 乔治·吉伯特·
斯科特爵士

斯科特(图 3-8)将全部的精力投入到工程上。在回忆录中，他说："几乎是在被任命为教堂建筑师之后，我就投入了大量的时间在研究和做测绘草图上。对牧师会教堂，我关注多年，已经做好了准备，这个工作实际上已经尽在掌握。"[①]斯科特将这一任命视作愉悦之源和责无旁贷的使命。他在回忆录中说："这是伟大的和持久的欢乐之源"，"这是我接受到的最开心的任命"，"无尽的兴趣之源，虽然有时有些烦恼，因为对这些古代教堂的鉴赏力不足和有时必须要拆毁一些古物来满足建筑功能的需要"[②]。

1850 年，他在皇家学会展出设计方案，又以版画形式出版了《威斯敏斯特教堂拾穗》一书。当北教堂翼部的门开始"修复"时，他的儿子 J.O. 斯科特这样记录：

1871 年进行了一次非常谨慎的研究，发现了很多古代的设计，包括部分的石材屋面和入口山花，还有翼部窗下的长条斜面石材支撑着的山花。古代的石材已然损坏，几乎无法承重，但是仍有些部分还是像 600 年前一样状态良好。除了那些山花和柱式上的叶纹，几乎整个装饰线脚，都已经推测得差不多了——不是真正的雕刻样式，而是它的位置、尺寸和它主要方向上的高度和大理石的式样。[③]

他的报告用详细的说明和专业的图示建立了测绘工作的范本。从这里我们也可以看到修复中的理性。斯科特骨子里是一个考古学家，但是专业上是个建筑师，他必须要解决"紧迫的建筑问题"——改变那些破败、残缺的建筑状况。拉斯金和莫里斯攻击他，因为作为艺术家，他们更关注古色、细节等问题。对于斯科特来说，修复的关键问题是：他认为这个建筑或纪念物是处于什么样的状态？如果他不进行这些工作，这些建筑将来又会怎样？这些构成了威斯敏斯特教堂修复要解决的核心问题。

斯科特在回忆录中记录了他的工作。关于飞扶壁上的尖塔：

在设计它们的时候，我尽力研究如何去恢复其可能的古代形式。现在留给我们的形式是上个世纪初完成的、非常粗糙的修复。虽然细部肯定不对，但是我想它的外轮廓线是模仿了原初的样子。因此，我打算参照法国同时代作品的线索去恢复它们，因为有证据表明在这个教堂建造之时，这种风格强烈地影响了建筑形式。

① 斯科特给威斯敏斯特主教的信，1849 年 6 月 3 日，威斯敏斯特教堂文件 66645。转引自 JORDAN W J. Sir George Gilbert Scott R. A., Surveyor to Westminster Abbey 1849-1878 [J]. Architectural History, 1980, 23: 60-90.

② SCOTT G G. Personal and professional recollections [M]. London: Sampson Low, Marston, Searle, and Rivington, 1879: 151, 154, 284.

③ J. O. Scott, 1880 报告，威斯敏斯特教堂文件(1925)，73 页。转引自 JORDAN W J. Sir George Gilbert Scott R. A., Surveyor to Westminster Abbey 1849-1878 [J]. Architectural History, 1980, 23: 60-90.

关于祭坛背壁的屏风：

移除了石膏以后，我们发现了古代的细部，那五个占据祭坛背壁中央的华盖，原先是没有的，直到 1824 年贝尔纳斯科尼（Bernasconi）修复时才加上去。但是祭坛上面的空间一直被壁龛占据着，多半是为了容纳可移动的背壁。我们修复了这部分，尽可能接近它的原初形式，取代那几个华盖，我建议用铁或其他材料的华盖形成一个丰富的框架，饰以美丽的镶嵌画。

关于翼殿的角楼：

当工人们在塔楼的顶部找到大量的古代细节，修复工作立刻停滞了，直到我们可以确定这些细节是否来自古代的设计。

关于北翼殿：

有很多遗存，虽然在上个世纪初被改动，但依然可以指引我们去恢复它们古代的设计。我找到了被隐藏在现代的平屋顶下的人形屋顶。有些构件又在教堂其他部位的发掘中找到，因此这个工作可以视作是对原初设计可信的恢复。

关于牧师会教堂（图 3-9—图 3-13）：

在我的绘画中，我展现了窗户有 5 扇玻璃。那么，为什么在修复中，这个窗和别的窗一样改成 4 扇了呢？

其他所有的窗在它们的起拱点上或附近都有窗栓。这些圆形的铁件在穿过直棂时被锤成扁平状。现在，这个西窗，或者是改短的窗，因为被拱顶肋的楔块堵上了，这些证据丢失了。移开楔块以后，我们发现铁栓还是在原来的位置，而且是扁平的。像其他一样对应 3 个（而非 4 个）直棂。因此事实就很清楚，西窗应该和别的窗是一样的。为什么直棂底座传达了另外的可能呢？为什么？很清楚的是，从残片可以知道，这些窗户曾经被伯彻斯通（Abbot Byrcheston）更新过，这与他重建着牧师会教堂入口的回廊，是同样风格的。他将这个 4 扇窗的形式改变成 5 扇，也移去了直棂的底部，幸好他将老的铁栓留下了。①

从斯科特的工作记录中，可以看到，他对于建筑的考据是比较严谨的，在可以找到遗存线索的时候，他就尽可能地按照这些线索进行复原，譬如说北翼殿的屋顶、牧师会教堂的窗扇等等。但是在线索很不确定的时候，他往往会根据同时代的作品来进行类似风格的补充，例如尖塔。同时，他也不可避免地加入了新的设计，例如祭坛的华盖等处。一方面，斯科特在建筑学、考古学上的能力使得威斯敏斯特教堂基本上恢复了哥特时代的形象，成为英国的国家象征。但是另一方面，斯科特的"修复"的含义是偏重于更

---

① SCOTT G G. Personal and professional recollections [M]. London：Sampson Low，Marston，Searle，and Rivington，1879：285-86.

图 3-9　牧师会教堂修复前外观

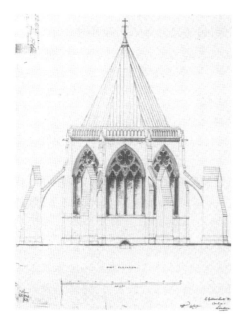

图 3-10　牧师会教堂修复设计图(立面)

图 3-11　牧师会教堂修复前(室内)

图 3-12　牧师会教堂修复设计图(室内)

图 3-13　牧师会教堂修复后(室内),1894

新而非修缮,不仅仅是对不同时代风格的选择,也是会加入自己的主观设计。在教堂北翼殿的入口的修复工作上,就可以明显看出这种风格性修复的策略。

在 1871 年,斯科特开始教堂北翼入口的修复工作,此时他的身体每况愈下,"我病愈以后就立刻赶去教堂的现场,我几乎每天都去。我常常爬上高梯,在我做这个工作之前,我准备了很久,我所做的研究已经超出了想象⋯⋯"①

北翼的正立面此时正处在破败的境地,这是前任建筑师雷恩(Sir Christopher Wren)笨拙包装的牺牲品(图 3-14)。对于雷恩的"修复",斯科特很刻薄地评价道:"这些遭到残忍对待的部分曾是北翼最壮丽的立面⋯⋯每个雕刻的痕迹都被抹去,拱的线脚上镂空的繁叶饰都被凿除了,这个入口有山墙的华盖全部被移走,整个被降格成废物⋯⋯"②斯科特将他的兴趣集中在北翼的三个被忽视的透视门。

北翼入口的设计,基本上是按照法国华丽的三叠透视门设计的。从他 1875 年的信中可以看出他对法国哥特式的偏爱:"我用非常专注的四年,仔细研究了这些著名的入口遗

---

① 斯科特给威斯敏斯特主教的信,1872 年 3 月 15 日,威斯敏斯特教堂文件 5。转引自 JORDAN W J. Sir George Gilbert Scott R. A. , Surveyor to Westminster Abbey 1849-1878 [J]. Architectural History, 1980, 23: 60-90.

② 同上。

图 3-14　雷恩助手的测绘及设计图(左半部为测绘图,右半部为设计图),1719

存,我相信我能够发掘出它们原初设计的精髓。我研究了一些相似的案例,包括那些法国伟大教堂的入口,以及唯一能够与其并列的英国教堂的入口——林肯教堂的东南入口(一个同时代的优美作品),这让我能够大概地复原那些在上个世纪已经损毁的部分,我对实践的结果也很有自信,也希望它能够符合最有水平的批评家的要求。"①(图 3-15)

入口的山花却暴露了斯科特修复工作的过激,三叶饰的壁龛虽然是原初的,然而悬挑的华盖完全是斯科特从林肯教堂参考来的设计。光环中的耶稣像位于一排圣徒的上面,三叶饰华盖的下方是直接从 13 世纪的教堂照抄过来的——西班牙一个大教堂(Burgos' Puerta Del Sarmental)的入口;耶稣在四叶饰中被一圈供奉的天使围住,其实是参考了林肯教堂的入口。斯科特最大的争议是他学习了亚眠大教堂的门楣柱的耶稣雕像风格(Beau Dieu)。说到底,这个试图恢复到 13 世纪的拼贴建筑其实是 19 世纪艺术深刻而直白的写照(图 3-16)。

在 19 世纪 70 年代晚期,斯科特对教堂的巨大付出拖累了自己的健康,不久他就去

---

① 斯科特给伊万·克里斯汀(Ewan Christian)的信,1875 年 6 月 1 日,威斯敏斯特教堂文件 5。转引自 JORDAN W J. Sir George Gilbert Scott R. A. , Surveyor to Westminster Abbey 1849-1878 [J]. Architectural History, 1980,23:60-90.

图 3-15　斯科特威斯敏斯特教堂北翼殿入口设计，1878

图 3-16　威斯敏斯特教堂北翼殿，1884—1885

世了。在 1872 年的回忆录中,他为这三个入口虔诚的祈祷,"请让我能够看到它们完工的样子"。他在信中说:"⋯⋯这将使进行这项工程的执事和牧师会不朽! 允许我诚恳地(如果需要可以双膝跪下)为这个项目祈求!"①

斯科特的"修复"实践与他不断反对的,这个时代的"过度修复"其实是如出一辙。他的学生 J. T. 米克尔思韦特(J. T. Micklethwaite)这样为他辩解:"我想,斯科特有无人匹敌的教堂建筑知识。他根据一点遗存,就能够以非常接近原作的技术将其修复,而这种才能诱使他将修复拓展到了大大超过现代的批评者所能接受的程度。"②

斯科特参考法国教堂和英国林肯教堂的信息来完成北翼殿入口的设计。在此,他的设计没有任何遗存的证据,他在实践中忘记了自己的格言"个人才华和创造是被禁止的"。他确信自己的设计是符合 13 世纪的建筑风格的,并且让建筑令人难忘和恢复效能。

威斯敏斯特教堂将斯科特对修复的复杂态度表露无遗:作为考古学的热爱者,同时也是专业的建筑师,他既要满足实际需求也要追求理想主义的保护;他还要与建造商与牧师们消极的抵抗与无知做斗争。斯科特试图去走一条中间路线,他要保护历史的遗存,防止未来的损害,同时还要强化这座建筑作为国家纪念物的地位。他要确保建筑结构安全,让室内的石作和纪念物免于风化,牧师会教堂在他无与伦比的技术下复活,北翼殿的入口成为了 19 世纪基督教艺术复兴运动中富有自信的表达。作为建筑史学家,他推崇中世纪,并且有丰富的知识和理解它的建筑;但是作为建筑师,他追求形式上的完美,而这种完美只能通过修复来恢复。因此,斯科特的矛盾性根源于修复实践中,对于建筑功效的追求与对纪念物历时性的认同。

3.2.4 巴黎圣母院的修复

维奥莱特-勒-杜克是法国最重要的修复建筑师,通过对巴黎圣母院在 19 世纪的修复研究,我们可以看到以法国为代表的拉丁语系国家对于保护的认识,以及这种以建筑师为核心的保护与教会主导的保护(英国)之间的不同。

在 1841 年维奥莱特-勒-杜克和让-巴蒂斯特·拉苏斯所提交的报告中,巴黎圣母院没有被描述成一个教堂,而是一处废墟。③ 法国大革命将巴黎圣母院几乎摧毁,所有封建制度的象征都被毁掉,包括立面侧柱上的雕像、君王走廊的群雕都被这场旷日持久的

---

① 斯科特给约翰·锡恩勋爵(Lord John Thynne)的信,1875 年 2 月 8 日,威斯敏斯特教堂文件 5。转引自 JORDAN W J. Sir George Gilbert Scott R. A., Surveyor to Westminster Abbey 1849-1878 [J]. Architectural History,1980,23:60-90.

② *RIBA Scott Catalogue*,p. 150. 转引自 JORDAN W J. Sir George Gilbert Scott R. A., Surveyor to Westminster Abbey 1849-1878 [J]. Architectural History,1980,23:60-90.

③ Lassus and Viollet-le-Duc,*Projet de restauration*,p. 3.

革命破坏了。在《巴黎圣母院》一书中,雨果细数了已经消失的东西:门楣、君王雕像以及"可爱的小尖塔"——那是被一位"有品位"的建筑师在 1787 年截去的。

我们从圣母院的遗存可以看到三种不同的破坏动因——各自有着不同的程度:首先是时间,它使得教堂到处都有轻微的开裂,并且剥蚀了它的表面。其次是政治和宗教的改革,狂热分子们以特有的疯狂和愤怒向它冲去,剥掉它到处是塑像和雕刻的华丽外衣,打破它的圆花窗,扭断它的阿拉伯式或肖像花纹,或因宗教或因政治捣毁它的塑像。最后是那些越来越笨拙荒诞的时新样式,它们那从"文艺复兴"以来的杂乱而华丽的倾向,在建筑艺术的必然衰败过程中代代相传。时新样式所给它的损害,比改革所给它的还要多。这些样式彻头彻尾地伤害了它,破坏了艺术的枯瘦骨架,截断、斫伤、肢解、消灭了这座教堂,使它的形体不合逻辑,不美观,失去了象征性。随后,人们又重新去修建它。①

直到七月王朝时期,新兴的资产阶级领导者们才开始真正地实施修复工程。巴黎圣母院的修复出于以下几个原因:首先,因为雨果的著作,圣母院成为浪漫主义运动的象征,对其修复也成为大众关注的热点;第二,处在文艺复兴和巴洛克的古典主义光芒下的中世纪风格开始成为法国的民族精神的真实表达;第三,巴黎,尤其是圣母院,是过激的革命之后宗教再生的象征,教士们希望将革命时期的破坏修复;第四是教育作用,"修复后的建筑是一座博物馆,富藏了艺术的历史"②,同时也是修复工作的样本;第五是美学上的考虑,维奥莱特-勒-杜克强调,12 世纪的建筑师非常关注立面的立体视觉效果,而不仅仅将其当作一个平的面来设计。③ 因此,没有雕像、山花和装饰的圣母院缺乏了美学价值,也是与历史状况不符合的。这样就可以理解维奥莱特-勒-杜克为何不是仅仅加固这个教堂,而是大刀阔斧地去修复它。

1842 年,巴黎圣母院修缮工程的竞标结果公布,265 万法郎的预算也迅即到位。修复圣礼拜堂时协助费里克斯·杜班的拉苏斯和刚刚 30 岁、但是已经负责维孜莱教堂修复的维奥莱特-勒-杜克赢得了合同。修复工作从 1844 年 4 月 20 日开始,直到 1864 年 5 月 31 日结束。拉苏斯在 1857 年去世。在他们的中标方案中,拉苏斯和维奥莱特-勒-杜克都认为巴黎圣母院是一座类似凯旋门的丰碑,因此不能用保守的标准来修复它,否则只会留下一片废墟,圣母院是一座需要保留实际和象征功能的建筑,因此修复建筑师就不得不将其恢复到昔日的辉煌。反对的声音来自另外一派官方力量:艺术和古迹委员会的负责人,考古学家和雕像研究家阿道夫-拿破仑·迪南

---

① 雨果. 巴黎圣母院[M]. 陈敬容,译. 北京:人民文学出版社,1982:115.

② JACOBUS J M. The Architecture of Viollet-le-Duc [Z]. unpublished Ph. D. dissertation Yale University, 1956:77.

③ VIOLLET-LE-DUC E-E. Discourse on architecture [M]. trans. VAN BRUNT H. Boston,1875:279.

（Adolphe-Napoléon Didron）。他在 1839 年就曾建议修复的主要原则是修补业已存在的，同时不去增添任何新的部件。迪南质疑了重塑业已彻底消失的雕像的必要性。针对圣母院的君王群雕，迪南质疑："难道这些空龛就不该保留吗？它们的空缺已经成为了历史上很重要的见证了。"①在 1841 年的《宇宙》（L'Univers）杂志上，他就明确反对修复巴黎圣母院，"圣母院很坚实，不需要如何修理"②。4 年后，在自己的《考古年鉴》（Annales archéologiques）杂志中，他刊登了批准拉苏斯和维奥莱特-勒-杜克修复方案的蒙塔朗贝尔伯爵（le comte de Montalembert）的报告。伯爵认为这两位建筑师无法摆脱想创造点什么"新"东西的职业惯性。1845 年，艺术和古迹委员会的另一位成员让-菲利普·施密特（Jean-Phillippe Schmit）发表了对教堂修复的研究："古迹的原初特征……一定要保存，而不是被一个雄心勃勃的修复计划摧毁。一个老人的白发被染黑、皱纹被遮盖、再穿上时髦的衣服，他的尊严就毁了——变成了一个老顽童，这是多么可笑的场景啊。"③

在 1856 年的《娱乐》（Le Journal amusant）杂志上，刊登了题为《古迹洗了个澡》的漫画，此时，西入口新雕像正在被安置。在这幅贝尔塔（Bertall）的漫画中，变黑的国王和王后的雕像戴着个白鼻子面具（图 3-17）。文章如下：

有七八百年历史的古老圣母院，已经变得很黯淡——但是请看，它的古色被擦掉了，焕然一新，和拉菲特街（Rue Laffitte）上那些新的小教堂争芳斗艳。至少哥特古迹没有改观太大，保持了它的优美线条和优雅比例。但是那些多数已经没有鼻子的雕像呢？何况轻薄的、欣喜若狂的梦想家们已经给它们加上了阿波罗般高挺的鼻子。它聪明的主人会说这个性感的、邪恶的鼻子，是在审判之日获得的。这个崭新的鼻子从灰暗的脸上脱颖而出，光彩夺目，干扰了冥想者的精神，好像化装舞会的面具一样——有个假鼻子的哥特风格。④

图 3-17 "古迹洗了个澡"漫画

文章最后攻击："那些自作聪明的热情已经践踏了我们的古迹。""翻新"（remise à neuf）和"新造"这样具有贬义的短语不断出现在反对"修复"的文章中。

拉苏斯和维奥莱特-勒-杜克似乎也很关心修复的危险，他们也批评"无知的热情，增添、删减、完成，最终使古

---

① Didron, "Rapport à M. Cousin," pp. 63-64.

② DIDRON A-N. Notre-Dame est solide et n'apas besoin de réparation [J]. L'Univers 1841, 5：311.

③ SCHMIT J-P. Nouveau manuel complèt de l'architecte [M]. Paris, 1845：62.

④ Anon. Le vieux monuments ont fait toilette [J]. Le Journal amusant, 1856(6)：2.

迹变成了一个新的纪念碑"。两位建筑师用一种试探性甚至是卑微的语气,试图来淡化他们的创造性作用。他们认为修复者需要"彻底地抹去、忘记自己的野心⋯⋯不能有'完成一个美丽的艺术品'的想法;这是非常傲慢的想法,我们也不会纵容⋯⋯建筑当然是美丽的,没有任何增添东西的必要"①。

修缮工作还是大刀阔斧地展开了:修复了入口立面(图 3-18、图 3-19)、拱座和飞扶壁,立面石材被大量替换,使用的石头多达 20 余种;修复了君王走廊的群雕、正门、滴水

图 3-18　修复前的巴黎圣母院(入口)立面,1840

图 3-19　修复后的巴黎圣母院(入口)立面

① Lassus and Viollet-le-Duc,*Projet de restauration*, pp. 3-4.

嘴、顶端花饰、怪物雕塑和小尖塔；修复了屋顶和铅皮覆盖的屋脊装饰、塔尖和南北塔楼的钟楼（图 3-20、图 3-21）；恢复了中世纪式样的彩色玻璃窗、湿画法的壁画、1403 年的管风琴和 1730 年的管风琴箱、以及所有的家具、重建了圣器收藏室和长老会堂……这些工程据说一共花费了 800 万法郎，大大超过了预算。

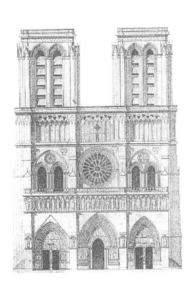

图 3-20　修复前的巴黎圣母院立面

图 3-21　修复后的巴黎圣母院立面

针对已经消失殆尽的立面君王雕像，维奥莱特-勒-杜克参考了众多原型，譬如说圣安妮群雕（Porte de Ste. Anne）的原型来自贝尔纳迪·蒙福孔（Bernard de Montfaucon）1729 年出版的画册；对于拉维耶热雕像（Porte de la Vierge）和正门上方的雕像，他转而借鉴同时代的亚眠、沙特尔、兰斯教堂的雕像，可以看到圣母院的雕像尽可能接近这些雕像，而在细节处理上更加自由，但是都是试图捕捉中世纪的风格；对于门楣山花上的雕像，维奥莱特-勒-杜克没有保留下还存在的雕像，而是重新仿造了雕像，当我们将比较原先的雕像（图 3-22）与现在的雕像（图 3-23）比较时可以看到，首先复制是十分仔细的，其次类似左侧的鼓吹天使和边上的黑人都是更加丰满和完整，黑人的形象更加鲜明：宽大的鼻子和丰厚的嘴唇，与天使的外貌截然不同。因此，当实际雕像可得时，维奥莱特-勒-杜克就仔细地复制，同时尽可能使得场景完整；而当没有雕像留

存的时候,他就参考了同时期、同类型雕像中比较好的范本,进行复制或者适当地想象,
同时尽量保持原作的风格;而当有可靠的档案的时候,他就依其复制并纳入到整体中。

图 3-22　原巴黎圣母院立面雕像,现存克吕尼博物馆
(Cluny Museum)

图 3-23　修复后的巴黎圣母院立面雕像

　　对于贝尔塔所批评的高耸的鼻子,其实也是维奥莱特-勒-杜克思想的表现,暴露了
他的修复上的过激性。19 世纪是科学发展迅速的年代,维奥莱特-勒-杜克也为生物学、
地理学和新兴的人类学而着迷,他认为物种的发展是具有逻辑的。在他的书中,他说:
"最近对德国、英格兰和法国的研究表明,这些伟大的民族具有创造的天赋。"[①]在《人类
居住的历史》(*Histoire de l'habitation humaine*)一书中,他做了三幅人像,表达了这种
文明与人种之间的关系:最左边是原始人(图 3-24),深色皮肤,脸比较扁平,看着左边意
味着回顾过去,维奥莱特-勒-杜克认为他们只会搭建低矮的棚屋;而在《亚利安人》一章
中,维奥莱特-勒-杜克画了一个长卷发、白色皮肤和高鼻梁的白种人形象(图 3-25),这
个白人望着右边,意味着面向前方;第三幅是《闪米特族》,浓密的黑发、深色的皮肤,硕
大的鼻子,他也望着过去(图 3-26)。维奥莱特-勒-杜克在他的书里也表示,高个、白皮
肤的亚利安人就像阿波罗一样将艺术传授给别的民族。因此,巴黎圣母院的君王雕像
们也都是按照亚利安人的特征来塑造的。而闪米特人那种"邪恶的特征"成为了圣母院
上各种怪兽形象的原型。

---

① VIOLLET-LE-DUC E-E. Entretiens sur l'architecture [M]. translated in Lectures, vol. 1. New York:
Dover,1987:340.

图 3-24　原始人　　　图 3-25　亚利安人　　　图 3-26　闪米特族

如何来评价维奥莱特-勒-杜克的工作呢？首先，维奥莱特-勒-杜克很好地综合了历史学、建筑学和结构学，包括其他一些自然学科的研究，来进行修复。最好的例证就是收录在其著作《建筑词典》中的塔尖修复。在仔细研究了 13 世纪的遗迹之后，他通过历史分析方法推断出原初的格局。在观察到废墟的薄弱之处和可能的病因（风）后，以结构分析方法制定了复原计划，其中包括必要的改动和加固措施。最后，从建筑分析出发，对圣母院外轮廓进行整体考虑，维奥莱特-勒-杜克认为有必要把塔体增高 13 米。通过巴黎圣母院的修复，我们看到，维奥莱特-勒-杜克像同时代的建筑大师一样，对历史建筑进行了仔细地测绘和研究，他从历史研究、结构加固、建筑设计几个方面来考虑对圣母院的修复，基本上全面地覆盖了修复一座老建筑所需的各种因素，也体现了修复中的合理性。但是，他所接受的"哥特建筑乃自由之表达"思想，使得他的修复必然是偏主观的，这从他增高塔尖和修复君王像都可以看到。维奥莱特-勒-杜克一直坚持建筑遗产的修复"目的不是为了创造艺术，而是服从那些业已消失的艺术"，从而"恢复和延续建造之初的理念"[①]。这种观念过于理想化，实际上变成了日后创作的托辞。

在回顾了 18、19 世纪，英国和法国不同的修复案例后，我们可以得出一些结论。

首先，修复实践是一项非常复杂的事情，涉及到与业主的协商、与其他专业人员的交流、与工匠的配合等，因此，需要各个方面具有统一的认识和态度，建筑师应该提出明确的观点来指导和统筹这些问题。在此，建筑师的保护观念或者说社会上的保护共识就会起到决定性的作用。埃塞克斯身处的环境下，"改进"是主流，于是建筑师也无法脱离语境；而斯科特的时代，民间的保护呼声已经非常强烈，并且斯科特自身也认识到保护的重要性，但是在政府和业主层面，并没有真正将保护当回事，斯科特必须要恢复建筑物的使用和象征功能，这就注定了他的修复依然是过度的；而维奥莱特-勒-杜克特有的自信，使得他的修复实际上变成了个人创作的舞台，当然浪漫主义的精神和重塑国家纪念物的呼吁也是推波助澜的因素。因此，不能简单地将过度修复完全归因于建筑师。

---

① VIOLLET-LE-DUC E-E. Restoration［G］//PRICE N S, TALLEY M K, VACCARO A M. Historical and philosophical issues in the conservation of cultural heritage. Los Angeles：Getty Conservation Institute. 1996：314.

其次,建筑师在修复实践中做出了专业上贡献。无论是埃塞克斯、斯科特还是维奥莱特-勒-杜克都要考虑复杂的历史、结构、材料、建筑等问题,并且总结出经验与教训。正是因为这些经验与教训使得修复存在着合理性与必要性,也正是因为这些成果,使得建筑师们有底气与他们的批评者展开论战。建筑遗产的保护很多时候是不能依靠某种准则就完成的,它需要对每个对象进行单独地考量。因此历史学家们推崇的是一种价值上的追求,而建筑师们实践的是一种工具层面的合理性,这两种不同层面的矛盾造成了他们的分歧。在下一节中,我们将展示论战双方的立场,也将更清晰地看到,分歧的根源来自历史学家与建筑师们对于理性不同层面的关注。

3.3　实践理性:建筑师与历史学家的思想分歧

保护思想的工具层面理性长期以来是局限在建筑师圈子中的,而历史学家们总是强调古迹的价值,往往忽略了在古迹保护中所不得不面临的实际问题。英国的遗产保护这种特点尤其明显,从怀亚特到斯科特,每个时期的建筑领袖都受到了外界对这个学科的攻击,如前一章所分析的,这一方面是因为英国的教堂修复一直是教士主导,因此建筑师的权威性受到质疑;另一方面,自然景致和如画风格在英国成为风尚,而像新古典主义那么雄伟的风格就不如在法国那么流行。因此,古迹残破的美被英国人普遍接受。然而,建筑师们的实践正是保护思想中理性部分的表达,我们通过这些建筑师与历史学家的论战,可以清楚地辨析出这点。

3.3.1　"恶棍怀亚特"

詹姆斯·怀亚特(James Wyatt,1746—1813,图 3-27)在英国的保护历史中,是个富有争议的名字。在 1770 年以古典主义风格的设计赢得伦敦牛津街上的"万神殿"(一个公共娱乐场所)竞赛后,他声名鹊起。不久,因为中世纪风格的方特山修道院设计广受好评,怀亚特接到了大量哥特风格教堂修复的委托。1776 年,他接替亨利·基恩(Henry Keene)成为威斯敏斯特教堂的修复建筑师。在 1787—1797 年之间,他同时进行了英国四座著名教堂的修复:利彻菲尔德(Lichfield)、索尔兹伯里(Salisbury)、赫福德(Herford)和德拉姆(Durham)大教堂。一时间,怀亚特俨然成为英国建筑界的领袖。与其光辉的经历相比,对他的非议也十分惊人。古物协会的会长理查德·高夫(Richard Gough,1735—1809,图 3-28)在怀亚特1797 年被接纳作为会员后,愤然辞职,他说:"不去假装了解任何关于风格、时代、纹章、纪念铭文和其他广博的古物知识;不去阅读关

图 3-27　詹姆斯·怀亚特

图3-28 理查德·高夫

于基督教教堂足够多的知识,他的目的是创造一个他臆想的东西:当我们需要一座新教堂、学院的时候,天啊,让他去做吧。但是不要让他的崇拜者试图说服古物协会承认他不是哥特建筑的敌人。也许与希腊建筑相比,哥特建筑是粗鲁的,但是怀亚特先生的作品超越了这两者……"①普金更是在文章中用"恶棍怀亚特"(villain Wyatt)②来形容他。

历史学家J.克鲁克(J. Mordaunt Crook)认为怀亚特天性马虎,而且做事情喜欢顺其自然,因此他的设计公司常常陷入不正规的运转状态,当委托量大的时候,就会追求速度而非质量③。怀亚特没有出版过任何一本著作来为自己辩护,这也被认为是他散漫个性的表现。

当我们把历史追溯到怀亚特所处的18世纪晚期那个时代,当我们试图了解英国的保护观念成型的触发点时,当我们试图真实勾画出这位恶棍抑或建筑师的修复之道时,当我们要探究实践是如何影响历史建筑保护的理念时,就不得不深入地讨论怀亚特在1787—1792年开展的索尔兹伯里大教堂的修复实践以及这个案例所引起的轩然大波。

1789年8月26日,工程实际开始两年以后,怀亚特接到了索尔兹伯里教堂修复的合同。这份合同详细地列出了怀亚特所要满足的需求,包括:

……给长排座椅加个顶棚,修建一个新的牧师和主教的席位,为圣餐仪式地点安置新的铁质围栏、围栏上要有顶盖,用两块护壁板来分割耳堂,在圣母教堂用墓碑切出的正方形青石铺地,按照绘画来装饰边墙,从东端到交叉甬道清洗和彩绘教堂,给长排座椅清洗和上漆,装修早晨教堂,按照怀亚特先生的计划在管风琴楼厢的西面制作屏风。怀亚特先生报告了唱诗班席位(choir)上的梁已经失效了,因此要求他将其拆下。④

可见,怀亚特后来被人诟病的很多措施是为了满足教士们的要求。在18世纪的末期,对于修复的评价标准还处于摸索阶段,而世人普遍认可的是"改进"(improve)的传统。从中世纪到怀亚特的时代,老建筑一直在用类似的方法进行维修。除了霍克斯莫尔(Hawksmoor)和范布勒(Vanbrugh)等少数几位建筑师对中世纪建筑进行的保护,社会的主流还是按照使用者的需求进行改建,例如加上舒适的座椅、按照国教仪式的要求调整圣坛的位置等。

① *The Gentleman's Magazine*,LVII,1797,638. 转引自 NULL J A. Restorers, villains, and vandals [J]. Bulletin of the Association for Preservation Technology,1985,17(3/4),Principles in Practice:26-41.
② TSCHUDI-MADSEN S. Restoration and anti-restoration [M]. Oslo:Universitets Forlaget,1976:33.
③ DENSLAGEN W. Architectural restoration in western european:controversy and continuity [M]. The Netherlands:Architectura & Natura Press,1994:3.
④ ADDLESHAW G W O,ETCHELLS F. The architectural setting of anglican worship [M]. London:Faber and Faber,1948:43.

　　高夫首先对怀亚特的修复进行发难。高夫当时是古物协会的会长,也是一位博学的考古学家,他认为"古代纪念物是有品位和感觉的人们研究的对象。它们就如同书写的文件一样重要,应该得到很好的照顾,而现实中老建筑被轻易地毁灭⋯⋯因此,应该成立一个遴选出的委员会,来保护古代建筑物的遗迹免遭破坏、亵渎和快速的衰坏。"[1]1789 年 10 月 21 日,他在《绅士》杂志上撰文批评索尔兹伯里教堂的修复,他在文章中描述了教堂的历史价值,并且列举了修复计划的不当之处,其中主要是对教堂内部空间的改动以及拆除两座侧教堂(图 3-29)。

图 3-29　索尔兹伯里教堂东立面图,两座侧教堂已经被移走,1814

　　很快,在 12 月 10 日的《绅士》杂志上,一个署名为"索尔兹伯里教堂的狂热仰慕者"的人发表了回复,他声称对教堂的修复工程很了解,能够反驳高夫的批评。

---

[1]　*The Gentleman's Magazine*,vol. 59 (1789),II,873-875. 转引自 DENSLAGEN W. Architectural restoration in western european:controversy and continuity [M]. The Netherlands:Architectura & Natura Press, 1994.

首先他认为因为教堂内部空间的改变，唱诗班厅会更加美。"如果高夫的准则成立，那么任何情况下，纪念物都不应该被移走，教堂的改建就无从谈起。"[①]第二，"仰慕者"也为两座侧教堂的拆除辩护，他指出高夫忽略了这两座侧教堂实际起源于15世纪，是在主体教堂建成后200年才建造的，彼此之间风格并不和谐。它们紧贴着圣母教堂的南北墙建造，原本墙上起支撑作用的飞扶壁被拆除，所有的重量压在侧教堂的拱券上，而今天这些拱券开始坍塌，导致圣母教堂也岌岌可危。

高夫在1790年的1月再次发文回击"仰慕者"的反驳。

首先针对教堂内部空间的改变，他认为即便如怀亚特认为的，改动会让唱诗班厅显得更深邃迷人，也会造成其他问题。怀亚特改建的利彻菲尔德教堂就是一例，唱诗班席位的延长使得坐在后面的人听不清布道者的声音。哥特建筑是有自己的声学体系的，即便将讲坛挪近些，听众们还是会混乱地冲出席位去听布道。对于第二项指控，高夫没有在侧教堂建立的时间问题上纠缠。他认为今天的建筑师打着统一这个教堂4个世纪以来各部分风格的旗号所进行的修复，实际上会损害每个部分的美学特征，即便这两个侧教堂的美留存不多，也应该让后人去评价。至于结构上的安全隐患，他认为1753年的修复工作就发现了这些问题，为什么不尽早修理呢？[②]

从高夫和怀亚特的支持者的针锋相对中，可以看到历史学家对于"改进"这种传统方式的质疑，以及工程实践者在处理委托人要求、结构隐患、空间布局、材料造价上，所需考虑的更多问题。高夫的中心思想是批判当时的建筑师将不同时代的风格变化统一到一种他们认为最和谐的风格上，就是当时流行的哥特风格。然而这些风格背后特殊的建筑原则他们却知之甚少。因此与其鲁莽无知地进行创新，不如修理那些显而易见、正在发展的损害。高夫秉持着对之前历代工作的尊重，无论是空间布局、装饰绘画、还是前人的纪念物，他认为都有知识和价值还没有被发掘，因此贸然改建是不可取的。而"仰慕者"，抛开他冷嘲热讽的意气之语，他更多地是从工程中面临的实际问题出发。在他看来"改建"是正当的前提条件，修复的目的就是满足委托方的条件并且让教堂变得更美，当然这种美是怀亚特所确立的。这场辩论归根结底是两个具有不同历史观的人在争论，一个对过去的每个时期都满怀敬意，一个则认为历史风格是需要整合统一的，两者的前提不同，掌握的资料也不一样，因此就产生了这场谁也说服不了谁的辩论。

对于怀亚特，更致命的打击来自约翰·米尔纳（John Milner，1752—1826）1798年自费出版的关于索尔兹伯里教堂修复的报告《对将古代教堂改造为当代风格的讨

① *The Gentleman's Magazine*，vol. 60（1789），1064—1066. 转引自 DENSLAGEN W. Architectural restoration in western european：controversy and continuity [M]. The Netherlands：Architectura & Natura Press，1994.

② *The Gentleman's Magazine*，vol. 61（1790），1194—1196. 转引自 DENSLAGEN W. Architectural restoration in western european：controversy and continuity [M]. The Netherlands：Architectura & Natura Press，1994.

论——以索尔兹伯里教堂为例》(*Dissertation on the Modern Style of Altering Ancient Cathedrals as Exemplified in the Cathedral of Salisbury*)，文章直接批评了怀亚特的工作态度和专业能力。米尔纳对于"仰慕者"所强调的，两座侧教堂的存在威胁了圣母教堂的结构，而不得不拆除的论点给予了更有力的反驳。首先他质疑测绘结果的可靠，他说："我要问，哪位建筑师做出了这个报告？虽然不怀疑他们的天赋和能力，但是我依然要说他们可能因为偏好重建教堂而出具这样的报告，或许他们就是计划的策划人，同时也是这个计划的执行人。"① 其次他从哥特建筑的结构特点上指出，可以将东端的墙壁打开，增加一些支撑物，也可以在侧教堂的外部或内部增加飞扶壁来保证圣母教堂的结构稳定，他说："这些偶然的、不寻常的小措施要得到容忍，以避免更大的损害。"② 米尔纳认为现在评价这个工程是否美为时尚早，"正确地评价这个建筑，要一两百年以后再来看，那时这个建筑受到了岁月的洗礼，也历经沧桑。"③ 米尔纳认为的美存在于建筑作为历史见证的重要性，它是前人风俗和宗教活生生的图景，因此怀亚特打着美学的旗号对于教堂进行的修复就很投机。

怀亚特的名声在维多利亚时代被丑化到了极点。在他因为交通事故去世半个世纪后，普金在文章中还将他称为"破坏者……这个使建筑堕落的怪物——教堂建筑的害虫"。④ 怀亚特的装饰在1878年被当时的修复者斯科特认为是没价值的垃圾而基本上全部拆除，讽刺的是，斯科特自己的哥特式家具也在1950年的修复中被毁去。怀亚特加入古物协会以后，参与出版的一系列中世纪建筑的文集和图册的成就也被人遗忘了。然而，在1817年的《试论英国的建筑风格》，这本被认为是奠定了哥特建筑命名办法的著作中，作者托马斯·里克曼(Thomas Rickman)觉得有必要记录下这样一句："晚年的怀亚特说过，他是英国唯一理解哥特建筑的人。"⑤ 究竟该如何理解这位多产的建筑师在保护的思想史上所发挥的作用呢？

怀亚特在18世纪末期同时进行了大量的修复实践，这让他的修复工作远超过了16世纪以来任何一位建筑师，他被广大的历史学家关注也就毫不为奇。后来的历史学家采用"修复"这一概念来批判怀亚特的一切修理和改动工作，这是脱离了18世纪末期的历史语境的。在当时，"修复"有两种表达形式：必要的"修理"和非必要"改进"。"修

---

① Letter from J. Milner in *The Gentleman's Magazine*, vol. 68 (1798), 1, 476-478. 转引自 DENSLAGEN W. Architectural restoration in western european: controversy and continuity [M]. The Netherlands: Architectura & Natura Press, 1994.

② 同上。

③ 同上。

④ PUGIN A W N. The true principles of pointed or Christian architecture [M]. London, 1841: 9.

⑤ NULL J A. Restorers, villains, and vandals [J]. Bulletin of the Association for Preservation Technology, 1985, 17(3/4), Principles in Practice: 31.

理"是出于安全考虑对结构进行加固;"改进"则是出于满足功能或美学上的要求,对原初的设计进行改变。"修理"是当地的工匠就可以完成的,收费也比建筑师便宜很多。譬如索尔兹伯里教堂在 18 世纪上半叶由当地的工匠弗朗西斯·普赖斯(Francis Price)主持测绘和进行不断的结构维修。而一旦涉及到"改进"的美学问题,他就得给政府提交报告,给建筑师约翰·詹姆斯(John James)进行修改和审定。同样,怀亚特也是主要负责"改进"问题,而当地的工匠理查德·莫里斯(Richard Morris)负责"修理"的具体方案。建筑师从传统上是与工匠的职责分开的,而且是以"改进"作为专业的目标。而历史学家所认同的"修复"是在完成必要的"修理"基础上进行尽可能的保留,从中获得最多的历史信息。两者在出发点上是截然不同的,因而也就不难理解怀亚特的"仰慕者"愤怒地说"要是他(高夫)的准则成立,那么任何的改建都不可能进行。"

其次,在 18 世纪晚期,英国的对于中世纪建筑的科学化整理和记录刚刚开始,也仅仅是集中在考古学家的圈子里。而作为修复工程实施者的建筑师参与其间,是从怀亚特参与出版的《考古》杂志的第 13—16 卷以及 1798—1809 年出版的 3 本关于教堂的对开本开始的。因此,怀亚特的工作实际上推动了英国中世纪建筑的研究。

此外,作为建筑师的怀亚特,他关注的是空间感受和外观风格,而历史学者们关注的是宗教空间的固定样式以及纪念物的留存。在索尔兹伯里教堂修复的事件中可以看出,怀亚特努力想营造的是深邃的唱诗班厅空间(图 3-30),他希望可以从西到东一览无

图 3-30 "改进"前(左)后(右)的中道,改造时装饰和纪念物全部被移走

余地让视觉贯通。因此他采取了将圣母教堂与唱诗班厅打通;改造管风琴部分,让后方的哥特式纪念柱露出来;拆除围绕着歌祷堂的栏杆,使得交叉甬道的室内空间变得更清晰。怀亚特欣赏当时流行的乔治式建筑对称、匀质的空间体验,于是将纪念物整齐排列在唱诗班厅的两侧。针对外观,怀亚特希望调整 4 个世纪以来变化多样的风格形式,让建筑呈现出统一的效果。怀亚特并没有意识到的过去的改建都是建筑历史价值一部分的现代保护观念。而历史学家们,无论是高夫还是米尔纳,他们在捍卫的宗教的威严和形制的同时,也认为历史上的遗存不应该由今天的人去评判,也许这种观念还没有明晰到保护伦理的高度,但是这种敬畏的态度已经为现代保护观念奠定了基础。因此尽管两座侧教堂建于 15 世纪,按当时对于晚期哥特式评价普遍不高的审美观点,历史学家们还是认为值得保留。现代的保护意识已经开始萌芽,尽管局限在历史学家的圈子里。

3.3.2 "必要的邪恶"

19 世纪的上半叶,在卡姆登协会、伦敦建筑学会等团体的推动下,英国大地沉浸在中世纪教堂大修复的浪潮中。但是在修复中世纪教堂时,他们往往采用移除后期加建、重新建造教堂原初形式的方法。在 1841—1843 年霍利·塞皮尔克(Holy Sepulchre)教堂修复的实践中,教会学建筑师萨尔文(Salvin,1799—1881)就按照协会的指导,重建了这座 12 世纪的教堂。詹姆斯·F. 怀特(James F. White)在 1962 年评论道:"在 19 世纪 40 年代并没有人因为修复而困扰。"[①]

图 3-31　约翰·拉斯金

当然,那个时代最重要的艺术史学家拉斯金(图 3-31)表达了他对于这种修复的震惊。1849 年,拉斯金写道:

公众和关注公共纪念物的人都不理解修复一词的真正含义。它是建筑所会遭受的最大破坏:一种彻底地、伴随着虚假描绘的破坏。不要让我们自欺欺人;使任何东西恢复往昔的壮美是不可能的,正如不可能让死者复活。逝去工匠的灵魂不可能再凝聚,来指导别人的双手,别人的想法。至于直接和简单的复制,这显然是不可能的。如何去复制已经被冲蚀掉半英寸的表面?作品的完整性已经消失在这半英寸中;如果你打算修复作品,你只能自己揣测;如果你复制剩下的那些,力求逼真倒是有可能,但是如何保证新的要比老的好呢? 老的痕迹中有神秘的暗示、岁月的痕迹——而这些不会在新的、粗暴的痕迹中看到。请妥善对待你的纪念物,你不需要去修复它们,屋顶上加块铅板、一些藤

---

① White J F. The Cambridge movement. the ecclesiologists and the gothic revival [M]. Cambridge University Press,1979:162.

蔓就能让屋顶和墙免于倒塌。请小心看护老建筑,尽力保护它们,无论多少花费,从有影响力的几个修复基金中筹得款项好了。①

拉斯金对于修复的指责立刻产生了巨大的反响。在 1872 年,基于他的《建筑七灯》,伊斯特莱克(Eastlake)在自己关于新哥特风格的历史的书中,这样评论"修复":"它通常是一项善意的工作,但是很不幸,十有八九,它背离了自己的目的。"②

一场关于修复原则的讨论在剑桥卡姆登协会(1846 年后改为教会学建筑师协会)沸沸扬扬地展开了,这件事情的起因就是 1846 年历史学家 E. A. 弗里曼(E. A. Freeman,1823—1892,图 3-32)的文章《教堂修复的原则》③。它首先在 1847 年 5 月的《教会学建筑师》杂志上被讨论,随后又在 5 月 18 日的协会会议上被激烈讨论。

图 3-32 E.A.弗里曼

弗里曼区分了三种修复:破坏性修复、保护性修复和折衷的修复:破坏性修复是早期的行为,当时一些建筑被改建或加建时没有考虑它们的风格问题;保护性修复的目标是尽可能减少修复带来的额外加建,使得教堂成为范本;折衷的修复是一种中间路线,建筑按它独特的价值来评估,按可能达到的最好状态来修理或重塑。他认为每项修复都需要有自己的方法。如果一个单一的风格占主导地位,而后加的部分没那么重要,他认为就应该服从早期的风格。例如斯科特修复的圣玛丽教堂中,晚期哥特式的高窗、唱诗班席位就是"不重要"的部分,需要被拆掉,代之以 13 世纪早期英格兰风格的部件,来与建筑的其他部分相协调。

在 1847 年 5 月 18 日的讨论中,大部分参与者支持弗里曼的"折衷理论"。按照这个理论,修复应该是使建筑得到完美,任何影响建筑理想美的东西都应该被拆掉并代之以更好的东西。论坛主席这样总结观点:"运用折衷理论,我们也许能发展出前所未有的美。同时,我们不会去复制那些畸形的东西,而是要发展和推进理想的美。"④一年以后,《教会学建筑师》杂志写道:"唯一的准则,可以被广泛和满意地接受的是'折衷的保护主义'。它整合了保守主义者单纯地对现存物的敬意和对历史信息极大的关注,与折

① RUSKIN J. The seven lamps of architecture (first edition 1849) [M]. London: George Allen and Unwin, 1925: 353-359.

② EASTLAKE C L. A history of the gothic revival [M]. Leicester University Press, 1970: 96-99.

③ SKARMEAS G C. An analysis of architectural preservation theories: from 1790-1975 [D]. University of Pennsylvania, 1983: 39.

④ WHITE J F. The Cambridge movement: the ecclesiologists and the gothic revival [M]. Cambridge University Press, 1979: 169.

衷主义者创新的(也可以说)潮流,因此一个准则就诞生了,这可以被广泛接受。"①

但是,弗里曼的"折衷理论"是与拉斯金的观点不符的,于是在 1851 年 7 月 29 日的讲座上,弗里曼进一步阐述自己的理论,他首先定义了"monument"这个词。他认为这个词可以赋予任何老物体,既是"书写下的记录"也是"每个阶段的艺术作品,从远古人类凿出的粗糙作品到斯卡帕斯(Scopas)和普拉克西特列斯(Praxiteles)②的杰作都属于这个范畴"③。这些历史的遗迹,他认为必须要反对更新和拆毁,除非是不可避免的。

对于已经不再使用的老建筑,弗里曼十分支持拉斯金的原则,他举了奥伊斯特(Oystermouth)城堡的例子:

对于不应该修复的建筑,我会运用拉斯金的真传,除非在它危害了生命和财产安全的非常极端的情况下,我不会拆毁任何细小或粉碎的古物。让奥伊斯特和其他所有的城堡都安全地被保护起来吧,把所有危害石块的东西移开

……

看起来,奥伊斯特城堡的窗户在战争中被封起来,只留了一些小缝让步枪手可以攻击。现在,我们认为这种变化是破损和野蛮的,但这是建筑历史的一部分;因为修复,我们失去了这个会说话的证人……让我们不要去修复,而是孜孜不倦地保护,所有历史的遗存,他们的价值是纯粹的历史的和美学的,这对于现代生活没有直接的帮助。④

在这些不再被使用的建筑上,弗里曼赞同拉斯金的原则,但是他认为拉斯金没有认识到那些依然具有使用功能的建筑同样也属于我们,而且也属于后代。它们需要被使用和维持,因此,不可以让这样的建筑消失掉。

修复,也许不要害怕去实行,需要证明它是必要而且忠实的。修复的必要性要么在稳定性上,要么是体面的需要,如果这个构件的任何一部分有危险,它都必须重建;如果任何重要的部分损坏了,都需要补上。但我不认为更新每块风化石头的表面、重建每个部分损坏的细节都是必要而合理的修复。这当然不是稳定的必要,一旦损坏其古韵,它就离理想的完美状态更远。我不会介入到建筑师的领域,去宣传什么必要的观点,但是我无法抑制看见圣玛丽教堂(图 3-33)新面貌时的遗憾之情。实际上,任何修复都有一定的范围,我们会乐于排除掉某些隐患,但是我们不能阻止因为一些形式改变而产生的

---

① WHITE J F. The Cambridge movement. the ecclesiologists and the gothic revival [M]. Cambridge University Press,1979:169.

② 同为古希腊杰出的雕塑家。

③ Edward A. Freeman, "The Preservation and Restoration of Ancient Monuments: A Paper Read before the Archaeological Institute at Bristol," July 29, 1851. Oxford and London, John Henry Parker, 1852. 转引自 DENSLAGEN W. Architectural restoration in western european: controversy and continuity [M]. The Netherlands: Architectura & Natura Press, 1994.

④ 同上。

图 3-33　圣玛丽教堂修复前(上)后(下)形象,斯科特于 1840—1841 年修复

遗憾。因此,我认为修复如果是迫不得已,起码要忠实,这样新的部分是旧的部分直接模仿或推测出的复制品。

我们必须要反对建筑师和业余爱好者不断增加的实践,不必要的修补和改变让建筑统一到某种风格上,正如有些建筑师所指出的,用"鲁莽的改进",不尊重古物,用自己的审美来整合建筑。①

弗里曼与拉斯金的观点不同在于,拉斯金认为任何修复都是对真实性的破坏,而弗里曼准备接受修复作为"改进""必要的邪恶"。如果修复有必要——例如房子快垮塌或有危险——它就要忠实地来完成,这样新的部分就是老的部分的复制品,而在已经不使用的老建筑上是没有必要进行修复的。拉斯金和弗里曼都有理论建树,但是没有实践工程来验证自己的理论。弗里曼的思想无疑比较贴近实践的需要,但是在"修复"之风盛行的 19 世纪,他的这些思想有可能成为过度修复的借口。

3.3.3　"我们都是自己的反对者"

前文我们已经看到斯科特在实践中的谨慎和理性,但是他无疑是英国保护运动中争议最大的人物。在本节中我们将分析批评家对他的攻击,以及他的反击,这将更好地展现"修复"实践的复杂与矛盾性。1877 年,斯科特写道:"此时此刻我面临着双重的战斗,我需要与毁坏老建筑的人斗争,另一方面,我也要为自己辩护,与那些反对我的主张的人斗争,他们反对别人做任何事情。"②作为 300 余座教堂的改建和修复的负责人,其中包括了这个国家主要的大教堂、修道院、礼拜堂和女修道院,他注定要接受他人对于建筑专业界的攻击。

在 1850 年出版的第一本著作《呼吁对我们古代教堂进行忠实的修复》(*A Plea for the Faithful Restoration of Our Ancient Churches*)中,斯科特的口吻跟拉斯金一模一样,他抱怨哥特建筑因为现代修复遭受的损坏比几个世纪以来的拆毁和疏忽还要严重:

几乎所有的修复者都有自己偏爱的风格,或者一些钟爱的想法,因此其他所有的东西都是辅助性的;最可悲的是,很多尖拱建筑的优秀代表已经被拆毁了,本着善意的修复篡改出很多奇怪的形式,比几个世纪以来的拆毁和忽略要多得多。一个修复的教堂失去了它作为古代艺术的榜样的真实,就像是按新设计重建了一样。修复者常常只保

---

① Edward A. Freeman, "The Preservation and Restoration of Ancient Monuments: A Paper Read before the Archaeological Institute at Bristol," July 29, 1851. Oxford and London, John Henry Parker, 1852. 转引自 DENSLAGEN W. Architectural restoration in western european: controversy and continuity [M]. The Netherlands: Architectura & Natura Press, 1994.

② SCOTT G G. Personal and professional recollections [M]. London: Sampson Low, Marston, Searle, and Rivington, 1879: 360.

存他喜欢的,而改动那些仅仅是不符合其口味的部分。他增加自己臆想的部分,移去不合口味的,一点敬畏之情也没有,就像这些文物是昨天刚做好的。我要借此机会反对"修复"体系,这是一个会威胁到这些珍贵艺术品真实性的系统。一般说来,保存历史的痕迹是令人满意的,因为它们展现了多变的风格和不寻常的各个部分,它们经常给教堂添彩,增加如画的风格……①

在他 1862 年于英国建筑师学会举行的"古代建筑纪念物和遗址的保存问题"讲座上,他赞许地引用了拉斯金的观点,并且明确反对法国所采用的修复方法。他承认法国对很多中世纪建筑的复制是很精彩的,"但是如果能拿到原初的作品,谁会稀罕复制品呢?或者如果人们知道中世纪的法国大教堂其实是 19 世纪仿造的,谁还会去仔细端详那些细部呢?"斯科特对维奥莱特-勒-杜克修复的卡尔卡松城十分反感,因为"一个极好的中世纪城市样本被改成一个(无疑非常高明的)模型"。斯科特问自己,为什么这些建筑师不关注场地里现存的东西,而是制作复制品,那实际上是不可能替代原初作品的。总之,他指出了"过度修复"的危险,并且承认"我们都是这个问题的罪人"②。

当莫里斯在 1877 年《雅典殿堂》杂志上表达对斯科特修复图斯伯里(Tewkesbury)教堂(图 3-34)的不满时,斯科特的第一个反应是忘记了他也承认自己是"罪人"的一部分:"我不应受到这种对待,在这个议题上我大声疾呼了超过 30 年,虽然并非无懈可击,但是我总是竭尽全力来纠正这种错误,来防止他人错误的实施……我敢说,我是最小心翼翼的保守修复者中的一员。"③

在 1877 年,斯科特遭到最猛烈的批评。除了莫里斯的撰文,还有洛夫蒂(W. J. Loftie)在《麦克米伦》(Macmillan)杂志上的撰文,以及史蒂文森在英国皇家建筑学院的公开讲座。同年,SPAB 发布了他们的宣言(附录 A),宣言设立了一个基本的观点,就是所有早于 19 世纪的建筑都具有与早期那些光辉的建筑相同的历史价值。斯科特没有反对宣言,但是认为它过于极端,并且认为这阻碍了历史建筑的价值评判体系的形成。

在所有攻击斯科特的批评中,他的同事史蒂文森的发言是最猛烈和最专业的。史蒂文森说他发起这个议题时是很犹豫的,他担心会招来同事们的非议,最终导致自己的

---

① SCOTT G G. A plea for the faithful restoration of our ancient churches [M]. London:John Henry Parker,1850:20-21,30.

② SCOTT G G. On the conservation of ancient architectural monuments and remains [G]//Sessional Papers of the RIBA,1862:65-84.

③ SCOTT G G. Personal and professional recollections [M]. London:Sampson Low,Marston,Searle,and Rivington,1879:367-368.

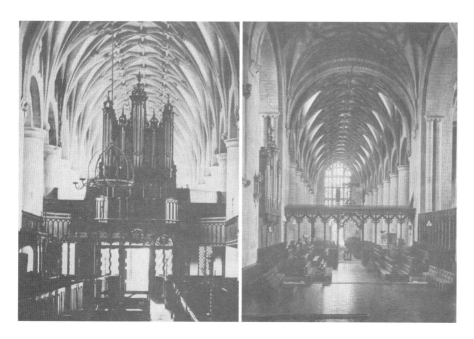

图 3-34　图斯伯里教堂唱诗班厅修复前(左)后(右)形象,斯科特于 1864—1875 年修复

声誉受损,也没能改变任何事情,因为"专业建筑圈的人都在反对我们"[①]。史蒂文森的发言立刻招致回击。在坐的斯科特首先发言,他带着屈尊俯就的口吻说,史蒂文森说起来简单,因为他从来没有进行过实践工作。他就像一个新出生的孩子,没有什么罪过,"史蒂文森就像完全不知道那些我们在修复教堂的时候所遇到的困难、抗争、喧闹一样;他爱投掷多少石头和箭就投多少,因为他知道石头和箭与他无关,伤不了他也对其无用,因为他啥也没做,无论好与坏的。"[②]在 1877 年 5 月 28 日的学会会议上,斯科特正式宣读了的回应。

　　史蒂文森的批评和斯科特的回应可以这样总结。史蒂文森从皇家建筑师协会 1865 年出版的两卷本修复的手册开始谈起,手册题目为《保护古代纪念物和遗存》(*Conservation of Ancient Monuments and Remains*),包括《对于启动古代建筑修复的一般建议》(*General Advice to Promotors of the Restoration of Ancient Buildings*)和

① J. J. Stevenson,"Architectural Restoration: Its Principles and Practice."*Sessional Papers of the RIBA*, vol. 27 (1877), p. 219-235. 转引自 DENSLAGEN W. Architectural restoration in western european: controversy and continuity [M]. The Netherlands: Architectura & Natura Press, 1994.

② G. G. Scott,"A Rely to Mr. Stevenson."*Sessional Papers of the RIBA*, vol. 27 (1877), p. 242-256. 转引自 DENSLAGEN W. Architectural restoration in western european: controversy and continuity [M]. The Netherlands: Architectura & Natura Press, 1994.

《给修理和修复古代建筑工匠的指示》(*Hints to Workmen Engaged on the Repairs and Restoration of Ancient Building*)。斯科特参与起草了部分内容。按照史蒂文森的说法,手册更像是一本指导如何拆老建筑的手册,书中认为宗教改革是错误的,因此这三个黑暗堕落的世纪中的老建筑是需要处理的:"有一种观点贯彻始终,隐藏在每个句子的后面,从最重要的、博学的保守主义修复者到最马虎和破坏性的修复者都支持它,这就是修理是一个错误。既然英国的教堂没有值得记录的历史,那么这三个黑暗堕落的世纪中的历史纪念物、教会的布局都需要毁掉。"①

史蒂文森指责学会默许了这种做法。他认为即使有人认为这三百年的艺术作品是丑陋的,也没有一个修复者或学会有这个权利。"品味在变化,有这样一种认识在发展,就是这三百年的艺术作品并非完全没有价值;它是尊贵而丰富的,有均衡的感觉……修复者认为他们新的工作,纠正了中世纪的风格,他们毁去的仅有三百年历史的作品没有什么历史价值,这是一种臆想。"②史蒂文森指出手册中譬如对于屋顶斜度的要求、对建筑外墙灰泥的刮擦等存在问题。尤其是后者,引发了他和斯科特的争论。史蒂文森引用斯科特修复的圣奥尔本斯(St. Albans)修道院塔的外部墙面为例,进行批评(图 3-35)。"移除了它,就像是将英国历史的一页抹去了。我很难理解现代的建筑师认为灰泥外墙面是与哥特风格不统一的。"③

而移除外表面灰泥的做法是被手册认可的,它在一般建议中说:

老作品需要被保存和展露出来,展现它的历史结构,也展现后来的改动,但是要尽可能地区别开来。这往往需要显现出石头的结构,让其没有灰泥的覆盖。④

但是史蒂文森认为移除掉表面灰泥的做法是会损坏建筑的古色,虽然这些破败的地方是不完美的,但是它们生动有趣,是历史价值的见证,它们是真实的。并且移除灰泥会带来防水上的隐患:

为什么我们觉得白灰泥涂料是那样令人难以接受呢?这是中世纪惯用的技法,无

① J. J. Stevenson,"Architectural Restoration: Its Principles and Practice." *Sessional Papers of the RIBA*, vol. 27 (1877), p. 219-235. 转引自 DENSLAGEN W. Architectural restoration in western european: controversy and continuity [M]. The Netherlands: Architectura & Natura Press, 1994.

② SCOTT G G. Personal and professional recollections [M]. London: Sampson Low, Marston, Searle, and Rivington, 1879: 332.

③ J. J. Stevenson,"Architectural Restoration: Its Principles and Practice." *Sessional Papers of the RIBA*, vol. 27, 1877, p. 219-235. 转引自 DENSLAGEN W. Architectural restoration in western european: controversy and continuity [M]. The Netherlands: Architectura & Natura Press, 1994.

④ *Conservation of Ancient Monuments and Remains*, the Library of the RIBA, 1865. 转引自 DENSLAGEN W. Architectural restoration in western european: controversy and continuity [M]. The Netherlands: Architectura & Natura Press, 1994.

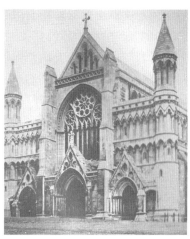

图 3-35　圣奥尔本斯教堂修复前(左)后(右)的形象,斯科特于 1856—1877 年修复

论外部还是内部,也毫无疑问地在教堂使用。它在光线的反射下很美。它给室内罩上了精美的外表,得益于此,我们能看到残留的彩绘。我们为什么要那么热衷于展露涂料下的石材呢?以前的工匠根本没有将它们暴露在外的意图。在中世纪,在教堂的外墙刷上石灰或灰泥是一种普通的技法。今天的哥特建筑师,当他们修复老教堂的时候,常常刮去中世纪的外衣,因此,很不幸,潮气就入侵进了墙体。[①]

斯科特说史蒂文森的攻击与他自己 36 年前说的没什么区别,只是自己没那么极端:"迄今为止,如果剔除掉史蒂文森先生极端和夸张的论述,我可以说这些话语我 36 年前就说过。"

他列举了自己早期的文字,例如 1841 年写给 J. L. 佩蒂特(J. L. Petit)的信、他于 1850—1862 年的出版物、1873 年他被任命为皇家建筑师协会主席的通知和他在 1874 年协会上的年度讲座,他都推荐了拉斯金的理论。在斯科特看来,1865 年的这个手册是很有价值的文档,比史蒂文森的花言巧语要好过千倍。"现在的问题是古代的作品被雇主而非他们雇来的建筑师所隐瞒了。这是一个非常重要的错误,需要立刻得到改正。"[②]

---

① 　J. J. Stevenson,"Architectural Restoration: Its Principles and Practice." *Sessional Papers of the RIBA*, vol. 27, 1877, p. 219-235. 转引自 DENSLAGEN W. Architectural restoration in western european: controversy and continuity [M]. The Netherlands: Architectura & Natura Press, 1994.

② 　G. G. Scott,"A Rely to Mr. Stevenson." *Sessional Papers of the RIBA*, vol. 27, (1877), 250. 转引自 DENSLAGEN W. Architectural restoration in western european: controversy and continuity [M]. The Netherlands: Architectura & Natura Press, 1994.

斯科特不同意文章中对移除灰泥饰面的质疑:他认为一般情况下,老的饰面都是需要保留的,正如《工匠注意》中所说:"按照常规,古代的灰泥饰面不应该被移除,只是在需要的地方做修理。"斯科特接着说:"如果建筑师指示移除灰泥饰面,首先要说明的是要小心地将周围的石灰移掉,如果发现它下部保存有古代的绘画,不要在没通知建筑师、工程秘书或其他有能力鉴别它的人的情况下去碰它们。"①换句话说,如果没有画作在灰泥的后面,这些灰泥就可以移走。斯科特承认《工匠注意》中的疏漏。

斯科特认为史蒂文森是在为"无为主义"做辩护。在实践中,"无为"是不可能的,首先一个没有修复的教堂肯定是破烂不堪的,缺少必要的设施。第二,因为业主需要进行适当地修理:"我多么希望'无为主义'能够运用到老建筑中,哪怕只是在实验中……我承认曾做过尝试,但是立刻被委托方的批评声所围绕。"②

斯科特认为很多教堂已经处于不得不修复的状态,他举例说,在18世纪中期,约翰·伍德(John Wood)将利安达夫(Liandaff)大教堂13世纪哥特式的唱诗班席位改成了帕拉第奥样式。斯科特说,任何人都会同意让修复者去重建13世纪的内部。

"没有人是完美的,"斯科特说,"我们都会犯错,因此SPAB号召大家要更加谨慎是很好的。但是它应该具有更加灵活的角度。"③

斯科特的准则简直是无懈可击的,但是在实践中,他又如此自由地打破它们:"这些条款,容许了许多例外的存在。""在这个问题上,我们都是自己的反对者。"对于斯科特来说,"许多的例外"意味着:晚期哥特式太破败了,不需要修理;翻修过的家具也不要留下,而这是史蒂文森认为要保护的;18世纪的室内,最没有价值。譬如说,在斯塔福德的圣玛丽教堂的中殿的所有家具,包括高的包厢、包厢的外廊、隔墙和三层讲坛——都是18世纪粗鄙的产物,都需要被移走。"我将它们扫荡一空",斯科特说。这不禁让我们想起斯科特在1850年写下的话:"修复者过多地保存他喜欢的东西,改动那些仅仅是不符合他的口味的东西。"S. T. 马德森(S. T. Madsen)为斯科特矛盾的态度这样辩解——这样矛盾的态度在维多利亚时代是很常见的。④

史蒂文森和斯科特的辩论,与怀亚特和高夫、弗里曼与拉斯金的分歧不同,是参与实践的建筑师之间的讨论。史蒂文森代表了19世纪下半叶主流的保护思想,而斯科特

---

① WHITE J F. The Cambridge movement. the ecclesiologists and the gothic revival [M]. Cambridge University Press,1979:160.

② G. G. Scott,"A Rely to Mr. Stevenson." *Sessional Papers of the RIBA*,vol. 27,1877,p. 250. 转引自 DENSLAGEN W. Architectural restoration in western european:controversy and continuity [M]. The Netherlands:Architectura & Natura Press,1994.

③ 同上。

④ MADSEN S T. Restoration and anti-restoration. a study in English restoration philosophy [M]. Oslo:Universitetsforlaget,1976:72.

作为当时的建筑领袖,身份比较特殊,他为重要的业主修建或修复,这意味着他的工作是属于特定的阶层,而这个阶层关注的是建筑物本身的使用价值和象征意义,因此,注重修复而非保存。其次,斯科特的保护观念从他的文章中可以看出是十分务实的,但是,作为建筑师,保护的目标是使建筑可以再次使用,因此必然需要进行一定地修复和改造,而他对 18 世纪宗教艺术的厌恶一方面是因为他没有理性地看待历史的各个阶段,另一方面也与他作为建筑领袖的自身性格、以及从小生长在福音派牧师家庭有关。斯科特的历史观局限了他对保护的作为,但是作为建筑师,他挽救了大量濒危的建筑。

从怀亚特到弗里曼到斯科特,英国的建筑师们的历史观念逐渐在发展,而他们也在实践中逐步艰难地将这种观念试行,建筑师的理性是受到价值判断的影响的,尽管实践常常会突破保护的准则,尽管实践常常会跟不上理论的发展,但是这种理性是客观存在而且发挥了积极地作用的,因此,在回顾了英国保护史上著名的几次论战后,我们可以给出一个结论:首先,建筑师的历史观念制约了他们的实践,落后的观念,或者缺乏保护的观念会使得他们的理性走向歧途(例如怀亚特);第二,建筑遗产的保护是个非常复杂的过程,建筑师的参与只占一部分,在可操作的这些工作中,建筑师的理性可以保护历史建筑(例如斯科特的部分工作);第三,从实践层面上说,弗里曼将历史建筑进行分类,酌情考虑保护策略的建议,是最有效可行的方法,也是实践理性从无数经验教训中得到的总结。

3.4　技术理性:石材保护的故事

对历史建筑的保护和修复中,我们已经看到了从策略到实践中的理性表现,那么在微观层面,在技术本体上,这种理性表现得就更加鲜明。技术包括测绘、实验、结构、材料种种方面,本书无法一一穷尽,在此只举一个例子来证明这种理性的表达:石材的保护历程。这是因为石材是西方建筑中最常使用的建材,也是保护实践中最容易引起争议的话题之一,从德拉姆教堂到威斯敏斯特教堂,石材——这一冰凉的材料身上,承载了太多的争议与成就,它不仅仅是一个技术问题,而是承载着着价值判断与理性光辉的对象。它从蒙昧走向科学,从求同走向存异,从个人的实验走向系统的专利,可以说,石材的保护是历史建筑保护理性思想的最好阐释。

从维特鲁威时代,人们对石材老化的基本过程就有所了解。石材腐蚀的原因既有自然的(风化和冻融的循环),也有人为的(着色、空气污染、外加涂层等)。随着时间的推移,石材锋利的边缘变钝了,之后石材逐渐被侵蚀破坏,最终完全被风雨冲走。劣化的速度主要取决于材料的类型、使用年限和使用环境。人们对于石材老化以及保护的知识是在漫长的实践中逐渐积累和摸索出来的,这种积累正是阐释工具层面的理性最好的例子。

3.4.1 德拉姆教堂的教训

德拉姆教堂建于 1093—1133 年,是诺曼人为了稳固他们在英国的地位建造的城堡。这个城堡建在韦拉(Wera)河畔的一处平台上,形成三面被水环绕的半岛。大教堂有石材建造的夸张的雕花圆柱,还有欧洲最早的扇形肋穹顶,总长 123 米。交叉处是中心塔,西端也有两个塔楼,不过在 17 世纪的破除宗教偶像运动中,塔尖被毁。

在 18 世纪上半叶,德拉姆教堂只是进行了小范围的修理,包括更新唱诗班席位和走廊地面,维修管风琴,粉刷内墙面等,这种类似日常维护的修缮行为一直持续到 1760 年。1777 年,当地建筑师约翰·伍勒(John Wooler)给教堂做了一份修缮计划。在报告中,他指出外观石材的普遍损害。两年后,他提交了第二份报告,阐述了具体的石材保护方法:考虑到外观石材风化很严重,很多单块的石材腐朽脱落了。为了"阻止潮气进入和停留在墙中,这会导致加速的损坏",伍勒建议"剪掉或刮掉石材表面 1~3 英寸"①。替换掉酥烂的石头,用砂浆混合燧石的粉末填进小洞或连接的地方,使得墙体表面平整。

1804 年,怀亚特的学生威廉·阿特金森(William Atkinson)提交了一份报告给主教和教士,分析了早先的修理方法。在他的报告中,他认为旧的石材新打磨出的表面是无法经受风雨侵蚀的。

阿特金森提出用一种叫做帕克水泥(Parker Cement)的材料来修补风化的部位。帕克水泥是 1796 年新发明的一种用泥灰岩烧制的棕色水泥,颜色接近巴斯石灰石,可以用于制作装饰物、倒模和修复。阿特金森认为用这种材料的花费要远低于制作石制的相同构件,而且他认为这种材料的颜色是与苔藓是匹配的,增加了"建筑的崇高性"。1806 年,阿特金森带着一位意大利的泥水匠参与到修理工作中来。伴随着修理的进行,阿特金森的水泥因为其外观与古物外表的不协调,逐渐遭到质疑,1808 年 11 月,教士会(Great Chapter)宣布这个方法是一个错误,给塔楼涂水泥的工作不能继续下去。

1827 年,德拉姆教堂迎来了新的主教。同年,对教堂更大规模的修复展开了。意大利建筑师博诺米(Ignatius Bonomi)从 1827 年起负责这个工程。唱诗班席位南边的立石状况很差,博诺米先是将石头表面削去了三英寸。然而,石材的质量和节点都不是很好,外观也不尽如人意。最后,他决定用怀亚特修九圣坛教堂时用的砂岩来替换破损严重的石头。然而,他的修复工作导致了外观上的"补丁状"和老石头的进一步损坏。

德拉姆教堂的石材修复是在摸索中的技术方法。无论是仅仅打磨风化的石块、还是涂上帕克水泥、或者是用砂岩来进行替换,都被证明是失败的做法。早期人们评论石材修复的得失的时候,只是从外观上进行评判,而这种评论也是伴随着当时的审美偏好。譬如说在如画风格风靡英伦的时候,它所强调的"粗糙的风格和古物的外表"就成为了石材修

---

① 尤嘎·尤基莱托.建筑保护史[M].郭旃,译.北京:中华书局,2011:150.

复成败的唯一评价因素,而用砂岩来替换石材则更加贴近"风格性修复"的要求。可见,在石材修复的开端,人们并没有真正地从石材的物理特性、修复材料的化学特性上进行考虑,而是跟随修复风格的要求进行调整,在修复或者说过度修复成为保护实践主流的指导思想的时候,这些选择也就显得理所当然。在风格性修复成为实践的主流思想的时候,对于石材的修复就有了不同的选择,而斯科特作为建筑师的理性,又发挥了重要的作用,通过对威斯敏斯特教堂石材的修复,我们可以更好地了解他的保护哲学。

3.4.2　威斯敏斯特教堂石材的"固化"实验

前文我们讨论过斯科特在修复威斯敏斯特教堂工作中所做出的尝试,他的技术理性还表现在他对材料的研究。"固化"(induration)也许是斯科特对保护这个大教堂最大的、不可见的贡献,也使得早期很随意的石材修理方式发生了变化。

威斯敏斯特教堂在 1698—1728 年由雷恩进行修复工作,他使用伯福德(Burford)石材对破损的石材进行了大规模的更换。这种石材很快在伦敦的糟糕空气中损坏。在不到 150 年的时间里,这些更换就都损毁了。斯科特的一位助手,描述了这些石材的状况:"石板竖立着,与后面古老的墙体很不稳当地联系着。你可以在新旧材料之间看到 6 或 8 英尺深的裂痕。虽然这些更新是在 18 世纪的前 1/4 世纪建造,在 19 世纪的中期就已经全毁了。"[1]皮尔逊(Pearson)公司的石匠师傅阿瑟·夏普(Arthur Sharp),重申了这种状况:"不仅是面层脱离了下面的支撑,石材本身也变得十分松软,稍微触碰下,一大块线脚就掉下来了……"[2]

1852 年斯科特这样写:"(我)几乎找遍了伦敦所有的石材,基本上都失败了,然而,在更加清洁的环境中,相同的石材能维持地更久。因此,毁坏的原因,正如我以前引用过的一位作家所言,是'腐蚀和冲蚀性的煤的烟尘'。我们需要覆盖一层对抗这种损害的面层,使石材耐久。最简单的方法是用油覆盖,但是几年以后就失效了。"[3]两年以后,斯科特还是对寻找到能够阻止这种损害石材的产品试验十分有兴趣,特别是在伦敦有毒的、湿润的空气中。工业革命给伦敦的空气中带来了烟、盐和其他有害产物,这种毁坏几乎针对所有的石材。在 1854 年 1 月,他又建议使用一种曾在法国使用过的油、蜡和硅的试剂,"它渗透进石材的表面,据说融入了石材的缝隙,让石材更加坚固和耐久。"[4]但是在 1855 年 12

---

[1]　*RIBA Journal*,1939 年 5 月 22 日,707 页。本节史料内容主要参考了 JORDAN W J. Sir George Gilbert Scott R. A., Surveyor to Westminster Abbey 1849—1878 [J]. Architectural History, 1980, 23: 60-90.

[2]　*RIBA Journal*,1939 年 5 月 22 日,707 页。

[3]　斯科特给文森特(G. G. Vincent)的信,1852 年 12 月 11 日,威斯敏斯特教堂文件 57797a。

[4]　这份由斯科特撰写的文件名为"On the course to be pursued in the preparation of the Monuments",1854 年 1 月 21 日,公共档案馆(Public Record Office),Works 20-75。

月,他提出自己的解决方案,在信中,他详细描述了"固化"的功能:

……过程是这样的:珀贝克大理石(Purbeck Marble)已经从表面被侵蚀了 1/4 到 1/2 英寸,它呈鳞片状,松散脆弱,几乎不能触碰。我希望将破碎的颗粒胶粘在一起,既可以防止掉落,也可以防止潮气的入侵。我,用一个比较温和的解决方式,就是融入酒精(即乙醇,后来甲基化酒精被作为廉价的替代品使用)的白虫胶(虫胶清漆),我像园丁一样给石材注射,在注射器在尾部打上许多小孔,很小的孔,保证水流的强度无法冲掉松散的石头。这个温和的办法使得石头表面从外到内浸透了溶液,干了后的树脂在一天内六次沉积在上面。这些空隙就基本上被填满了。最后一次注射的溶剂比之前的要更黏一些——渗透的必要性要少些了。我发现这个过程保护了松散的部位,加强了风化的石头,因此我毫不怀疑它可以抵抗衰败。那些已经散落的部分,这个方法是无法保护它们的,只有用更强力的胶粘住,用铅笔来涂这些虫胶。①

斯科特通过一年的仔细试验对这个胶的效果十分满意,他迫不及待地要将其运用到皇家古迹上。斯科特激动地写道:"以前的石材吸收的都是冬天的潮气……它的成功将会加快我们修复的脚步,它已经被考虑得太久了……没有时间可以浪费,因为表面的衰败每天都在发生着。"②

1856 年 8 月 27 日,所有圣殿的皇家墓都通过这种办法被加固了。斯科特认为所有教堂石材都有固化的需要,这不但可以排除掉未来可能出现的劣化,也可以保存一些石头不被替换。在 1850 年,他急切地谈到:"石材大量的风化表面和快速的灭亡,需要用果断和持续的措施来阻止这种无止境的衰坏。"③在 1854 年,他引用这 12 个月以来令人担忧的证据:"经历了一个冬天,石材衰坏的碎片在回廊的铺地上已经随处可见了,甚至教堂主体上也时有发现。这不是一件小事。"④甚至布洛尔教堂(Blore)的围栏也在危险中:"围绕着这个教堂围栏,如果不采取保护措施,在几年内也必定会衰坏。"⑤

斯科特提出的"固化"方案提供了一个相对长久的保护方式。这个方法在 1857 年在"忏悔者爱德华"的石屏风上开始使用。当时这个屏风的石材损毁严重,"微风都会把石材的表面吹走"。⑥斯科特同时敦促主教和牧师会在室内更广泛地运用批准运用这种方法:"几乎所有古代作品的表面都像是墙上的灰浮在表层。"⑦在 1858 年,这个方法应用在牧师会教堂的回廊入口。

---

① 斯科特给约翰·索恩博罗(John Thornborrow)的信,1855 年 11 月 10 日,公共档案馆,Works 20-75。
② 斯科特给约翰·索恩博罗(John Thornborrow)的信,1855 年 11 月 2 日,公共档案馆,Works 20-75。
③ 测绘报告,1850 年 2 月 6 日,威斯敏斯特教堂档案 66449。
④ 测绘报告,1854 年 2 月 22 日,威斯敏斯特教堂档案 Recent Chapter Office(下称 RCO)文件 4。
⑤ 测绘报告,1853 年 2 月 2 日,威斯敏斯特教堂档案 RCO 4。
⑥ Anon. Annals of the Masonry carried out by Henry Poole 1856-77 [J]. RIBA Journal, 1890 (Jan.-Apr): 113.
⑦ 测绘报告,1858 年 2 月 27 日,威斯敏斯特教堂档案 RCO 4。

在比较了同时期的各种修复方法之后,斯科特的虫胶被认为效果是相对满意的。在斯科特整个的任期内,他在教堂的室内和回廊上谨慎而节制地使用这个方法。在1876 年,斯科特向主教保证:"我担心因为固化过程不是绝对的完美,就会产生它毫无用处的印象。事实正好相反。它已经保护了教堂。它改变了表面快速的腐蚀,人们甚至可以用手指在坚硬的墙上划下自己的名字。"①

这里有两个最主要的隐忧,斯科特其实是心知肚明的:一是这个过程改变了石头表面珍珠灰的色调,因此,改变了教堂内部的氛围或者说是气质。他说:"最重要的问题是能否在阻止石材风化的同时而不改变石材作品的颜色和色调。"②但是他还是妥协了,因为没有固化作用,细节将会消失——于是他接受了石材颜色上的损失。《建造者》杂志在 1878 年哀悼说:"……他处理方式的后果随处可见……形式是被保护了,但是虫胶将建筑的颜色加深,彻底改变了。不幸的是,这种方法也被用在大理石上,这是不需要保护的,这样做的结果就像给大理石罩上了棕色的清漆。"③此时批评者的声音依然是针对被改变的外观。

亨利·普尔在 1890 年为这个技术辩护说:"教堂的整个区域都不再损失一小块东西了,而以前,每天都会有碎片剥落下来。"④然而,固化的必要性,和它对于石材的效果依然值得怀疑,因为后人从小石片上剥下虫胶后,展现出干净、坚固的石材。1950 年承担清洗工作的技术人员这样记录到:"今天,令人惊奇的发现是,当石材用普通的水清洗后,它展现了原初的、几乎是雪白的颜色。如果它的表面不够坚固,它就不能被清洗。"⑤这说明石材的情况并不是如斯科特所言,"像墙上浮着的灰尘"一样摇摇欲坠。

第二个问题,是它运用在回廊上的效果不令人满意。斯科特也在晚年表达了对固化运用"在建筑室内外交接部位"⑥的忧虑。主要原因是潮气:斯科特的室内固化由于1867 年开始采用集中加热设备而获益,设备将室内水蒸气凝结产生的危害阻止了。而且因为玻璃窗以前是朝外开放的,减少了通风,污染的空气也被排除在外。而外廊是无遮无拦的,在 1850 年也没有花格窗和玻璃。在 1851 年,《建造者》杂志这样形容外廊的石头:"它粗糙的表面就像海绵一样,不断吸收潮气,每个小时都在加速分解。"⑦在固化

---

① 斯科特给斯坦利主教(Dean Stanley)的信,1876 年 7 月 6 日,威斯敏斯特教堂档案 RCO 5。

② 斯科特给格拉德斯通(W. E. Gladstone)的信,1854 年 5 月 1 日,威斯敏斯特教堂档案 177。

③ *Builder* (1878), p. 931.

④ Anon. Annals of the Masonry carried out by Henry Poole 1856-77 [J]. RIBA Journal, 1890 (Jan.-Apr): 113.

⑤ JORDAN W J. Sir George Gilbert Scott R. A. , Surveyor to Westminster Abbey 1849-1878 [J]. Architectural History, 1980, 23: 60-90.

⑥ SCOTT G G. Personal and professional recollections [M]. London: Sampson Low, Marston, Searle, and Rivington, 1879: 153.

⑦ *Builder* (1851), 11.

以后,1878 年的相同季节,报告如下:"几年前东走道的部分墙面被处理了,结果看起来石头以片状而不是粉状掉落。难看的棕色表面现在布满了白色的斑点。"①这个方法在伦敦的天气考验中首次失败了,也导致了对整个工作的批评。

通过威斯敏斯特教堂石材的保护过程,我们一方面可以更加深刻地理解斯科特的修复哲学,另一方面也看到科学技术所发挥的重要作用。作为风格性修复的大师,斯科特对于风格样式的关注超过了对如画风格的关注,因此,他会选择牺牲石材的古色来保护好石材所塑造的装饰形态。另一方面,建筑师已经开始关注其他学科的成果,并进行多次的实验,这恰恰是技术理性的最好表现。19 世纪是科学技术飞速发展的时代,斯科特这样的修复者,关注到石材风化的客观原因,采用不同技术人员、化工学家提供的方法,并从外观和谐与耐候性多方面进行考察,最后采用"固化"作为修复方法,尽管后来的科学实验再次发现斯科特的方法依然不尽如人意,但是这毕竟在历史建筑保护的历程中迈了非常重要的理性一步。从此以后,对石材的保护就成了一项非常专业的科学。

3.4.3 从秘方到现代科学

在 19 世纪的晚期,建筑师和技术人员对石材的研究热情达到高峰。从 1855 年起,英国基本上每年都会公布若干项关于石材保护的专利技术(图 3-36),其中 1863 年一年就公布了 6 项成果,这与当时方兴未艾的教堂保护运动是密不可分的。在当时,英国人认为石材的破坏元凶有两个:水和工业时代糟糕的天气。在《建造者》1861 年的杂志上,就记载了这样的论断:"对建筑物而言,破坏的罪魁祸首是水,这些水被石头吸收,并且在石材中凝结。因此,这种问题的解决方式应该是将石材的毛细孔永久地封闭。"②因此人们所设计的各种保护措施都是为了"防水"和"防酸"。

在 1861 年提交的《有关威斯敏斯特新宫上石材老化会议的报告》(*Report on the Committee on the Decay of the Stone of the New Palace at Wesminster*)中,记录了专门委员会的报告以及各个专家有关阻止石材老化问题的发言。但是,这些方法都没有获得通过,委员会决定要等待更成熟的保护方案出现,再在威斯敏斯特教堂上使用。1926 年,J. E. 马什(J. E. Marsh)在《石材的老化和预防》("Stone Decay and Its Prevention")一文中这样感慨:"1861 年,被任命防止威斯敏斯特教堂的石材腐蚀的委员会决定等一种新的处理手法出现,却没料到会等那么久。我们等了 60 年也没有离解

---

① *Builder* (1878),931.

② 第 19 卷,941 期,103-105 页,标题为"石材维护的过程,英国皇家建筑师协会"("stone-preserving processes, royal institute of british architects")。本节主要引文转引自 LEWIN S Z. The preservation of natural stone, 1839-1965:an annotated bibliography [M]. International Institute for Conservation of Historic and Artistic Works,1966.

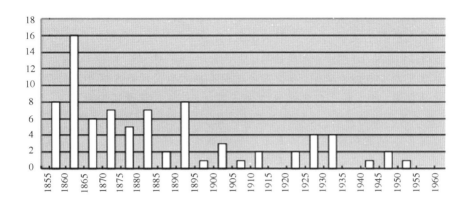

图 3-36 1855—1964 年英国石材保护专利申请数量

决问题的目标更近一点。"①

在 20 世纪之前,石材保护被认为是专门的工艺,建筑师们都说自己的秘方是经过长期探索之后的灵丹妙药,但是最后往往都被证明并没有什么不一样的效果。譬如有人认为石材表面的青苔可以做天然的防腐剂,在风力侵蚀的时候可以当作缓冲区域,但是实际上,这些表面的植被会加速石材的腐蚀。

还有人提出的秘方是蜡浸渍:将甲苯和蜡混合成大概到凡士林的浓度,在石头表面薄薄地涂一层,然后采用局部加热来融化蜡使之进入石头里。这个工艺是最古老的表面防水方法之一。据希腊艺术家介绍,这种方法一开始很少用于保护,只是用在例如庞贝古城的建造中,对石材表面进行抛光后便于抹上石膏。这种方法后来被用在美国纽约的方尖碑的保护上。蜡浸渍方法对于某些对象非常有效,例如壁画和彩画,它用来保护呈现腐蚀迹象的精致石雕也是很有用的。但对于建筑中一般的用途,尤其是建筑外部的处理,它有着致命的硬伤。它的反应过程很缓慢,并且需要非常熟练的操作,因此非常昂贵;更不幸的是,蜡在炎热的天气中会软化,因此灰尘附着于其上,经此处理的表面就变得很难看了。还有,因为它不可能大规模地使用,石头在处理前可能还未完全干燥,就硬是被包裹上一层不透气的外皮。这导致在炎热气候里,石材里面的湿气会产生足够大的压力把它绷破,从而造成破坏与剥落。

还有各种秘方,包括明矾加沥青、氧化钡涂层等等,但是都证明是无效的,而且弊大于利,如果过多地在石头上使用,会非常危险。②

至此可以看到,19 世纪晚期人们发明的种种保护方法和试剂效果都不是很理想,

---

① MARSH J E. Preservation of stone: US, 1 607 762 [P]. 1926-11-23.

② HEATON N. The preservation of stone [J]. J. Roy. Soc. Arts, 1921, 70: 124-39.

"防水"和"防酸"都会造成新的损害。这些专利的申请在 20 世纪初开始逐渐减少了。

而随着人造石的发明,人们逐渐认识到,石材本身的质地是影响其风化很重要的一项原因。在 1910 年的《遗产》杂志上,V. 马尼卡斯(V. Manikowsky)这样说:

遭到衰变的古迹检测表明,石灰石缺失或有轻微衰变的地方有丰富的二氧化硅,而严重风化的区域,则只有二氧化硅的痕迹。因此,石头在化学成分的构成上是有缺陷的,特别是二氧化硅的缺失,衰变的原因往往是大气中化学成分的影响。

据地质学家狄爱森所说,伦敦威斯敏斯特教堂石材的衰变,是由于其中镁的含量,它会与空气中的硫和氨进行反应,生成破坏石材的盐。

过去,每种在保护方面尝试都失败了,获得耐久结构的唯一有效的方法就是,一开始就选择一块质地好的石头。

……大多数石头,花岗岩、砂岩,它们内部带有或多或少的有害颗粒,其中最严重的是在内部和表面上产生的盐,这是由于大气、酸、潮湿和在土壤中的含氮物质的影响。

中世纪的工匠都知道,即使最致密的石材,里面也有水分,将石头浸在油中,然后用最艰难的措施,以确保其干燥。也许是因为这个原因,科隆大教堂的石头才持续了七个世纪。[①]

并且人们也发现所有试图堵住石材表面毛孔的试剂都是无效的。1925 年的《化学工业学会》期刊上这样写道:"任何关闭石材毛孔的东西都是危险的并且容易造成剥落……这是我们现代建筑中最具破坏性的硫酸钙结晶物……因此我建议对于我们公共建筑方面政策的彻底改变,即我们应该帮助雨水快速蒸发,在夏日里清洗它们,然后等它们干燥之后再清洗两到三次。"[②]清洗成为了人们新的共识。

纵观石材保护的百年发展,我们可以看到以下几个特点:首先,对于石材保护的研究逐渐走向了专业化,早期的石材保护是建筑师、工匠们各自"秘方"的竞技,而在 20 世纪以后的讨论,集中发表在化工、岩土、考古等学刊上,已经变得非常系统和专业化;其次,随着运用的增多以及后续效果的长期观测,人们对石材保护变得更加科学,譬如说从"防堵"观念转变为了经常性的"维护",清洁的问题在 20 世纪以后开始逐渐得到重视;第三,越来越多的新兴学科参与进来,包括电子、博物馆等学科也开始发表关于石材修复的成果。这些变化说明就历史建筑保护思想中的技术理性得到了确立。

3.5 程序理性:走向制度化的保护思想

建筑遗产保护的理性还表现在个人英雄主义浓厚的呼吁和奋斗最终变成了团体的

---

① MANIKOWSKY V. The weathering of our large monuments [J]. Die Denkmalpflege, 1910,12(7):51-4.
② LAURIE A P. Stone decay and the preservation of buildings [J]. J. Soc. Chem. Ind.,1925,44:86T-92T.

共识、政府的准则以及法规上的完善。这在很多国家都经历了类似的历程,本书主要关注的英、法两国在走向制度化的进程有相似之处也有不同,两者进程中的理性成分以及两者差异的原因和反思将在本节中详细解释。

3.5.1　保护与修复机制的影响

英国建筑师斯特里特在 1858—1859 年的文章中提到英法两个国家的修复哲学最本质的不同:"在那里(法国),人们对他们周围的尊贵建筑完全不在意,而在这里(英国),人们对历史纪念物的爱是强烈的,也许是因为他们自己总是参与到修复与修理的活动中(指牧师参与修复)。"[①]这句话虽然并不确切,但是却指出了英法两个国家在保护、修复实践中所表现出的不同,背后有着深刻的原因。

首先当然是观念上的,正如前文提到的"修复"在法国和英国有着不一样的认识过程。作为"风格性修复"的代表,法国从官方负责人到修复的建筑师都认为"修复就是保护现存的,同时重建可以确认存在过的"。[②] 甚至可以走得更远些。而同时期的英国却把"修复"视作了一个贬义词。观念上的差别,一方面来源于法国的理性主义传统,而在英国如画风格却很流行,另一方面也来源于两个国家行政体系和建筑师培养方式的不同。

两个国家不一样的行政体系——法国的集权化和英国的分权化——是两个国家不同发展的根本原因。

相对于更加个体化的体系,理论的准则比较容易在国家控制的体系中得到贯彻。法国建筑传统上就有一种被欧洲各国公认的权威性,而其修复原则因为有逻辑和清晰的理性而征服了欧洲的大部分国家。19 世纪三四十年代的英格兰人们并没有反对这些准则,并且采用了更野蛮的做法。英国的石匠很少有法国的石匠那么仔细,但是英国体系的弹性给了批评、反对和停止工程留下了可能性。它赋予建筑师比较少的权利,而牧师享有更多的发言权。在 19 世纪的上半叶,修复和反修复是并行其道,但是 1850 年以后,法国的修复哲学无疑陷入了危险,因为建筑师和中央行政机构并没有给批评者留下多少发言的机会。而在英国,恰恰是神职人员、建筑师和哲学家、倡导手工艺的艺术家的批评影响了保护的发展。英国的牧师(Clergy)是有首要和最终话语权的人。

另一个原因是建筑师的培养体制。伯内尔(Burnell)在讨论英法建筑不同的时候说:"舆论,在海峡的这边,是聚焦的,就是说从四面八方汇聚到一个核心表达,然而,在海峡那边,所有的公关活动是有个核心的——然后向四周发散影响。"[③]维奥莱特-勒-杜

---

① George Edmund Street, *Architecture notes in France*, Unpublished Notes and Reprinted Paper (N. Y. 1916), p. 191.

② Prosper Mérimée, *Rapport sur la restauration de Nôtre Dame de Paris*, 1845.

③ BURNELL G R. On the present tendencies of architecture and architectural education in France [G]//Royal Institute of British Achitects. Sessional Papers,1864-65. 1865: 127-37.

克对这个问题这样说："在建筑领域，集中就导致野蛮。"①这同样适用于修复问题，两国建筑师的培养也有这样的问题。

法国建筑师的培养是集中的、处于国家控制之下的，从 1670 年科尔贝（Colbert）成立皇家建筑学院开始，直到 1816 年变为巴黎美术学院。相比别的国家，雕塑和绘画更加多地渗透到建筑的教学领域。而且法国传统上就有工程师和建筑师的区分。19 世纪工程和技术的发展更加增加了巴黎美院的建筑师和桥梁道路的工程师之间的差异。建筑师更多地关注于风格和历史方面的训练。"建筑师不会被雇佣去设计一栋纯科学用途的房子。"因此，法国的建筑学教育等于是在统一地灌输给建筑师们一种理念：即对建筑形式美的认识是建筑师区别于工程师的重要一点。而这一点直接影响了对于"风格"的强调，也使得"风格性修复"成为了法国最主流的实践方式。

而英国的情况大不相同，学徒体制是英国历史悠久的建筑师培训方式。15 世纪以后，学徒培养成为了一种社会行为。培养时间一般为 7 年，年青人进入到建筑师事务所内，跟随建筑师学习。尽管 1831 年，政府管辖的皇家建筑师学会成立了，但是它从来没有担负过培训建筑师、或是制定保护政策的责任。学徒制的优点是可以将建筑师个人的见解贯彻到单个建筑的修复，这种分散式的教学没有形成一种国家层面上的统一模式，这就避免了"过度修复"有可能造成的大规模破坏。而像韦伯那样的建筑师就有可能将自己的保护实践经验传授给学生。

集中式和建筑师式培训方式不同解释了这两个国家的修复情况为何如此不同。在法国，政府集中体制起到了重要的，而且它是鼓励和支持风格性修复准则的。因为系统是非弹性的，所以一旦一个决定被做出，更改的可能性很小。一位法兰西学院的成员说："一旦总监做出了重建的决定，事情就很困难了，几乎无法阻止。"②在英国，是一种更加非中心和个人的态度在起作用，而这是对保护运动是非常有利的。这是英国更早地接受了保护思想的深层次原因。

3.5.2　SPAB 协会的成立与英国保护体系的形成

1877 年的 3 月初，威廉·莫里斯（图 3-37）看到《时代》（*The Times*）杂志上刊登的关于斯科特修复图斯伯里大教堂的告示。3 月 5 日，他就愤怒地写了一封信给《雅典殿堂》杂志，设想要成立一个"联盟……去严密监控古代纪念物，去反对所有的'修复'。不仅要防止风吹雨淋的破坏，还包括文字上的和其他任何形式上的破坏。来唤醒一种意识：我们古代的建筑不仅仅是教会学家的玩具，而是民族国家发展和希望的神圣纪念物。"

---

① VIOLLET-LE-DUC E-E. Dictionaire raisonné de l'architecture française, vol. VIII [Z]. 1866：29.

② LEROY-BEAULIEU A，La restauration de nos monuments historiques [J]. L'Ami des monuments，1891，V：192-202，255-273.

图 3-37　威廉·莫里斯

3 月 22 日，这个联盟在莫里斯的公司举行了第一次会议。会上，"SPAB"的名称被通过了，"反刮擦"（anti-scrape）是莫里斯宠物的名字。莫里斯记录了会议议程，参会的主要人员还有公司的经理韦伯（Philip Webb）和沃德尔（Wardle），他们是这个协会后 20 年的核心成员。每年的会费定为 10 先令 6 便士，一周后又开了一次会，到 9 月份开始就两周举行一次。

在一开始这个协会就有商业运作的味道，莫里斯之前参加过一些左翼的政治团体，例如东方问题联盟，在此他学习了一些运作协会的基本技巧。SPAB 与东方问题联盟不同，它是由艺术家和设计师组成的，完全没有政治和立法上的诉求。他们在 1877 年的第一次会议上发表声明来表达自己的愿望，与其他协会不同，"宣言"（manifesto）是属于艺术家的，是自诩为先锋派们的惯用名词。莫里斯说："我们需要让这个计划更明了，来防止那些冒牌者，但是这很困难，因为每个人都宣称他想保护古代建筑……我希望我们能做些事情，哪怕仅仅让建筑师们对我的话更在意一些，但是如果按我的方式来进行计划，他们一定会暴跳如雷的。"①

在《雅典殿堂》杂志上发表的宣言让莫里斯声名鹊起，但是莫里斯得到赞美的同时也遭到很多非议，很多支持者担心这个协会的政策过于好斗，掩饰了它的优点。《教会学建筑师》杂志从一开始就是坚定的支持者，《建造消息》（Building News）更加谨慎，《建造者》则是持怀疑态度的。众多的建筑团体关注着这个协会，有些宣称他们已经推动保守性修复很久了，反对的声音也紧随而至。总之，协会的第一次亮相是很轰动的。

这个协会在 19 世纪 80 年代中期变为一个正规的机构。这个协会的成功归功于莫里斯的领导才能和创造力，也归功于他的经济支持。同时，莫里斯的合作者韦伯和伯曼（Burman）将保护的概念在具体的建筑技术中落实，并传授给下一代，他们的合作使得 SPAB 在理论和实践上都取得了成果。

在 SPAB 成立的前后，英国国内关于历史建筑的保护之声逐渐高涨。1872 英国基督教会建筑师和检测师联盟（Ecclesiastical Architects and Surveyors Association）成立。1874 年，旧伦敦遗迹摄影协会（Society for Photographing Relics of Old London）

---

①　DONOVAN A E. William Morris and the Society for the Protection of Ancient Buildings ［M］. London：Routledge，2007：24.

开始工作，记录老建筑的损坏状况。1873 约翰·卢伯克爵士提出的《英国古迹纪念物第一法案》(*First British Ancient Monuments Bill*)未通过，但是在他的反复推动下，该法案在 1882 年通过，这就是《英国古代纪念物第一法案》(*First British Ancient Monuments Act*)。68 个纪念物名列其中。法案宣布纪念物是公共财产，但对现有所有人没有强制要求。1895 年国家信托成立，一些具有历史价值和自然美的建筑场所被国家收购，来进行保护。同时，国家信托开始具有了半官方半民间的色彩，它可以在政策层面上给政府提出建议，也在社会实践中更加富有弹性，它以社区为中心，借由社区参与，加强民众对历史建筑的认同感。

地方政府也感受到保护历史建筑的迫切需要，1893 年，伦敦郡议会(London County Council, LCC)将濒临衰败的约克水门(York Water Gate)称作需要关注的对象，第二年伦敦纪念物调查委员会(Committee for the Survey of the Memorials of Greater London)成立。这是官方的第一个保护机构。1908 年，英格兰/威尔士/苏格兰皇家历史古迹协会(Royal Commissions on Historical Monuments)得到任命，这是第一个国家层面上的保护机构，负责确定重点在册古迹，并且提供咨询服务。

1913 年的《古代纪念物修改法案》(*Ancient Monuments Consolidation and Amendment Act*)提出给予历史古迹委员会和艺术委员会(Ancient Monuments Board and the Commissioners of Works)编辑历史古迹名目的责任。该法案在 1931、1953、1972 年又多次修改。

英国的保护体系的特征就是个体而灵活，它主要依靠各个团体的意见和执行，并且不断总结和修订自己的法案。这些法案又以议会法和授权法的形式影响着保护的各个层面。正是由于英国保护体系的渗透性与灵活性，英国的遗产保护能够快速地扩展到各个领域，并被民众所理解和认同，这是与法国的遗产保护历程非常不同的一点。但是英国的体系也有问题，它过度依赖个体的呼吁，而政府却重视不足。这就遗留了一些隐患：如果一段时间内没有有影响力的政府官员来推动保护法案的通过，那么保护事业可能就会停滞。这在 20 世纪末的英国保护事业中已有体现。[①]

3.5.3 法国遗产保护的民族国家化

与英国不同，教会的权威在法国下降了。1830 年，法国宪法废止了天主教作为国教的地位，不仅法律地位降低，新教教徒基佐在七月王朝时期担任内政部长一职，他推荐维奥莱特-勒-杜克和梅里美这样对天主教毫不感兴趣的人成为法国教会中世纪建筑的监护人。法国的保护追求没有太多的宗教信仰在里面，而是为了维护法兰西民族世

---

① 可以参见彼得·拉克汉姆. 英国的遗产保护与建筑环境[J]. 城市与区域规划研究，2008(3)：160-185.

俗历史和维系民族的身份认同。"遗产"概念更早地出现,并且在政府层面得到认定。

1. 个人发起的保护运动

在法国大革命期间,破坏跟保护历史纪念物的欲望是并存的。在大革命期间,很多知识分子奋起呼吁保护法国的历史建筑,包括葛里高利神父和法兰西文物建筑博物馆的创办人亚历山大·雷诺阿(Alexandre Lenoir)、浪漫主义运动的领袖雨果,等等。德·伯泽兰(Ernest Grille De Beuzelin)[①]总结了在革命期间和七月王朝早期那些缔造了保护运动的重要发起人:

诗人、文人、学者们带给人们保护的热情。热维尔(M. M. Gerville),勒普雷沃(Leprévost),德维尔(Deville),德·科蒙(De Caumont)等领导的诺曼底文物保护协会,是法国第一个组织起法国中世纪艺术史的组织;为了相同的目的,巴龙·泰勒(Baron Taylor)组织起一些艺术家,查理斯·诺迪埃(Charles Nodier)为他撰写了文章;雨果先生引导了年轻人关注中世纪,蒙塔朗贝尔把这一热情带到了教会,德·科蒙在法国各地的科学协会内部,激起了人们对于中世纪艺术的热情。[②]

2. 保护的小团体形成

弗朗索瓦·贝尔切(Francoise Berce)在谈到在复辟阶段法国诸省考古学会的分布时指出,诺曼底因其靠近巴黎,历史上跟英格兰有关,经济繁荣,并且存在着跟商业小资产阶级合作的强势乡绅,所以就成了当时考古学会最为活跃的地区。[③] 在诸多始建于复辟时期的诺曼底组织中,就包括了由德·科蒙在 1823 年组织的诺曼底文物协会和诺曼底林奈协会(主要研究自然遗产)。1832 年,科蒙创建了不同的省级协会之间的联盟,这个联盟在 1834 年成为法国考古协会,协会最初的名字叫"法国历史纪念物保护与拆毁协会",出版了《纪念物简报》,举办过考古年会,专门研究法国某地区的历史遗存。这样,考古活动从其初期的分散化运动,逐渐具有一种国家特征。

3. 具有国家背景的保护机构

1789 年 11 月 2 日,法国教会的教产全部被收归国有,这些宗教纪念物变成全民的共同财产。1790 年,国民议会决定成立历史委员会(La Commission Des Historique),同时发布律令,让有关部门"尽可能地评估并保护国家财产下的纪念物、教堂、宗教建筑"。1794 年,历史委员会与艺术委员会合并,成立新的艺术委员会,这个委员会负责法国艺术遗产的普查。艺术委员会在 1795 年给政府提出一项建议,建议成立"一个负

---

① 1844 年文物建筑委员会的书记。

② MURPHY K D. Memory and modernit,Viollet-Le-Duc at Vezelay [M]. Pennsylvania State University Press,1999:41.

③ 同上。

责巡视法国各地区的保护工作的机构"。这项建议最后在七月王朝期间成为现实。

19世纪30年代,法国有这样一些组织来负责古建筑的保护。1804年,法国文物协会(Société des Antiquaires de France)在巴黎由省长雅克·康布里(Jacques Cambry)创立,协会的目标是研究高卢文明和法国的历史古迹。基佐于1830年创建的艺术委员会更名为历史保护工程委员会(Comite Des Travaux Historiques)。天主教堂则由宗教部下属的宗教事务管理总局管辖,并且成立了宗教建筑委员会,设立教区建筑师(Diocesan Architects)一职来负责教堂的修复。

公共教育部署下的"文学、哲学、科学、艺术未公布的纪念物委员会"(comite desmonuments inédits de la littérature, de la philosophie, des sciences et des arts)负责这些纪念物的登录。这个委员会里任职的都是一些浪漫派的作家、考古界的泰斗,以及一些后来在古迹委员会里很有影响力的人:雨果、维克特·康桑(Victor Counsin)、圣伯夫(Charles-Augustine Sainte-Beuve)、维泰、梅里美、勒诺尔芒(Charles Lenormant)、迪南(Adolphe Napoleon Didron)。这个委员会后来又衍生出"艺术与纪念物组"和"历史纪念物组"。

1837年9月29日,在民用建筑理事会主席让·瓦图(Jean Vatout)的建议下,法国建立了古迹委员会(Commission Des Monuments Historiques)。这个委员会共有7名成员,包括了法国古迹总监和两名建筑师。这个委员会开始普查法国的文物建筑。"1840年,第一份保护建筑的清单出台,包括了1076幢建筑,而政府也提供了财政上的支持。1838年的财政预算为20万法郎、1840年为40万法郎、1842年为60万法郎,这些费用都被用来进行文物建筑的修缮。"[1]这一切说明,在大革命时期还是个人英雄主义的保护运动,在七月王朝期间已经发展成为了丰满的政府计划。

4. 集权化的管理体制成型

1830年,在基佐的推荐下,维泰(Ludvoic Vitet,1802—1873)担任了第一任法国古迹总监。基佐认为,设立法国古迹总监一职是一种"指挥中心化"的"现代"管理方式,可以监督规范整个法国的保护活动。

在基佐给路易·菲利普的报告中,他这样描述总监的责任:

(他)必须要经常寻访法国各部,保证自己考察到有历史和艺术价值的纪念物,收集所有相关的信息,能够揭示每一栋老建筑的由来、沿革或是毁坏情况;从记录、档案、博物馆、图书馆或是私人搜藏中,找到对建筑沿革的证明;与当地从事相关历史研究的权威和个人进行交流,告知重要建筑的所有人及房客建筑的重要性,和他们所应付出的努力。最终,总监在指导工作的同时,要监督各地政府对于保护的落实,确保重要的文物

---

① 邵甬.法国建筑、城市、景观遗产保护与价值重现[M].上海:同济大学出版社,2010:24.

将来不会再因为人们的无知或是怠慢受到毁坏,有能力的人要尽力保护纪念物,这样,当局和个人的良好愿望和辛苦不会白白地付出。[①]

1831 年,维泰开始他的考察之旅,并且提交了一份很重要的报告,在报告中他不仅对历史建筑感兴趣,还欣赏传统、古老的当地习俗。同时,这份报告开创了以系统的方法来研究历史的潮流,同时对中世纪的工匠给予关注。

梅里美在 1834 年被任命为第二任总监,在梅里美当政期间,历史纪念物的管理更加集中化。在七月王朝期间,历史建筑的管辖部门包括了司法部、文化部、公共事务部、内政部、农业部、商业部、公共设施部、财政部。在一个日益集权的时代,对于建筑管辖的权力的分散显得效率低下。梅里美希望削弱教会和文化部的影响。早在 1834 年 7 月,梅里美就向内政部部长建议,由天主教教会发起的修复项目,以及造价在 3 千法郎以上的修复项目,都应该报到市政建筑处去审批。1838 年,梅里美说,负责建造的内政部应该承担起对大教堂修复的工作,因为内政部比文化部更加中立。梅里美宣称,内政部能够抵抗得住大主教们的压力,而"主教们总是强调自己使用的方便,而不考虑建筑的美和优雅"。

1848 年 3 月 7 日,法国文化部内部成立了一个职能与古迹委员会近似的部门:宗教艺术与建筑委员会。该委员会里建筑组的五位成员为:居维叶(Cuvier)、拉布鲁斯特(Labrouste)、沃杜瓦耶(Vaudoyer)、梅里美、维奥莱特-勒-杜克。

在宗教艺术与建筑委员会成立之后的一个月内,梅里美颁布了对于宗教建筑特别是中世纪大教堂的保护、维护、修复的一整套政策,这样,梅里美基本上控制了法国的宗教建筑,尤其是中世纪大教堂的维护问题。

宗教艺术和建筑的委员会的建立是一系列始于 1830 年从首位文物总监的设立到七年后古迹委员会设立的集中化过程的颠峰。在涉及到宗教历史建筑的问题上,世俗势力终于战胜了教会势力,而梅里美也能以更集中的和有效的方式来管理这些宗教遗产。正如米歇尔·丹尼尔(Michel Denieul)所言,"他建立了纪念性遗产的整体政策,这对整个欧洲来说都是一个创新。"[②]

3.6　不同层面理性的趋同

工具层面的理性在遗产保护运动中既是保护思想成熟的障碍,又是保护思想成熟的动力。所谓障碍,是因为忙于应对保护工程中各种问题、质询、要求的建筑师们往往

①　MURPHY K D. Memory and modernit,Viollet-Le-Duc at Vezelay [M]. Pennsylvania State University Press,1999:46.

②　邵甬.法国建筑、城市、景观遗产保护与价值重现[M].上海:同济大学出版社,2003:23.

成为了损害历史建筑价值的帮凶。因此,从怀亚特到斯科特,甚至维奥莱特-勒-杜克,都成了被批判的对象。但是如果不考虑工具层面的各种理性,价值理性的呼唤只是象牙塔中的独白。这些动人的话语在实践中屡屡碰壁,因为建筑遗产有其特殊性,它不是博物馆中的陈列品,而是城市结构的有机组成,是民族国家想象的物质载体,也是人们鲜活的生活场景,因此,建筑师们必须将它恢复效能,而在这个过程中,价值理性的追求远不如需要解决的实际问题来得棘手。在与历史学家的论战中,19、20 世纪,参与保护/修复实践的建筑师们从毫无保护意识到已经深刻认识到修复所带来的问题,他们的实践越来越成熟、理性、符合现代的保护观念。同时,工具层面的理性也推动了价值理性的成熟。价值理性如果不在实践中被使用,它的局限性也是很难被察觉的。正如拉斯金的话语固然雄壮激昂,但是按照他的建议,今天的城市恐怕只能是遍布废墟了。技术、程序、实践三个方面的经验与教训是保护思想逐步实现理性的重要因素。

建筑师们的实践当然受到了来自价值理性的影响,如果要找出一个实践的例子来说明建筑师们如何吸取保护思想中的观点,并在自己的实践中将其落实,莫里斯的伙伴、SPAB 的创始人之一菲利普·韦伯就是最恰当的。有人说现代的保护要想成功,必须要同时具有诗意和细致工作的能力:莫里斯的文字和话语提供了诗意,灵感和夺目的光芒,而韦伯通过耐心的研究、勤奋地绘图和制作、沟通工匠与业主的能力和建筑师把控全局的预见性来确保保护工程的实践。他们两人是建筑保护界无与伦比的合作者。韦伯在 SPAB 中,提供了整修和保护历史建筑的专业意见,他对于修复方法论的实践确立了反修复运动的可靠性和现实意义。因此,研究韦伯的实践工程就可以理解 SPAB "保护性修缮"和"通过日常维护保养以延缓建筑物恶化"的指导方针是如何出台的,以及其中所包含的理性。

传记作家莱莎比(Lethaby)记录了 1899 年韦伯对东诺利(Knoyle)的圣玛丽教堂(图 3-38)的保护工作。当时这座教堂的钟塔出现了裂口,摇摇欲坠,教区的调查员们建议将其推倒重建,而韦伯亲自进行了考察,并且设想了尽可能减少破坏的方式,在他给乔治·沃德尔(George Wardle)的信中他讲述了自己的修理方式,也解释了他的方法论:

经过查看,我推断基础没有坍塌——这是最重要的;但是因为长期缺乏维护,上部支撑体变形了,塔已经从顶端到地面严重地开裂;钟的震动加速了开裂,裂口随着钟的晃动张开、闭合。因此,墙上的灰土倾倒下来,像楔子一样加剧了裂纹。在塔拱的上方,有一片墙塌陷下来。塔无疑是岌岌可危的,但是我肯定它并非无可救药。

我同一位年轻的建筑师(Detmar Blow)一起进行了一项更深入的研究。我做他的指导,一个建造师和附近三四位能干的砌砖工人一起帮助他。绘图、垂直和水平方向都已经测绘完毕。我让他搭起一些脚手架,然后往一个表面没有痕迹的裂口里注水,然后投入土和气硬性水泥砂浆。他汇报说砂浆无法深入下去。经过考察,我决定用另外一

图 3-38　东诺利的圣玛丽教堂

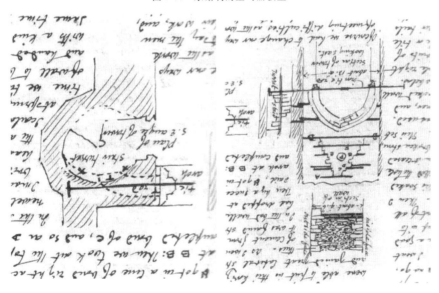

图 3-39　1899 年韦伯绘制的手稿

个方案。我在有裂痕的墙角钻了一个大小合适的洞，大概有 2 英尺宽、3 英尺高，把内部疏松的墙清理掉，留下坚固不晃动的石头——然后我在内部建起了些小隔墙，把水注进去——水马上被吸走了——然后我用波特兰水泥和砂浆，将洞填满至挡板的边缘，这些都沉积下来。当内部不再吸水的时候，我用水泥、砂石瓦砾将洞堵起来——夯实这些填充物。这个措施很快捷，只要用到 1 种水泥和 5 种骨料。然后我在缝隙的上面一点又如法挖了一个洞，再将两个洞之间两堵墙之间的空隙灌浆填满，第二个洞也用毛石夯实。

在另外一处裂纹，我在石头的背部钻上一个洞，贯通接缝——从内部我们将瓦片或石板竖在里面——根据接缝或地基的厚度，使他们的下部向内突出——然后我像之前一样注浆和夯实，这些能够将砂石挂住，于是石材的不规则面和横向石头的锯齿共同作用——整体得到了加固。

对于高处更严重的裂纹，我决定用一些水平的瓦片：像以前一样，我先挖了一个洞（从塔内部通到石材表面），平整它的底部，搭接地铺上三层 6 英寸×12 英寸×2 英寸的地砖，像以前一样填上洞以后，我又在侧面挖开了一个两倍宽的洞，又在同一高度挖了第三个洞。当第一、二个洞被填上并干透，我在它们之间又挖了一个，并且连接起了地砖的两面，这样我加固了 6 到 7 英尺长度。当我们从塔的一道墙转到另外一道墙的时候，就给前面的工程干燥和凝固留下了时间，然后我们就能放进这个水平的支持——整个塔宽的一倍或两倍，从而使墙的横向得到加固。

接着我发现我可以降低水泥的含量，从 1/5 到 1/7——有时在有些薄墙的地方，甚至可以降得更低。拱上方有一处梯形的墙体塌落了下来（图 3-39），我现在拿一块砖固定在 A 处，然后打了一系列的洞，就像在拱的上部 BB 处一样进行了加固：然后我们取出梯形区松散的墙体，完成 C、D、E、F 处的加固。[①]

从这段韦伯对自己工程的描述中，可以发现很多值得探讨的重要内容。韦伯的修复方法与之前的建筑师很不一样：他给墙打上补丁，并灌入强度比较大的新材料，然后再找个完成的部分逐步打一些洞，将整个墙加固起来。他妥善地处理那些脆弱毁坏的墙而不是将它们推倒重建。韦伯对材料非常重视，他会选用他认为适合的材料，例如波特兰水泥。而且韦伯会根据现场监督情况，调整材料的强度。韦伯所确立起来的修理技术准则得益于他在工程上的观察，也得益于在 SPAB 所接触到的保护理念。同时，他也把这些准则传授给了年轻的建筑师。譬如修复韦尔什（Welsh）教堂的建筑师威廉·韦尔（William Weir），他后来成为了 SPAB 最重要支持者，在 20 世纪的上半叶发挥了

---

① DONOVAN A E. William Morris and the Society for the Protection of Ancient Buildings [M]. London: Routledge，2007：63.

巨大作用,《古建筑修缮记录》(*Notes on the Repair of Ancient Buildings*)一书中大量的示范案例来源于韦尔。该书对于加支柱这样介绍:"对于倾斜的墙,它们因为不是垂直于地面的,所以不能简单地重建。当需要增加支持时,增加基础是合理的,这也可以用简单设计的飞扶壁来提供支撑。一定要铭记,那些老建筑一旦被重建就不再对学生有艺术和历史的价值了。"①

韦伯对于 SPAB 的贡献不仅仅这些技术,在处理了大量的传统建筑后,他的方法奠定了 SPAB 的技术指南的实践基础。建筑不是奇思妙想,不是纸上的承诺和梦想,而是实实在在的东西。对于协会来说,在研究过大量的古物以后,它成为了理智的建造者和现代建筑的学堂。韦伯,是一位坚定的思想者和能干的建造者。从他的工作中,我们看到价值理性与工具理性并不是相互对立的两极,在深刻理解了保护的必要性之后,建筑师们也同样可以在实践中展示他们的创造性。如果把韦伯的工作与斯科特的工作相比较,就可以看到建筑师在实践中的改变。他立足的是保护局部,哪怕尝试一些很细碎和繁琐的技术,他也不再将精力放在重塑某种风格,而是关注于解除结构上的隐患。所以韦伯留下的标志性工程并不多,但是在他的努力下,英国的保护界采用了更加稳健的技术措施。

我们可以比较下 1877 年 SPAB 著名的宣言以及其 1903 年发表的《操作指南》,这两份文件非常清晰地表现出,当考虑到实践中的问题时,价值理性需要作出的调整。在 SPAB 宣言中,它基于对"修复"的批判,提出以日常的维护取代大规模的修复、要以明显简易的措施来保护结构上的隐患、要拒绝任何对于装饰的干预:

所有的建筑、任何时代和风格,使我们愉悦的,都应该以保存取代修复,用日常维护来阻止衰坏,用支撑危墙、修理屋顶这些明显的措施来支撑或覆盖,不要用其他风格来掩人耳目,此外,也应拒绝所有对建筑结构或是建筑装饰部件的干预;如果老建筑已经不适应当代的使用,应该修建新的建筑来满足,而不是随意改变或者加建老建筑;我们的老建筑是过往艺术的纪念物,由过去的方法建造,今天的艺术不可能干涉它们而不造成伤害。②

而在 SPAB 于 1903 年发表的《操作指南》(*Guidelines*)中,可以看到经过韦伯等人的加工,保护实践中所接触到的工具理性对于价值理性的影响。在这篇《操作指南》中,尽管价值主导了对历史建筑保护的实践,修复被压缩在最小的角落里,但是一些操作的原则为理论的发展提供了借鉴。《操作指南》中共有 11 条,它将纲领性的《宣言》拓展得更加具有实践性。

---

① SPAB Committee. Notes on the repair of ancient buildings [R]. London, 1903, 21.
② 译文全文见附录 A。

1. 修理而不要修复

虽然没有建筑可以完全逃避衰败、忽略和掠夺的伤害,但是不可以以美学判断或者考古证据作为再造已经磨损或丢失部分的借口。只有在特定的权宜情况下,才可以商讨小规模修复的可行性。

2. 负责任的方法

今天的修理也不应该排斥明天的改动,它不应该导致未来的任何损失。

3. 补充而非模仿

新的作品需要用现代的语言来表达现代的需要。只有以此,新老建筑的关系才是积极而呼应的。如果加建是必要的,它们不应该凌驾于原作或者比原作更加持久。

4. 日常维护

这是最实用和经济的保护形式。

5. 研究

很好地修理老建筑的前提是深刻地理解它。赏析老建筑特定的建筑品质,研究它的构造、功能和社会发展都会有所启示。这些因素同样可以帮助我们分析衰败的原因和如何处置。

6. 关键的工作

只有那些关乎建筑存亡的必要工作(无论是修理、更新还是加建)才可以实施。

7. 完整性

悠久的建筑与他们的环境联系得格外紧密。一座美丽的、有趣的或者仅仅是古老的建筑同样属于它脚下的土地,哪怕这处场所已经崩塌。对建筑的适用性使用可以留下它们的印迹,我们同样视其为建筑完整性的一个方面。这就是为什么协会不会宽恕那些移走建筑、毁坏建筑内部设施仅留下立面的行为。

8. 新的要适应老的

当修理进行的时候,新材料需要适应老的,而不是老的材料去容纳新的。由此,更多的老的材料才可以留存。

9. 工艺

为什么要隐藏好的修理?仔细的、深思熟虑的工艺确实完善了建筑,但是也需要留下最持久和有用的工程记录。另一方面来说,刻意做旧的工艺,即便出于良好的初衷,也势必会误导他人。

10. 材料

使用从其他地方借鉴的建筑特征会误导对建筑的理解和赏析,也会让没有处理过的地方显得可笑。在濒危建筑上增加新的材料是对老建筑的破坏,而用同样材料的需求可以维持了老材料的生产。使用不同但是相容的材料可以作为一项诚实的妥协措施。

11. 尊重岁月

皱纹、驼背、下垂和歪斜是衰老的标识，理应得到尊重。好的修理不会霸道地排斥它们，装饰它们或是将这种不完美隐藏起来。岁月赋予了自身一种美。这是需要呵护的特征，而非需要消灭的瑕疵。[①]

可见，SPAB 在将其理论发展为实践中可以执行的指南的时候，对"修复"并不是完全地否决。在第一条"修理而非修复"中就指出，在一些特定和权宜的情况下，可以讨论小范围的修复。在 SPAB 的宣言中，莫里斯非常激动地要求不允许对老建筑进行改动，只能以支撑危墙、修理屋顶这样的临时措施实现保护，而《操作指南》则务实地多，它不认为任何干预都是有害的，也认识到修理存在着程度上以及水平高低的区别，因此它试图建立起一些方法，给实践中的建筑师以参考。譬如它提到在修理老建筑的时候可以用原有的材料，而且这可以促进原材料的生产，它承认"仔细的、深思熟虑的工艺确实完善了建筑，但是也需要留下最持久和有用的工程记录"。《操作指南》提出：要新旧分开；允许新建，但是要以当代的手法设计；要保存历史建筑的完整性；修理不能给未来的修复以障碍，等等。以上观点具有开创性的意义。可以说，SPAB 的《操作指南》中已经有了后来的"可逆性""完整性"的观点。这些实践中总结出来的观点丰富了价值层面的意义。

[①]　MIELE C. From William Morris：building conservation and the arts and crafts cult of authenticity，1877-1939 [M]．Yale University Press，2005.

第 4 章　理性的反思与发展

4.1　保护思想的困境：理性的矛盾

如前两章分析的，保护思想在两个多世纪的发展轨迹表明，它的目标是追求价值理性，而它一直受到工具层面理性的控制与调整。二战以后，保护思想取得了国际的共识，以《威尼斯宪章》为代表，形成了比较成熟的框架体系。但是无论是价值理性还是工具理性在当代都开始被反思，反思的基础建立在后现代哲学界对"过度理性"的批判之上。

在法兰克福学派看来，"理性"是"用来表征那种在发达工业社会中人类的所有活动被技术标准所规范和引导的倾向"，马尔库塞将其描述为"以技术为中介，文化、政治和经济融合成一个无所不在的体系，这个体系的生产力和增长潜力稳定了这个社会，并把技术的进步包容在统治的框架内"[①]；哈贝马斯则描述为"科学与技术的合理形式，即体现在目的理性活动系统中的合理性，正在扩大成为生活方式，成为生活世界的历史的同一性"[②]。人们又重新想起浪漫主义运动的先驱哈曼（Johann Georg Hamann，1730—1788）的名言："这种大受吹捧的理性，以及它那些具有普适性、永无谬误……确定的、过于自信的主张，除了是一种实在、一个被赋予了神圣属性的外强中干的木偶外，还能是什么呢？"[③]在这种批判声中，人们对"理性"进行反思。伴随着理性成长起来的保护思想，必然也感受到了这种对抗理性的声音。

在第 2 章中，我们已经看到了历史意识的发展对保护思想在当代转变的影响，当客体被消解、历史不再可靠，那么保护思想就不再是依靠科学技术能够获得的纲领或原则，而是不断阐释与讨论的开放命题。从《威尼斯宪章》以来，保护思想不断地以国际文件、宪章的形式进行总结。保护理论和保护运动在 20 世纪后半叶继续发展说明，建筑遗产保护的重点已经从对再现过去的单体古迹和遗址的保护转向接受文化的可持续发展，并认为这是保持传统延续的重要手段。保护的概念被认为具有越来越多的动态特

---

①　MARCUSE H. One-dimensional man. studies in the ideology of advanced industrial society [M]. London and New York：Beaeon Press，1991：3-5.

②　哈贝马斯.作为意识形态的技术与科学[M].李黎,郭官义,译.上海：学林出版社，1999：47.

③　以赛亚·伯林.反潮流——观念史论文集[M].冯克利,译.南京：译林出版社，2002：9.

征,保护的准则也必须要考虑到多样性的问题。无论是价值理性还是工具理性都受到了后现代以来对理性批判的影响,譬如说明确归纳出价值理性的《威尼斯宪章》,以及在保护进程中发挥重要作用的科学保护思想都在今天受到了挑战。

4.1.1　对《威尼斯宪章》的反思

在第 2 章,我们总结了保护思想在价值层面受到了来自哲学、美学、社会等诸多方面的影响,而其成熟的标识是在 20 世纪上半叶以《雅典宪章》和《威尼斯宪章》作为共识,提出了具有价值理性的论点,包括平等看待各个历史阶段的古迹,用定期、持久的维护替代修复,将建筑遗产纳入到城市环境之中等议题。而在当代,对于遗产的概念和价值认定都开始发生变化,保护思想价值层面的理性也遭到了质疑,这种反思从对《威尼斯宪章》的非难开始。

《威尼斯宪章》由帕内(Pane)和雷蒙德·勒迈尔(Raymond Lemaire)[1],以及其他来自各个国家(主要为欧洲国家)的 21 名专家共同起草。宪章中提到:"人们……把古迹视为共同的遗产,认识到为后代守护这些古迹是共同的责任。我们的职责是将它们的真实性完整地传承下去。"此外,"古迹"的观念反映了(尤其是欧洲的)老房子身上的那种层叠积淀的历史,正如文件所言,"不仅适用于伟大的艺术作品,还适用于随着时光的流逝而获得意义的过去一些更加朴实的艺术品"。这正是本书第 2 章所说的"保护理性的价值论"在经历了长时间的铺垫、启蒙、成熟期后取得的共识,这些话如此深入人心,成为了保护的经典文件。

但是 1995 年,在庆贺《威尼斯宪章》发布三十周年之际,一批学者、专家以及来自国际组织和研究机构的代表受邀对这份 1964 年的文献进行反思,考虑是否需要修订以及如何修订的问题。1995 年,ICOMOS 主席罗兰·席尔瓦(Roland Silva)在那不勒斯会上这样评论:"我们应该尊奉《威尼斯宪章》本身为无形文化遗产,予以保存而不是修复……一如《十诫》,关于它的阐释与应用一直随时空的变化而变化。"[2]雷蒙德·勒迈尔在回答"是否该修正《威尼斯宪章》"的问题时,另一位参与起草宪章的人士回应:"可以肯定的是,为了尽量以最好的方式保存那些对人类未来不可或缺的遗产,以《威尼斯宪章》目前的形式,它在国际层面——跨文化层面上——已经不能再反映出我们必须认同的基本事实和原则了。"[3]

《威尼斯宪章》所代表的价值理性在今天所遇到的困境,总结起来主要有以下几点:

---

[1]　雷蒙德·勒迈尔,艺术史家、考古学家,ICOMOS 创始人之一。

[2]　参见《修复》(Restauro)1995 年总 131-132 期刊载的《威尼斯宪章以来 30 年》(La Carta di Venezia 30 anni dopo),和《修复》1995 年总第 133-134 期刊载的《古迹保护之现实》(Attualità della conservazione dei monumenti)。

[3]　同上。

首先是概念的扩张。今天"遗产"的概念拓展到包括工业地段、20世纪的建筑及街区、宗教朝拜路线、历史街道的走向与乡土建筑等。这标志着当下的情形与当年《威尼斯宪章》对术语"历史古迹"的阐释及由此所规定的保护、修复对象范畴有着决定性的差异。同样在国际化的背景中，《威尼斯宪章》所代表的西方保护准则也需要在亚洲、非洲等其他地区进行适应性地调整。

其次是价值观念与实践关系的脱节。实际上，与其说亟需新的宪章，还不如说是亟需操作规范——即干预时所采用的技术及其明细的规范。贝利尼（A. Bellini）指出，无论是《威尼斯宪章》还是所有其他的修复宪章，无法为"公共工程或私人工程制定修复规范和条例"，它们无法为"牵扯了大量参与者的广泛讨论提供概括与综合"①。"各类文献激增，它们不经科学团体的评估与认可便自称'修复宪章'；它们还和修复领域中一直存在的多元的观念和方法存在冲突。"所以，尽管《威尼斯宪章》也许已引发一些有价值的后继发展，"但这个文件已属于过去；其文本已经过时，它仅仅是阐释1972年宪章起草时的基础而已。"②

因此，《威尼斯宪章》所代表的经典的保护理论在当代必然要做出调整和反馈，它所呈现出的问题正是价值理性遇到的挑战，譬如说：如何定义古迹，如何认定价值，如何与工具理性更好地结合，等等。

4.1.2　对科学性保护的反思

工具理性是理性的一个层面，但却是理性最直接的表征，因此，当对建筑遗产的保护过于强调专业化和技术化的时候，就会出现法兰克福学派所提及的"单向度的思维"。桑切斯·埃南佩雷斯（Sánchez Hernampérez）谈道："……从博伊托开始，理论之于保护就仅仅是歌功颂德了……在20世纪的头几年里，理论辩论就开始退隐，到今天技术研究似乎已完全取而代之；纯粹的技术讨论取代理论辨析的趋势已经变得很明显了。博伊托认为，在保护学刊中，除了建立伦理规范的讨论，哲学思辨已退居其次。"③在20世纪，博伊托的概念被广为接受，随着科学逐渐变成如费耶拉本德（Feyerabend）所形容的"近乎迷信的普世宗教"④后，保护界过于强调了保护的工具理性，"科学保护"成为了压倒一切的主流，其他的理论思辨都只能是陪衬或者不入流的装饰。萨尔瓦多·穆尼奥

①　BELLINI A. La Carta di Venezia trent'anni dopo: documento operativo od oggetto di riflessione storica? [J]. Restauro, 1995, 131-132: 126-127.

②　同上。

③　SANCHEZ HERNAMPEREZ A. Paradigmas conceptuales en conservación [EB/OL]. http://palimpsest. stanford. edu/byauth/hernampez/canarias. html.

④　KIRBY TALLEY JR. M. Conservation, science and art: plum, puddings, towels and some steam [J]. Museum Management and Curatorship, 1997, 15(3): 271-283.

斯·比尼亚斯在批判这种过分强调"工具理性"的保护思想时,指出"对真实性的追求和物质至上主义是科学保护的理论基础"①。

对于崇尚科学的保护思想的反思主要基于以下几点:

首先,保护是一项极其具有开放性的学科,它包括大规模的科学研究,因此局限在所谓的科学领域是不全面的。它会涉及到不同的人文学科和技术学科来识别遗产的意义和不同方面的价值。各类专家都需要参与到保护和修复的分析和诊断过程当中。此外,遗产的权益相关者包括业主、大众、管理者和决策者,都需要正确了解并参与到保护政策的制定和实施中。

其次,对于建筑遗产的评价既非科学范畴,也不是对象的性质,而是个人主观判断的结果。因此对"真实性"和"客观性"的追求只是一种理想状态。

第三,保护很多时候是一种文化现象,千变万化且需要不断地妥协和沟通,因此,不能以追求"真实和客观"作为保护的目标。正如保护科学家玛丽·斯特林格尔所说,"科学家探索真理,保护者寻求解决问题的答案。"②科学追求的是可以不断重演的准则,而保护却是个案问题,只能在独立的事件中不断地探索。保护思想并不是对纲领的简单重复,而是针对基于每个案例的特殊性和价值,用历史批判的方法来识别和承认什么是应该保护的,以及如何去完成。

因此,依托于现代科学技术发展起来的保护思想,在今天同样受到了挑战,其中最大的挑战莫过于对"真实性""客观性"这些启蒙运动的以来的知识观的挑战。

4.1.3 对"真实性""完整性"的反思

在 20 世纪上半叶里,第二次世界大战的余波促生了一种新的保护思想:现代保护理论(或者是现代修复理论),它承认每种遗产的特殊性,强调要用批判的方法,这种方法是基于对遗产特征及重要性的合理判断上。从 1970 年开始,一种新的想法和做法产生了,其与社会和自然环境紧密联系⋯⋯这就是"文化和自然的可持续发展",成为当代世界的主流。

——阿什赫斯特(John Ashurst),2006③

在任何时代,建筑遗产的保护都是与时代的潮流相符的。历史上,建筑遗产存在社会,被社会小心地呵护被认为是理所当然的。社会必须要保存它们,接受并尊重它们,因为它们是"杰作",是具有"真实性和完整性"的。然而,这种"准则和唯一性"逐渐受到质疑。

---

① VIÑAS S M. Contemporary theory of conservation [M]. Oxford:Butterworth-Heinemann,2004:145.

② 同上。

③ ASHURST J. Conservation of ruins [M]. Butterworth-Heinemann,2006:4.

对于"建筑遗产"的保护理论探索经历了两个世纪,从 18 世纪末开始的保护方法,无论是风格性修复、历史性修复还是科学性修复,这些都是基于对"建筑遗产"物质属性的关注。从《威尼斯宪章》开始,如何维持"真实性"(authenticity)和"完整性"(integrity)就成为了现代建筑遗产保护理论的核心。

"真实性"在《威尼斯宪章》被首次提到,赫伯·斯托韦尔(Herb Stovel)说:"这个概念的提出十分平静,没有料到它将给保护界带来旷日持久的争论。当时没有什么争论和关注是因为这些起草《威尼斯宪章》的人有共同的背景和宽松的命题。"①真实性在提出之初具有一种物质的、证据的、物理的特征,巴里·罗尼(Barry Rowney)指出:"其后的 16 个宣言都在强调真实性,但是真实性仅仅是认为是原初结构的残留。"②而人们在实践中发现,如果一味固化"原初结构的残留",那势必会产生问题。

在《保护是否应如此刻板——当今的文化、保护和意义》(*Should We Take It All So Seriously? Culture, Conservation, and Meaning in the Contemporary World*)中,科斯格洛夫(D. E. Cosgrove)提出了以下鲜明的观点:

这些行为都是对艺术品在其寿命期当中的干预。无论是使用特定技术手段将对象恢复到"原初状态",或是"中间状态",抑或让其保持现状,不再发生任何变化,都是对人造物强加的干预手段。而保护行为本身就可以视为一种基于施加保护者的个人见解,经过社会妥协,排斥其他行为所代表的观点与表达的创造性干预……与其将文化遗产禁锢在"真实性"的枷锁当中,为何保护、保存不能寻求解放艺术理想范畴之意义的灵活性?③

在科斯格洛夫看来,唯一可能的自然状态就是当下,其他状态,无论是原初、后继的或真实的,都是基于研究、选择或品味的基础上做出的。于是,真实性的准则变得虚构和理想化。因此,人们对"真实性"有了新的定义,它是"信息的特殊来源的真实",可以从"遗产资源的特征,创造性过程,文件证据和社会文脉"中找到④;也是"遗产传达其重要性的能力"⑤。

---

① STOVEL H. Considerations in framing the authenticity question for conservation, Nara Conference on Authenticity [M]. Nara: Japan Agency for Cultural Affairs; UNESCO, 1994.

② ROWNEY B. Charters and ethics of conservation: a cross-cultural perspective [D]. University of Adelaide, 2004: 91.

③ D. E. Cosgrove, *Should We Take It All So Seriously? Culture, Conservation, and Meaning in the Contemporary World*,转引自 VIÑAS S M. Contemporary theory of conservation [M]. Oxford: Butterworth-Heinemann, 2004: 76.

④ ASHURST J. Conservation of ruins [M]. Butterworth-Heinemann, 2006: 4.

⑤ STOVEL H. Effective use of authenticity and integrity as World Heritage qualifying conditions [J]. City & Time, 2007, 2(3).

而从 1994 年的《关于真实性的奈良文件》开始,保护思想也以文件或宣言的形式来表达对"真实性"的反思。奈良会议的基本信息是承认了"文化和遗产的多样性"是"全人类精神与才智丰富性无可替代的源泉。"《奈良文件》在一系列地区会议上被讨论,例如美洲国家发表《圣安东尼奥宣言》的会议,以及津巴布韦会议对非洲国家遗产"真实性"的讨论环节。在《克拉科夫宪章》中,"真实性"被定义为"实在的,从原初到现在的过程中历史特征的总和,是不断变化的结果"①。通过这些讨论,原本在物质范畴的"真实性"开始与"文化""社会"等价值相联系。也就是说原本属于工具层面的概念深入到价值层面。

"完整性"在《威尼斯宪章》中是"整体、完全、彻底"的意思,同样指遗产的一种物质特征。克拉维尔认为,经典保护理论强调三方面的完整性:"物质层面、美学层面和历史层面。物质层面的完整性指对象的物质组成,对其改变就意味着破坏。美学完整性则是指对象令观察者产生美的感受的能力。如果这种能力改变或受损,对象的美学完整性就改变了。历史完整性则是指时光赋予对象的印记——对象特有的历史"②。

但是"完整性"的概念同样在实践中遇到了矛盾。譬如说美学的完整性与历史的完整性就无法兼得,这也是"修复"在历史上遭到攻击的根源。为了解决这个难题,布兰迪提出要让原初残留物上的加建物易于辨识。这一点也被写入了《威尼斯宪章》。"完整性"一方面在试图协调自身的矛盾,一方面也在扩充着自身的内容,更多的价值被视作是"完整性"的一部分,例如建筑遗产与城市的关系、遗产与社会、文化的关系等等,它其实是对"真实性"的补充。

比尼亚斯指出,今天的"完整性"是指"场地的功能和历史条件的身份,其包括:视觉的完整性、结构的完整性和社会-功能的完整性"③。而赫伯·斯托韦尔指出,"完整性"是"遗产存活或者表达自己重要性的能力"④。可见,今天的"完整性"与"真实性"一样,不再局限于物质范畴,而是牵涉到价值判断等主观因素。

从 1964 年的《威尼斯宪章》到 2000 年的《克拉科夫宪章》都是基于"真实性"和"完整性",但是,这两个概念是遗产物质形态保护的理想化追求。今天的观点认为"真实性"和"完整性"不是普世的操作手段,不应该追求保护对象的"真理"和"自然"的特征,因为这种特征是保护领域的专家们给予的,是社会因素影响的。真实、完整不能凌驾于

---

① *The Charter of Krakow. Principles: For Conservation and Restoration of Built Heritage*, 2000.

② CLAVIR M. Preserving what is valued. museums, conservation, and First Nations [M]. Vancouver: UBC Press, 2002.

③ ROWNEY B. Charters and ethics of conservation: a cross-cultural perspective [D]. University of Adelaide, 2004: 91.

④ STOVEL H. Effective use of authenticity and integrity as World Heritage qualifying conditions [J]. City & Time, 2007, 2(3).

其他属性之上,因为所有属性是关联和易变的。比尼亚斯说"物质和真理"被"重要性和交流"替代了①。当保护试图去保存意义而非物质,对真理的认知就被交流的成效代替了,"真实性和完整性"便失去了意义。

4.1.4　遗产保护范式的转换:从保护"真实"走向保护"意义"

在2010年布拉格的国际古迹与遗址理事会(ICOMOS)会议上,首次提到了遗产保护范式的转变问题,会议引发了长久的讨论。2011年3月3日—6日在佛罗伦萨召开的国际古迹与遗址理事会科学委员会第六次会议"保护及修复的理论与哲学"的主题为"遗产保护的范式转换:改变的包容与界限"②。再次将这一议题进行阐发,遗产保护理论有必要进行结构上的调整得到了共识,然而调整的余量以及限制是首先需要明确的问题。2014年11月,佛罗伦萨主办的第十八届国际古迹与遗址理事会国际会议上,把包括《威尼斯宪章》在内的一些关于保护和修复的普遍原则,以及世界各地不同文化特殊性放在一起,探讨"遗产范式转换"(heritage paradigm shift)③的议题。在"遗产范式转换"的框架内重新调整或检查保护原则,这在20世纪末21世纪初的变化面前显得愈加必要。ICOMOS已明确意识到关于文化遗产的处置方法已开始发生深刻且根本性的转变:

有足够理由认为,《威尼斯宪章》的内容、原则的充分性在当前遗产环境下需要重新审视,从而它所立足的基本原则有待修订。

我们必须审视这些变化及其所指向的那些基本原则,它们反映的是当下遗产保护界持续升温的复杂性,我们也必须遵从遗产管理的这种需要。

如果不对保护的目的进行全面深入的再审视,我们所观察到的这些变化也无法带来可供讨论的学理性的原则;保护的目的一如既往,即对文化遗产的保护和传承,它不仅是物质意义上的,还有更广泛的文化意义。

因此,我们的任务不是分析原则、分析它们如何付诸实践,而是检查这个应该引导实践的机制。从这点看,范式转换已经带来了对那些隐藏在执行模式下的基本原则的全面审视。④

所谓"遗产保护范式的转换"是基于遗产概念的扩展、对遗产价值认定上的变化以及遗产与文化、社会越来越紧密结合的基础上,从纲领层面进行的反思。"遗产保护范式的转换"指出了今天的保护理论所面临的问题,这一切正是长久以来保护思想在理性

---

① SALVADOR M V. Contemporary theory of conservation [J]. Reviews in Conservation,2002,3:44.

② 原文为"Paradigm Shift in Heritage Protection:Tolerance for Change,Limits of Change"。

③ 指遗产保护领域在基本理论议题上的巨大转变。

④ ICOMOS GA Florence 2014,Encl. 3 - Proposed theme for the Scientific Symposium"Heritage and Landscape as a Motive Force of Human Rights."

的价值层面和工具层面发展到一个阶段的反思。

今天的"建筑遗产保护"已经成为一项文化活动和社会进程,对其保护的真实维度上的追求逐渐式微,而对其意义和身份的认定则逐渐加强,因此,我们可以这样说,"遗产保护范式"正在从保护"真实"走向保护"意义"。

克里斯·卡普尔(Chris Caple)指出继人们发现在同一对象上可能存在多重真实后,那么"真实"就可能由不同的方式达成:

每个对象都在被创造、被使用中演进:其生命中的任何一点都是其"真实"天性。一把剑最终会变成一堆废铁,这些都是剑的真实状态。于是每个对象都包含了无数的真实状态,这让我们无法去选择其中之一,同时却抛弃其他可能。[①]

既然真实无从选择,那么在当代,保护的对象就从"真实"转向了"意义"。所谓"意义"有两方面的含义:首先是人们对于遗产价值的认定;第二是遗产之于社会的重要性。第一点是某些对象之所以成为保护对象的理由;第二点是由这种价值自然阐发的与社会、群体、个人的关系。

对"意义"的保护具体体现为保护对象语义的多元以及保护语境的转换。所谓"保护对象语义的多元"是指有"意义"、值得保护的对象在逐渐扩充;所谓"保护语境的转换"是指遗产与社会、文化的关系更加紧密,甚至可以说"保护"就是一项社会进程、"保护"就是一种文化。从历届 ICOMOS 成员国大会的主题(表4-1)就可以发现体现了对文化价值和社会-经济价值的关注。当代的保护理论从 20 世纪 70 至 80 年代对小城镇保护的关注,80 至 90 年代对文化景观和人类学的关注,以及 90 年代至 2000 年对遗产的管理与再利用的关注,2000 年至 2010 年强调场所的整体保护,以及 2010 年后开始逐渐讨论"遗产保护范式"的转换,似乎理论的演变回到了螺旋上升的同一横坐标点。

表 4-1　ICOMOS 历年成员大会主题

时间	地点	主题
1965 年 ICOMOS GA1	波兰克拉科夫	规程,细则与各国委员会(Regulations, By-Laws and National Committees)
1969 年 ICOMOS GA2	英国牛津	保护和展示文物和遗址的旅游价值:以英国的实践为例(The Value for Tourism of the Conservation and Presentation of Monuments and Sites with Special Reference to Experience and Practice in Great Britain)
1972 年 ICOMOS GA3	匈牙利布达佩斯	历史建筑群和文物群中的现代建筑(Modern Architecture in Historic Ensembles and Monuments)

① CAPLE C. Conservation skills, judgement, method and decision making [M]. London: Routledge, 2000: 72.

续表

时间	地点	主题
1975 年 ICOMOS GA4	德国罗森堡	小城镇保护（The Small Town）
1978 年 ICOMOS GA5	俄罗斯莫斯科	在城市发展的框架中保护历史城市和历史街区（The Protection of Historical Cities and Historical Quarters in the Framework of Urban Development）
1981 年 ICOMOS GA6	意大利罗马	没有过去，就没有未来（No Past, No Future）
1984 年 ICOMOS GA7	原民主德国罗斯托克和德累斯顿	纪念物与文化身份（Monuments and Cultural Identity）
1987 年 ICOMOS GA9	美国华盛顿	新世界中的古老文化（Old Cultures in New Worlds），制定了保护历史城镇的《华盛顿宪章》
1990 年 ICOMOS GA9	瑞士洛桑	ICOMOS，成立 25 年，成就与未来（Achievement and Future Prospect）
1993 年 ICOMOS GA10	斯里兰卡科伦坡	农业遗产管理，文化旅游与保护经济（Archaeological Heritage Management，Cultural Tourism and Conservation Economics）
1996 年 ICOMOS GA11	保加利亚索菲亚	遗产和社会变化（Heritage and Social Changes）
1999 年 ICOMOS GA12	墨西哥墨西哥城	对遗产明智的使用：遗产与发展（The Wise Use of Heritage - Heritage and Development）
2002 年 ICOMOS GA13	西班牙马德里	世界文化遗产战略：全球化世界中的保护——原则，实践，前景（Strategies for the World Cultural Heritage - Preservation in a Globalized World - Principles，Practices，Perspectives）
2003 年 ICOMOS GA14	津巴布韦	场所-记忆-意义：在文物和遗址上保护非物质价值（Place - Memory - Meaning：Preserving Intangible Values in Monuments and Sites）
2005 年 ICOMOS GA15	中国西安	背景环境中的文物和遗址：在变化的城镇风貌和景观中保护文化遗产（Monuments and Sites in Their Setting - Conserving Cultural Heritage in Changing Townscapes and Landscapes）
2008 年 ICOMOS GA16	加拿大魁北克	寻找场所精神（Finding the Spirit of the Place）
2011 年 ICOMOS GA17	法国巴黎	遗产，发展的动力（Heritage，Driver of Development）
2014 年 ICOMOS GA18	意大利佛罗伦萨	遗产范式的转换（Heritage Paradigm Shift）

综上,近现代发展并成熟的保护思想受到了后现代以来对理性批判的影响,这些影响在保护思想上概括而言就是语义的多元和语境的转换,而影响的效果就是核心概念的变化、以及在工具层面和价值层面的发展。理性没有消失,而是在反思后更加完善和弹性化。下文将具体介绍这些趋势。

4.2　当代历史保护语义的多元

4.2.1　"建筑遗产"概念的提出与发展

如第 1 章中所指出的,保护思想史上一些核心概念,例如"纪念物""纪念性建筑""废墟""古建筑""历史建筑"等都为建筑遗产(architectural heritage)概念的形成做出了铺垫。"建筑遗产"概念是一个当代的概念,它在 1975 年欧洲议会部长委员会通过的《关于建筑遗产的欧洲宪章》(*European Charter of the Architectural Heritage*)中,首次作为一个专有名词被提出。它提到"相对于欧洲建筑遗产不仅包括最重要的纪念性建筑,还包括那些位于古镇和特色村落中的次要建筑群及其自然环境和人工环境。"其后,在 1987 年通过的《保护欧洲建筑遗产公约》(*Convention for the Protection of the Architectural Heritage of Europe*)中这样定义:

"建筑遗产"包括下列组成:

(1)纪念物(monuments):所有具有重要历史、考古、艺术、科学、社会或技术价值的建筑和构筑物,包括其装置及设备;

(2)建筑群(groups of buildings):具有重要的历史、考古、艺术、科学、社会或技术价值的城市或乡村建筑群,其与特定地貌相协调;

(3)遗址(sites):人与自然的合作工程,其形成独特的、与地貌充分呼应的区域,具有重要的历史、考古、艺术、科学、社会或技术价值。

"建筑遗产"概念的确立与同时代保护文件有着密切的联系。1972 年 UNESCO(联合国教科文组织)第 17 次会议上通过的《保护世界文化和自然遗产公约》提出"文化遗产"包括:文物、建筑群和文化遗址,"建筑遗产"隶属于"文化遗产"的范畴。"建筑遗产"与"文化遗产"或"古迹遗址"采用了一样的分类框架,而这种框架是基于《威尼斯宪章》对历史纪念物(historic monument)的定义:"历史古迹的概念不仅包括单体建筑物,而且包括能从中找出一种独特文明、一种有意义的发展或历史事件见证的城市或乡村环境。不仅适用于伟大的艺术作品,还适用于随着时光的流逝而获得意义的过去一些更加朴实的艺术品。"在其后颁布的《实施世界遗产公约的操作指南》不断对该定义进行解读,例如,将建筑群与城镇或者文化景观区分开来。二战以后,从早期的"城市或乡村景观、文化遗产和文化路径"的区分,到 2004 年 ICOMOS 在苏州第 28 届国际遗产大会上发布的《填补空白：未来行动计划》(*Filling the Gap - An Action Plan for the Future*)报告提出的"类型、时空和文化主题"的建构框架，"文化遗产"的定义从框架和内容上都在扩容。

伴随着"文化遗产"的不断改变，"建筑遗产"也在发生着变化。1987年ICOMOS制定保护历史城镇的《华盛顿宪章》，重申了内罗毕《关于历史地区保护及其当代作用的建议》的立场，将"历史城区，不论大小，其中包括城市、城镇以及历史中心或居住区，也包括其自然和人造的环境"列为需要保护的对象。1999年ICOMOS通过了《关于乡土建筑遗产》的宣言，将"传统建筑体系和工艺技术"列为保护对象；在本次大会上，工业遗产和20世纪建筑作为附加主题被提出。2003年，ICOMOS在津巴布韦通过《建筑遗产的分析、保护和结构恢复的原则》宪章，提出"建筑遗产的价值和真实性不能基于固定的标准。出于对所有文化的尊重，其物质遗产要放在它们所属的文化文脉中考虑"，在一同颁布的《指南》中定义"建筑遗产"为"具有历史价值的建筑或建筑群（例如城镇）"；同年，《下吉尔塔宪章》由TICCIH（国际工业遗产保护委员会）提交并通过，提出了"产业遗产"的概念。可见"建筑遗产"在不同语境有着不同的侧重，而且这个概念的疆域还在不断扩张，很多20年前不被重视的对象逐渐被纳入"建筑遗产"的范畴。

4.2.2 "建筑遗产"价值的扩张

同时，因为世界文明多样性逐渐得到认同，对于"建筑遗产"的价值认定，也从早期的"历史、艺术、科学价值"不断扩展。1976年在瑞士莫尔日举行的UNESCO会议上发布了ICCROM（国际文物保护与修复研究中心）提交的报告，在艺术和历史价值之外，提到了"类型价值"(typological value)。1999年墨西哥ICOMOS大会主题为"对遗产的明智使用：遗产与发展"，将遗产的使用视作可持续发展的重要因素，遗产可能带来的经济效益被提出。2003年津巴布韦ICOMOS大会主题为"场所-记忆-意义"，2008年魁北克ICOMOS大会主题为"寻找场所精神"，两次会议都强调"无形价值"。2003年大会主席米歇尔·佩策特(Michael Petzet)认为"无形价值"指文化遗产的"精神信息"(message spiritual)。2005年ICOMOS发布的"什么是'OUV'报告"中提到"具有代表性的"(being representative)的概念，秉承和发展了"类型价值"。这些价值的不断提出说明对于"建筑遗产"的定性研究，已经从建筑史学家、考古学家、艺术家等专业圈子扩展到与社会民众关系更加紧密的领域。从对历史的关注转变为对多样性的关注，对非物质文化和活的文化的关注上，强调人与自然的互动关系，强调时代进步带来的成就，强调可持续发展的潜力，等等。"为何保护，为谁保护"成为当代"建筑遗产"存在的语境。

正如《填补空白：未来行动计划》报告所言："对于潜在遗产的定义必定是个开放的

问题,随着观念、政策、策略和可获资源的变化而不断发展。""建筑遗产"是一个相对的、开放的概念,一方面它对"纪念物、建筑群、遗址"不断地再解释,另一方面在不同时期强化和明确了"特殊类型纪念物、聚落、城区、场所"等各种保护对象的类型,同时,它也从单纯的"美学、历史、科学"价值扩展,增加了"具有代表性的、无形的、再利用的"等人文价值。一系列的新名词进入到价值的概念中:"重要性""意义""语言""多样性""集体记忆"和"身份"。"建筑遗产"的定义范围和定性依据都是对诸如"二战后复兴""对大都市的反思""人与自然和谐相处""城市的可持续性发展""全球化趋势""911 后的文化对话"等特定时代问题的创造性回应,也是一个永无止境的再创造过程。(图 4-1)

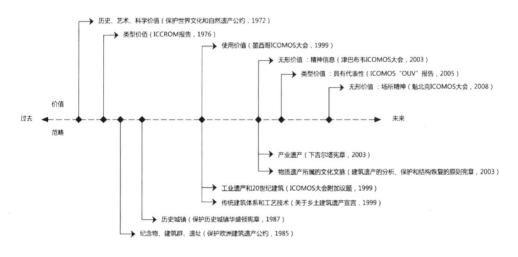

图 4-1　"建筑遗产"概念从范畴和价值两方面的变化

4.3　当代保护语境的转换

如果不存在永恒的艺术价值,只有相对的、现代的概念,那么纪念物的艺术价值就不再是具有纪念性的,而取而代之的是当代的价值。而纪念物保护不需要考虑到这点,也许它仅仅有实际的、代表性的一些意义,与纪念物历史的和纪念性价值相去甚远。

——里格尔,1903①

---

① Riegl A, *Late Roman Art Industry*,Trans. Rolf Windes. Rome,1985,p. 9.转引自陈平. 李格尔与"艺术意志"的概念[J].文艺研究,2001(5).

4.3.1　当代建筑遗产保护哲学基础

当代保护的思想不再将建筑遗产保护仅仅视作一个内向的学科,而是一场社会实践活动。随着社会和文化的快速变化,遗产保护被视作是对抗有害变化的良药或者是有益变化的驱动力。长久以来,建筑遗产因为其文化、艺术、历史价值,得到了公众的尊重与保护。然而,伴随着文化的权威和一致性逐渐被批判的文化现象所替代,建筑遗产的精髓也被重新定义。后现代的社会科学和人文科学告诉我们,遗产是一个流动的现象,是一个对抗恒定状态的过程。如果以这种思想看待建筑遗产,保护就是一系列社会进程。建筑遗产,其精髓,是政治化的,是博弈的。

在当代,对于建筑遗产的理解同时有两种思潮,一种秉承后现代的哲学思想,认为建筑遗产是社会的有机体,是由社会的时间、空间产生的。博物馆学者苏珊·皮尔斯(Susan Pearce)指出:"遗产拥抱了生活的各个方面。"[①]另外一种观点,认为建筑遗产是基于人类的基本情感。例如,人类学家洛德丝·阿里斯佩(Lourdes Arizpe)认为:"遗产的根源是人们对分享爱、美和合作的愿望,因此具有普世的意义。"[②]哲学家乌费·延森(Uffe Jensen)说:"对理解另一个文化、遗产的渴望,是文化交流和人类文化丰富和愉悦的原因。"[③]这两种思潮是对于建筑遗产这个定义不同角度的思考,对于建筑遗产的保护活动影响十分巨大,共同构成了今天国际宪章和操作指南的哲学基础。

这两种思潮都指出传统保护的价值理性过多关注于对遗产实体的价值判断,而忽略了它与人、与社会的关系。正如罗温索说的,"遗产从来没有仅仅被保存,他们总是被后代不断加强或弱化。"[④]如其他的社会活动一样,保护也不是一件客观的事情,因为价值认定总是因为不同利益群体的观点不同而发生偏移。建筑史学家丹尼尔·布卢斯通(Daniel Bluestone)说:"变化必须要被视作是遗产价值的一部分。在保护中,了解变化和理解原初的意义是一样重要的。"[⑤]保护是一个复杂且持续的过程,包含了"由谁保护""为谁保护""如何去保护"等问题。在 1999 年 ICOMOS 墨西哥会议上,"为何保护,为谁保护"被首次提出,这意味着学术界对传统"保护什么""如何保护"的命题进行反

---

① PEARCE S M. Museums of anthropology or museums as anthropology? [J]. Anthropologica, 1999, 41(1), Anthropologie et musées: 27.

② ARIZPE L. Cultural heritage and globalization [M]. The Getty Conservation Institute, 2000: 32.

③ JENSEN U J. Cultural heritage, liberal education, and human flourishing [M]. The Getty Conservation Institute, 2000: 38.

④ LOWENTHAL D. Stewarding the past in a perplexing present [M]. The Getty Conservation Institute, 2000: 18.

⑤ BLUESTONE D. Challenges for heritage conservation and the role of research on values [M]. The Getty Conservation Institute, 2000: 65.

思,从方法论上进行拓展。一方面,这是当代保护思潮的投射;另一方面,也催生了保护的范围、框架和方法上的诸多突破。

4.3.2 保护思想与社会发展

保护与社会的关系有多大?为什么保护在现代社会会变成一个专业领域?在当代社会,它又执行了怎样的社会功能?问题虽然简单,答案却很复杂。在有些案例中,遗产本身就很完整,保存的必要性毋庸置疑,但是大量的遗产是存在着经济、政治、文化和物质条件上的冲突,研究保护它们的必要性格外重要。这些问题的答案首先从研究保护与发展、社会福祉、文化表达的关系开始。

罗温索的著作《过往即他乡》提供了一些回答。正如第 2 章所提到的,当代社会的历史观念重新塑造了今天与过去的关系。所谓塑造——也就是说,这种关系是由社会力量、政治、传统、经济压力等因素创造的。与过去天然的、活生生的、连续的联系不再占有主导地位,相反的,一个"可用的过去"由各种遗迹、故事和碎片建造出来。罗温索关于物质历史的态度证明了历史保护在当代社会中的必要性。

保护对社会有两种主要的影响,一种是强调对遗产的监护,这主要是对专业界的影响,其根源是悠久的保护历史。这种影响下的社会活动目的是追求真实性,因此发展了更加先进而专门的技术手段。另外一种影响称之为社会影响,是外向的,试图寻求历史保护和其他领域的联系,例如设计、规划、教育,在寻求解决方法的过程中实现了更广泛的社会目标。作为一项社会活动,这种影响依赖于与他者的合作关系上,也要让保护的效果满足非保护者的目标。

在早期,历史保护主要是监护型的,因为在这个领域主要是建筑师和专业人员的参与。而在 20 世纪 20 年代以后,很多政府机构和非营利组织加入了进来,保护也变得更加制度化。

在当代,保护已经与文化政治更多地牵扯在了一起。早期的国家立法多关注直接受到国家管辖的古迹和公共设施的保护。然而,在遗产和保护新的定义中,社会的私人机构也参与进来,因此国家层面的法律框架就需要修改。欧洲理事会关于文化遗产对社会的价值框架公约(即《法鲁公约》,2005 年)强调了社区在保护遗产中必须承担的责任。这份文件强调应将个人和人类的价值置于已被扩大化的、跨学科的文化遗产概念的中心位置。继而,遗产社团被定义为这样一个组织,由"一群珍视文化遗产的某些方面,并且希望通过一系列的公共活动,使文化遗产得以保存、延续并留传给后代的人"(第 2 条)。事实上,遗产社团才是真正需要建立遗产意识,并承担其保护权责的人。

建筑遗产的保护必然是社会性的,权益相关者包括业主、大众、管理者和决策者,都需要正确了解并参与到保护政策的制定和实施中。承认传统社区的日常环境也是遗产是《保护印度未保护的建筑遗产和遗址宪章》(*INTACH Charter*，2004)的主题，它也是城市历史景观(HUL)的前身，该概念在 2011 年 11 月的 UNESCO 国际建议书中被正式公布。这意味着建筑遗产保护与一个地区经济息息相关的概念被广泛认识，并且被作为一个根本部分纳入到更普遍的社会规划和管理策略中。

在联合国教科文组织亚太遗产保护奖的评选中，提到特别的是"要有一种策略，将文化和自然遗产置于社区生活之中。"[①]这将遗产保护与活着的传统和可持续发展联系到一起。评选的标准中特别强调："对周围环境和当地社区的文化和历史的连续性的帮助；对保护实践和政策的影响力；未来社会-经济的可持续性"[②]等要求。这都说明当代的保护思想对于社会发展的重视。

一个遗产是如何在过去和未来成为一个社区精神、政治、民族或其他文化意义是今天保护的重要关注点，社会价值已经扩展为地区的志愿组织和保护运动对于社区发展的贡献。通过保护的实践不仅仅保存了建筑实体，也会推动社会发展，增强公民的自豪感，地区的认同感。这是个多赢的局面。

香港洪圣古庙保护工程就阐释了保护工作与社会互动的必要性。保护工作考虑到该庙作为当地社区活动和工作的重要场所，需要承载的文化、社会意义。保护工作者们在修复开始前，就请来了堪舆师看风水，选择吉日开工。工程完工后又请了数千当地村民举行盛大的仪式。整个项目中，鼓励社区的参与、村民的监督和发表观点。这个项目加强了社区的自豪感，复活了传统的手工技术。实际上，对于今天的保护界来说，最重要的问题是重新考虑保护的目标，也就是说，通过对建成环境的保护来保存社会记忆，来督促社会文化建设。

4.3.3　保护思想与文化发展

遗产保护本质上是一个文化的问题。[③] 它的危机来源于文化发展的挑战，同时，通过对建筑遗产的保护，也可以推动地域文化的发展。

在文学评论家安德烈亚斯·许森(Andreas Huyssen)的《现在过去》一书中，他指出，实际上，对历史保护最大的威胁不是来自于自然的因素，而是来自广泛的文化力量，比如说城市化、祛魅、失范等等。[④] 因此，我们传统的保护思想——对物质、工艺、代表

---

① *Asia Conserved*：*Lessons Learned from the UNESCO Asia-Pacific Heritage Awards for Culture Heritage Conservation (2000-2004)*，p. 29.

② 同上。

③ 约基莱赫托.保护纲领的当代挑战及其教育对策[J].建筑遗产，2016(1)：4-9.

④ HUYSSEN A. Present pasts：urban palimpsests and the politics of memory [M]. Stanford University Press，2003：5.

性、美学、历史的关注也不得不面对这些威胁。在全球化的语境中,文化带来的矛盾更加多样,建筑遗产的保护面临的挑战格外大,这就需要保护思想的价值理性进行相应地调整。

文化是动态的和不断变化的,当代文化全球化和扁平化的趋势导致了文化的冲突、转变和创新。这种动荡增加了文化研究的难度,并且产生了如何应对突发的和善变的文化形式的问题。文化不仅仅包含艺术、宗教和传统,也包含当代的"生活方式",例如市场关系、传媒、政治制度等等。文化的进程,是与政治和经济交织在一起的,很难脱离出这些社会语境。而在传统文化观念中,遗产是人类文明的作品,一旦创作出来,就是静态的、固定的文化模式。因此,传统的保护观念无论是价值层面还是工具层面都将遗产视作了固化的人类作品。

传统的保护观念,将文化及其产品——遗产以静态的眼光看待,保护理论关注于如何对待和解决可以定义的、技术的、艺术的问题,譬如考古复原、对文物的阐释、登录个体建筑和区域。而基于文化是变化的进程的观点,保护理论就需要重新审视这些问题,特别加入政治、经济方面的考量因素。因此,今天多种文化理论(人类学、地理学、社会学、文学研究等等)被整合进了保护理论框架中。

另一方面,人们也认识到保护增强了一个地区文化的认同感。在联合国教科文组织亚太遗产保护奖的评选中,提到特别的今天的保护要"延续周围环境和当地社区的文化和历史的连续性"。① 2005 年的《保护和促进文化表现形式多样性公约》进一步强调了文化多元性的重要性,因为这将促进社会的民主框架建设和繁荣艺术家的创作能力。在这样的背景下,保护思想也不断提出关于文化的议题,譬如说对于"场所精神"的关注在 2003 年和 2008 年两次成员大会上提出,还有类似"文化产业"的议题也在保护的实践中被反复论证。

"文化产业"被视作是文化意义与物质形态的统一,在 20 世纪的下半叶被提出,建筑遗产通过"阐释"与"凝视",构建起新的符号体系,而这种符号体系因为其的专门化、差异化与认同感成为了可持续的消费对象。② 今天的保护思想将文化产业容纳入理论体系,无疑是一个进步,它为遗产与文化构建起了可以相互促进的途径。

4.4　关于当代保护的几个案例

当代很多得到肯定的建筑遗产保护案例都体现了当代保护理论的影响,正如前文

---

① *Asia Conserved*：*Lessons Learned from the UNESCO Asia-Pacific Heritage Awards for Culture Heritage Conservation (2000-2004)*，p. 29.

② URRY J. The tourist gaze [M]. London：Sage，1990.

所言,当代的保护理性在价值和工具两个层面上进行了反思,同样,今天的保护案例也在这两个层面上有了突破。就价值层面而言,今天的保护案例更加强调遗产的意义、与社会的关系以及可持续的后续发展。今天的方法和理念是从法国的年鉴学派中发展起来的。在对历史进程的理解上,经济学的考量成为重中之重,心理学要素也成为审视历史事件的工具——是集体意识带来历史事件的发生。于是,对建成遗产的历史解读在建造环境的"长时段"(longue durée)①框架下展开。同时,对遗产的研究也可以从"物质文化"(material culture)②的观念角度进行审视。就工具而言,今天保护案例更加强调微观的技术,例如,建筑立面的考古学(断代技术在建筑上的应用),以及特定地区的传统构造技术及材料研究。下文将用几个案例来具体阐述这些思想发展:在德国两个重要地标建筑的重建中,我们可以看到在建筑遗产物质形态与非物质社会、情感、文化的价值之间的平衡;在日本援修的吴哥窟巴戎寺项目中,我们可以看到人类学的调研方法、建筑学的保护技术和经济学的管理;在台湾鹿港龙山寺的灾后修复中,我们可以看到对于遗产,尤其是木构建筑落架大修的考量,以及遗产用途与社区信仰之间的关系。从而能够更加清晰地理解当代保护思想的精髓。

4.4.1　非历史的吊诡:战后重建

在 20 世纪巨大的动荡下,战争造成的废墟和战后大规模的建造热潮成了历史建筑所不得不面对的首要问题。建筑遗产保护,在恢复和重建灾后的城市究竟能发挥怎样的作用?"保存而不要修复"原则在 1945 年后的废墟中还有什么意义?

在《城市建筑》(*The Architecture of the City*)中,意大利的建筑师和理论家罗西(Aldo Rossi)证实了对象与场所之间关于历史集体记忆强烈的依存关系。城市被视作"人民的集体记忆"③,是城市特殊意义的载体,也是区别彼此之间不同的关键。这种互动也保证了过去走向未来的连贯性。建筑师多纳泰拉·马佐莱尼(Donatella Mazzoleni)将建筑定义为人类和社会肌体的延伸。它们是特定文化表达的场所,是社区分享自我价值的标志,也是混乱的时代给人们提供自我认定的空间:

建筑将身体完全具体化。身体的再造可以替代原来的身体,从这个意义上来说,它

---

① BUCAILLE R, PESEZ J-M. Cultura materiale in Enciclopedia: V, IV [Z]. Turin: Giulio Einaudi, 1978.

② 比卡耶(R. Bucaille)和珀塞(J.-M. Pesez)主编的《物质文化百科全书》(*Cultura materiale in Enciclopedia*)认为,物质文化理念"首先关心的是大众而非个体精英;投身于反复发生的情况而非偶然事件;关注基础设施而非上层建筑……所有物质客体上都有着艺术的、法律的、宗教的,以及跟其他客体产生关联的痕迹。如今这些东西的价值不能再被低估。只有在观念上接受此种复杂性,方能定义一个社会的状态、其当下进程及其演变工具。物质文化还喜欢向人类的想象力和创造力进军;基础要素有三:客体对象的时间、地点和社会角色。尽管尚有歧义且需进一步精确定义,但物质文化研究至今依然是历史研究的一部分"。

③ ROSSI A. The architecture of the city [M]. Cambridge, MA: MIT P, 1982: 131.

的复制品可以作为身体失去符号传递意义时候的次一级语言。在这些时候,身体的形态不连贯性,意味着消失或者虚无的一瞬间,建筑替代身体,通过材料连续性的取代,来实现象征的交换。①

尼采(Friedrich Wilhelm Nietzsche)在《不合时宜的沉思》中提出了这样的历史观点:"我用'非历史'一词来指一种力量、一种艺术,它忘掉过去,并在自己周围划出一个有限的视野……历史和非历史的东西,对于一个个人、一个民族、一个文化的健康来说,是同等必要的。"②战后的德国急需物质和精神的重建;德国人需要重建他们的城市、国家和身份。罗温索(David Lowenthal)指出,维持和修复一个战时被大规模破坏或是快速发展中的历史环境会给人们带来安定的感觉,熟悉的环境可以比较容易地提供清晰的自我定位,免除人们对不确定的未来的恐惧。③

德国两座著名地标建筑,法兰克福的歌德故居和德累斯顿圣母教堂分别在 1947 年和 1990 年的重建,引发了建筑遗产保护思想巨大的争议。按照保护的思想,重建是应该避免的,因为重建实际上会再创造一个新建筑,它不过是个原初的副本,会毁坏建筑物的真实性、并且篡改新近的历史。这些损毁建筑的重建,展现了遗产之于社会、群体和个人的重要性超过了遗产本身的真实价值。

歌德故居在 1944 年的空袭中完全被摧毁,用法兰克福人们的话来说:"对于很多人来说,接受这样的破坏就意味着失去了国家和民族的身份,这些建筑被视为是他们的本质。"④它的重建在 1947 年开始启动,1951 年完成。重建后的歌德故居与还处于废墟的周边建筑形成了鲜明的对比(图 4-2),表现了德国人民对战后走向的选择。通过重建文化遗产,德国人选择将黑暗的过去遗忘,将纳粹时期从德国的文化和国家历史中排除,重建成了遗忘新近历史的一种方法。

然而这种非历史的处置方式,充满了争议。冷战之后,德累斯顿圣母教堂的重建再次将冲突激化。柏林墙倒塌以后,在"推动圣母教堂重建协会"的领导下,对德累斯顿圣母教堂的重建诉求变为了现实。这个项目在很多方面与歌德故居的重建类似。两个建筑都被认为是德国重要的文化标志,详细的测绘图和照片使得重建变得很有可能。然而,这次冲突更加激烈,因为圣母教堂已经毁坏超过 50 年。如果说歌德故居的案例揭示了重建和设计一个新的国家形象之间紧密的联系,那么这种意图在圣母教堂的案例

① AZZOLENI D. The city and the imaginary [G]// CARTER E, Donald J, SQUIRES J. Space and place: theories of identity and location. London: Lawrence, 1993: 291.

② 尼采. 不合时宜的沉思[M]. 李秋零, 译. 上海: 华东师范大学出版社, 2007: 35.

③ LOWENTHAL D. The past is a foreign country [M]. Cambridge: Cambridge UP, 1985: 38.

④ MEIER B. Goethe in Trummern: vor vierzig Jahren: der Streit um den Wiederaufbau des Goethehauses in Frankfurt [J]. Germanic Review, 1988, 43: 185.

图 4-2　1944 年成为废墟的歌德故居(左)和重建中的歌德故居(右)

中就没有那么有说服力,怀旧的情感和有选择性的记忆已经不像二战刚结束时那样被普遍地接受,对试图改变历史的指责贯穿了整个争论。

在保护语境中,重建一个毁掉的建筑,只有使用大量散落的原初材料才算是维护了历史价值,例如解析重塑(Anastylosis)。圣母教堂基本上是彻底的重建,专家们质疑这个项目的真实性。重建的批评者们称它为德累斯顿的"拉斯维加斯"或者"巴洛克的迪斯尼乐园"[①]。然而,历史的准确性有时候并不是使人们获得共鸣的根本原因。相反,可以被感知的关系才是关键,因为"建筑的意义和风格存在于人们对它的解释上,而不是一个固有的物理特征。"[②]圣母教堂重建的重要性已经超过了它实际的意义。对重建的坚持更加清晰地展现了"非历史"对于德国人的意义。

众多建筑师强烈反对重建计划,他们认为不应该建造一个副本,而要建造一个"当代最好的范本"[③],用现代建筑摆脱过去的乡愁。然而,这样激进的建议很少能获得公众的支持,他们在教堂身上寄托了太多的情感。譬如德累斯顿居民陈述道:

二百年来,我的家庭已经紧紧联系到圣母教堂。我的祖母在这里认信,我的曾祖父

①　RUBY A. Las Vegas an der Elbe. Zeit. de 46 (2000). 8 Aug. 2001 〈http://www.zeit.de〉. 转引自 DIEFENDORF J. In the wake of war: the reconstruction German cities after worid war II [M]. New York: Oxford, 1993.

②　HUBBARD P. The value of conservation: a critical review of behavioural research [J]. TPR, 1993, 64: 365.

③　DELAU R. Ein Stadtbild in der Diskussion: erstarrt Dresden zur historischen Kulisse? [N] Suddeutsche Zeitung, 1994-04-26: N. pag. Lexis Nexis Academic.

在这里受洗,我有书本和照片来回忆这些时期。我熟悉这个教堂的每一块石……那天空袭以后,我们站在阳台上,我们还活着,烟升了起来,令人难以置信。我对我的母亲说:"看,教堂还在!"我们又看了一会儿,我们用通红的眼睛盯着它,它真的还在。但是很快,它就倒塌了,好像不想再活下去似的……①

　　德累斯顿圣母教堂的重建(图 4-3)更好地诠释了当代的历史意识,"非历史"与"历史"手法的并重,模糊了过去与今天之间的距离感,对历史客体的保护转变为文化阐释的过程。在当代,保护的对象就从"真实"转向了"意义"。所谓"意义"有两方面的含义。首先是人们对于遗产价值的认定,圣母教堂之所以成为保护对象,就是因为民众的情感。其次是遗产之于社会的重要性,由这种价值自然阐发了与社会、群体、个人的关系。

图 4-3　重建前的圣母教堂废墟(左)和获得广泛的民众支持的重建(右)

4.4.2　技术与人文的关怀:吴哥窟巴戎寺

　　吴哥古迹于 1992 年列入世界遗产名录,其后又因其保护状况之差而被列入濒危遗产。吴哥古迹的重生,有赖于国际合作,特别是联合国教科文组织从 1993 年开始发起拯救吴哥古迹的国际行动,在相关国家的大力支持下,成立了国际协调委员会(International Coordinating Committee,ICC-Angkor),中国也是发起国之一。其后的近 20 年间,有多达二三十个国家的文物保护专业机构在此不懈努力,为吴哥的保护做出了巨大的贡献。在这个过程中,各个国家不同的修复理念都运用在对古迹的保护中,因此修复的效果也迥异,吴哥窟成为国际保护修复界的竞技场。

　　日本是亚洲保护运动发展比较早的国家,著名的《奈良文件》就是日本长期以来对木构建筑为主的东方建筑保护与修复理念的总结,也是给予国际保护理论界新的思路。

---

① 　ASCH K. Rebuilding Dresden [J]. History Today 49 .1999: 3-4.

在吴哥窟巴戎寺的修复中,日本援修队的工作比较好地体现了当代保护的程序与技术。

日本援修队对巴戎寺的修复目标为:

(1)巴戎寺宗教、美学、建筑特征的学术研究,以及用多种调查方法来明晰对其保护和修复的意义。

(2)在修复的过程中解析、体验、训练和掌握巴戎和吴哥的传统营造技术。

(3)利用以往关于巴戎和吴哥古迹的研究成果,结合国际各种组织的知识和智慧来形成保护和修复的框架。

(4)将巴戎寺的意义与柬埔寨的人民与社会相结合,作为世界遗产,将其与国际旅游业相结合,从而达到永久地保护。

(5)各个国家在吴哥窟的工作都必须公开,可以借此培养柬埔寨自己的专家。

1. 遗址的现状应该维持还是修复?

建筑遗产是是一个大尺度的艺术品,另一方面它也承载了历史、考古等多种信息。前者是具有身份符号的伦理作用,而后者给研究南亚建筑和高棉文化提供了信息。这两种属性如果得不到权衡,保护就不可能在政治和美学上的持久。遗产不仅仅具有美学、历史和考古的信息,还有古代的建造文明和社会、自然环境方面的信息,甚至还有我们今天尚没有意识到的信息。

希望将遗址保持现状是基于两个原因:①现存的废墟存在历史价值;②处置这样一个数量巨大的遗址的方法尚不成熟,一旦采取直接的动作就会造成某些价值信息的丢失。因此可能的措施就局限在对一些濒危区域进行外部支撑和在遗址周围整饬环境。

相反,在那些不采取直接干预措施已经无法保持的结构和部件方面,必须要在稳固现状和修理内部结构、修复原初的形式两种策略中选择其一。而这种措施一旦开展,是不可逆的,因此判断哪种信息是需要保存的是选择哪种策略的前提。选择耐久且对原材料没有太大影响的新技术和材料就非常重要。从长远看,修复是保存工作的一种延伸,所以修复技术如果可以反复使用,就是非常理想的。

对于吴哥窟这种部分或全部解体的遗产来说,问题就更加明确,可选择的处置方式有四项:①保持现存的状况;②基于测绘用绘画再现古迹原貌;③将散落的部件重新归位;④在原初材料已经丢失的部位用新材料适当弥补。如果遗产被视作一件艺术品,那么修复已经消失的外貌就可以提升其艺术价值。同时,修复的社会意义也很明显。但是大量可靠的材料收集是修复的前提,哪怕要很长时间。另外,一旦开始重新归置那些砂岩和新添构件,有效的修理方法和经验丰富的建造团队也是必须的。后续的检测和资金人力上的保证也是必要的。吴哥遗产的修复证明,部分或者全部修复是对这种已经解体的遗址的有效保护。

2. 修复过程中应该使用何种方法？

对于巴戎寺的修复来说，对于小范围的解体，日本援修队采用木材和金属构件来支撑拉接濒危部位，并用金属带绑起整个遗产。按照损毁情况，可以用以下五种方法：①用金属夹板、梁或其他受力材料来分担濒危部位的荷载，增加其强度；②用金属夹子或者金属带、水泥等材料来连接起分散的部位，阻止进一步地解体；③附加一个整体的钢筋混凝土或者金属框架；④卸下濒危部位，修理后再安装上去；⑤将这个结构卸载下来再从基础重新拼装起来。方法①②③比较容易操作，因为都是外部工作，但是水泥或者其他材料暴露在外面会缩短其使用寿命，更不要说降低了整个建筑的美观。方法④⑤能够将遗产基本上恢复到原初的外貌，而且可以在解体的状态下彻底修理构件。但是这两种方法需要更久的时间、更高级的技术、更多的花费。采取何种方法要看对象的适用性。

基础的破损是遗产主要的破坏原因。因此，吴哥遗产保护最主要的议题是如何保护和修复已经变形的地基。现在比较成熟的技术有以下几点：①在地基里增加承重的钢筋混凝土隔墙，再在上方重新建造建筑；②在基础的周围一圈增加承重隔墙；③通过调整周围土壤的压力来修理变形的地基，并且通过打桩和增加浸透粘合剂的方法来增加强度；④通过调整后的土壤或土工合成材料来重建地基，并且尽量接近原初形式。

另外一个破坏的原因是植被，但是如果日常的维护和有效的管理机制能够奏效，树木就不会给建筑造成太大伤害。但是现存的很多遗迹已经荒废太久，树木所造成的损害主要包括了：①树根和树体的挤压，造成建筑上部的坍塌；②树根造成了地基的变形；③临近树木倾覆造成建筑的倒塌。①②两种情况的短期措施是砍伐掉树木的枝条，并施以阻止生长的药剂；然而，除非是完全解体建筑并重建，别无他法能够长久地解决树木的问题。同样，在砖构建筑中，需要将砖墙切成一块块拆卸下来，防止砖的碎裂。在第③种情况下，需要尽早排除隐患，用绳子将相邻树木捆扎起来。

在用合适的粘胶阻止装饰物进一步地剥离方面，现在一般采用波特兰水泥、环氧树脂、丙烯酸（类）树脂、聚合物、硅酸乙酯等，但是这些材料真正起作用要等数月甚至数年以后。而加固这些损毁部件往往是很紧急的。因此要有预见性地着手在濒危部位实验新的材料。

3. 跨学科的调研

对于日本援修队来说，巴戎寺的保护和修复是一个结合了艺术史、建筑史上对文化遗产的研究，考古学上对巴戎寺建造过程的了解，岩土学和土木工程学上对塌陷对象的鉴定，保护科学和岩石学上对浮雕风化原因的掌握，建筑构造、地质学和岩石学上对巴戎寺塔神倾斜原因的推测，以及三维测绘等一系列的系统研究。正如前文指出的，保护不仅仅是纯科学方面的研究，而是一个文化问题、一个社会问题。如何保护吴哥的建筑遗产和如何维系当地住民的可持续发展同样重要。保护变成了一种与社会和民众互动的双赢进程,因此,日本援修队也关注到当地居民的日常社会状态,采用人类学的方法研究巴戎寺附近居民的生活状态和房屋形式。

日本援修队在 2003 年和 2004 年,对巴戎寺附近的一处约有 400 间房屋、1000 人口的小山村克罗村(Krau)进行了风土调查(图 4-4)。虽然这个小山村还是一个原始的农耕文明的聚落,但是柬埔寨的内战以及吴哥窟旅游开发所带来的现代化进程还是冲击了村民们的生活形态和文化。同时,吴哥窟的这些建筑遗产是"活的遗产",它们依然给当地居民以信仰上的支撑。吴哥遗产的保护受到很多国家和国际组织的援助,很多村民也有机会参与到保护和修复的实践中,从中他们的经济收入也发生了变化,他们是遗产最有力的保护者,也是权益相关人。

图 4-4　对克罗村的人类学调查

4. 遗产的后续管理

稳定的财政收入是维持吴哥古迹可持续发展的重要前提。吴哥和暹粒地区遗产保护与管理机构(Authority for the Protection and Management of Angkor and the Region of Siem Reap,APSARA)使用一部分的旅游门票收入作为自己的运作费用,用途包括日常维护加固、人员雇佣、工作坊和国际会议的召开。随着明年游客数量的增加,APSARA 的收入也越来越多,可以扩充自己的人员和活动。另外一方面,随着吴哥窟遗产逐渐开始盈利,一些国际组织对于修复和保护的资金将会中止,因此柬埔寨政府将设立专门的机构来管理这些资金,推动修复和保护工作的进行。

除了财政的支持,人力资源也是很重要的因素。早期的保护基本上由国外专家完成,今天柬埔寨国内的专业人员也逐渐成长起来。保护工作需要一组来自方方面面的专家,譬如一个小小的巴戎寺门廊的重建就需要测绘师、田野工作的记录者、绘图师、考古学家、石材方面的工程师、石匠、重型机械操作者、建设管理者和报告资料的汇编者。国外机构在每个案例进行的同时,也控制人员培养的时间、预算、知识等。但是与经济支持一样,国外援助会受到政治、国际金融环境的制约,不是长久之道。现在修复工作的劳动力主要来自周边村庄,居民们把参与修复作为农作之外的收入来源。在这些居民中培养修复专家,并成立教育中心可以保证他们稳定性。培训的重点不仅仅是保护与修复的技术,而且包括了保护准则的熏陶,这可以使居民们更好地了解他们遗产的价值。

4.4.3　文化的他者:台湾鹿港龙山寺

台湾鹿港龙山寺的保护案例,有三个比较重要的特点,也很好地阐释了今天的保护哲学。首先是其修复过程中的民间参与模式,这种与民众的互动不仅仅是一般意义上的交流、监督,而且是从程序上进行整合。其次是对于建筑实体落架大修的考虑,表现出了传统木构建筑的特殊性。第三是其功能的活化,如何与当地的信仰传统相结合。

鹿港龙山寺建于清朝乾隆 51 年(1786),现为台湾地区"国家第一级古迹"。在1999 年 921 地震以后,该古迹建筑受损,木柱移位,屋顶倾斜,正殿屋脊、燕尾断裂,山墙龟裂倾斜,后殿墙壁坍塌。该建筑的修复由当地的民间企业资助,政府和民间合作进行。

龙山寺的修复,最两难的抉择是如何修理正殿屋顶。龙山寺的燕尾屋脊与屋顶曲面形式具有鲜明的闽南特色,是地方多样性的表现。在地震以后,屋脊材料老化具有多处裂痕。对它的维修有两种意见,一是采用"吊脊"的方式,是将原有屋脊以钢板等吊过撑起,以抽换中脊桁,再修理屋面放回屋脊,从而保存原有屋脊的曲线。另一种是传统的"落架大修",但是要用现代的方式确保屋脊的曲线及脊饰。赞同"吊脊"的人认为,之前落架大修的"屋顶"脊线和曲面都不对了,"越修越丑"[①]。因此,最少干预的"吊脊"是比较合理的。但是研究者们在反复讨论之后,还是决定采用"落架大修"的方式,主要是因为屋脊本身为砖砌的,已经遍布裂纹,如果要吊起,首先要确保裂痕修补完全,以及解决砖的老化问题。否则就算修复完毕,也不能很好地保护屋面及下部结构。同时,3D 技术的发展可以精确测量屋脊和屋面曲率,给修复工作打好基础。而建筑师将精确测量的数据在现场用1∶1的模型标识出来,保证了建造的可行性(图 4-5—图 4-7)。在这些努力下,龙山寺的正殿屋

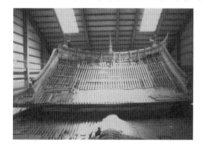

图 4-5　落架后的正殿屋顶

图 4-6　建筑师在地面上再现屋面举折

---

① 《鹿港龙山寺灾后修复国际研讨会成果报告书》,89 页。

图 4-7　对屋脊木剖面的拓形

图 4-8　修复后的龙山寺肃穆而寂寥

面保持了原有的形式。这个案例说明,对于建筑遗产的修复,不能仅仅刻板地按照宪章中的原则来操作,尤其是对于木构建筑这样特殊的材料。在科技能够给予支持的情况下,保持建筑的完整性、文化多样性是要比维持原初材料的真实性更加重要的。

针对龙山寺的修复案例也有批评的声音,人们讨论它将如何真正地融入民众的信仰体系,让民众感动。有学者提出,龙山寺的修复者们是从学院中训练出来,具有现代文明知识结构的学者,这套知识结构是具有现代社会的价值观的,与千百年以来的传统社会及人文视野与宇宙观,迥然不同。因此,龙山寺成为现代人"文化自我的一种投射与沉思"[1],成为现代社会独特眼界下的象征符号,成为一种现代对于过去的想象。在这种认识偏见中,真正的龙山寺文化是没有声音的,它的人文视点是不存在的,无法成为现代人活生生的一部分。它成为了文化上的"他者"。在我们探访龙山寺的过程中,也有这样的感觉,龙山寺似乎远离了当地民众的信仰体系,人们更多地是在这里参观、游玩、举行社区活动,而不再将其当作是精神家园(图 4-8)。

因此,必须要反思为什么修复使得建筑遗产失去了自身的灵魂,修复的客观理性是不是变成了一把双刃剑,在保护遗产的同时,也使遗产变为文化的"他者"。宗教传统有自身的秩序,我们的修复工作,也要通过对仪式、宗教仪轨的学习,来尊重这个秩序的自主性。一些例如"请神、迎神、入火、安座"等宗教仪式,也应该成为修复行动中的议程。这样才能使修复活动获得地方民众的认同,同时也使得建筑遗产成为信仰体系中的文化主体。

4.5　当代建筑遗产保护理论趋势

当代的建筑遗产保护不是一个目的,而是一个动态的、博弈的过程。建筑遗产保护理

---

[1]　魏光莒《试探古迹修复与在地信仰传统之整合与再生》,载于《鹿港龙山寺灾后修复国际研讨会成果报告书》,186 页。

论从纠缠了近两个世纪的"如何保护"命题转为对"为何保护、为谁保护"的思考,从而开创了开放的、弹性的理论环境。正如"建筑遗产"的概念不断对时代潮流进行创造性地回应,每个时代的社会和人文学科的思潮也在影响着建筑遗产保护理论的发展。在全球化、技术进步、人口流动、民主参与的背景下,文化和社会在深刻而飞速的改变,对于建筑遗产保护来说,未来的挑战不仅仅来自其本身,也来自于孕育他们的社会思潮。建筑遗产保护理论已经从一个内向的、专业的学术讨论变成一个综合的、多样的、甚至是充满分歧的社会讨论。当代的保护理论以社会人文思潮为风向标,以经典保护理论为出发点,以国际交流为平台,以保护案例为试验场,以各种文件法规为框架,将继续修正与发展。

正因为当代建筑遗产保护从哲学基础到理论核心都有了突破,学术界逐渐认识到当代已经不可能再出现一种主流的保护理论,更有弹性、更有适应性、更有地域性的保护理论将在不同对象的保护实践中发挥更好的作用,萨尔瓦多·穆尼奥斯·比尼亚斯归纳了"证据型保护、天才型保护、煽动型保护"[1]三种比较常见的保护理论,这些理论继承了经典的理论,同时伴随着当代科学技术的进步、社会气候的发展有了新的表达。"证据型保护"的支持者又称"新拉斯金主义者",他们认为保护就是要将现存和潜在的科学证据都原封不动地保留下来,因为遗产的价值就在于提高"我们对对象的科学信息的破解能力,从而贡献新的知识"。"天才型保护"有可能成为创造性的工作,可能因为艺术性而得到认可。"煽动型保护"则是"天才型保护"对立面,民众担负起保护的全部责任,民众的喜好决定保护的走向,索拉-莫拉莱(Solà-Morales)将其与"主题公园效应"联系起来[2],这也是一系列假古董产生的原因。正如比尼亚斯指出的,这三种保护理论都是有缺陷的,"证据型保护"过度强调科学意义,被指责为"科学家式保护";"天才型保护"需要"谦卑和审慎的态度",因为保护者的每个决定在当下无法证明是否明智;"煽动型保护"短期可能会很顺利地实施,但是长期看来,会有专业性上的缺失。

当认识到这些常见的保护理论的缺陷,当代的建筑遗产保护理论继续进行修正。特别是"为何保护、为谁保护"这样的哲学问题被提出、遗产的"真实性、完整性"物质属性被弱化,保护理论在以下几点有了推进:

1. 对保护意义的重新解读

埃丽卡·阿夫拉米(Erica Avrami)指出:"今天的保护不是关注对象本身,而是关注于意义,以及产生这种意义的个人和团体。"[3]人们认识到遗产需要保护不是因为其

① VIÑAS S M. Contemporary theory of conservation [M]. Oxford: Butterworth-Heinemann, 2004: 205-208.

② SOLÀ-MORALES I, Patrimonio arquitectónico o parque temático [J]. Loggia, Arquitectura & Rehabilitación, 1998(5): 30-35.

③ AVRAMI E. Values and heritage conservation: report on research [R]. Los Angeles: The Getty Conservation Institute, 2000: 7.

过去的价值、功能或意义,而是其今天可以传达给人的,今后可以流传下去的信息和象征意义。文化的重要性在今天成为了保护的核心概念。

2. 保护范围的扩大

从 1931 年《雅典宪章》以来,保护的范围不断扩大。保护的对象从具有"历史"和"美学"价值,包括特征、风格、原创、真实和整体这些基于物质方面的关键词,到 1994 年《奈良文件》时提出的文化重要性价值,再到 2000 年喀山会议时又提出的意义、多样性价值。保护对象定义的变更导致了"建筑遗产"范围的扩大。

3. 权威的弱化

当代的保护寻求"公众意识",寻求和缓的决策,寻求审慎的行为。不再是某些权威做出决定,也不再是因为某种突出的价值就做出决定,而是要尽可能多的兼顾众多的观点。对于保护来说,更重要的是人们如何因为保护进程而获益。保护是一种方法,而不是目的。是一种维持对象意义的过程,也是一种对象征意义强化的过程。它要适应使用者的需求,发掘这种需求是比任何权威评判都更重要的。

4. 更灵活的保护操作

当代的保护措施从严格的法律方面的高度制约,转变为一般法规控制下的干预;从修复、再整合、拼合到维持、修理、预防和信息性的保护;从修复到再利用、更新和活化;从评价和记录干预和诊断过程到监视、控制和整合信息系统;从单个的保护活动到整合了城市设计和国土规划的保护。保护的指导和方法更少干预、更加有弹性、更加全面和严密、更加广泛和动态。

5. 更具有适应性的理论

人们认识到保护的进程是基于非常不同的原因和情况,同时,这些因素是变化的,至少包含了以下两个重要的方面:①对象的意义,即其功能或价值;②决策者在保护过程中对资源的分配意愿。因此,当代理论不强调高科技保护而是高效保护,它要适应使用者的需求,发掘这种需求是比任何科学准则都更重要的。

当代保护理论更具有适应性。它要求对各种经典理论有适应性地运用,在很多案例中,要么是技术原因,要么在特定地区,与精神价值相比,材料的真实性不那么重要,理论就要进行相应的调整。例如,在亚洲地区,给寺庙重新绘上彩画在情理上是行得通的,因为信众们不接受其他的方式,就像一个家庭要求将老照片修补得如新一样。对信徒来说,他们知道要传达什么和如何去传达遗产的价值。同样,有些情况下可以使用副本,有些情况下可以采用不可逆的方式来增加遗产的价值。但都要根据具体情况,深入审慎地讨论和分析后,再寻找各种价值的最佳平衡点。

4.5.1　保护思想在价值层面的发展

　　传统或者说经典的保护理论,对于价值层面的关注主要是对物质本体的关注,例如对遗产历史和美学的价值的认定。而当代的保护思想在关注遗产的物质属性的同时,也增加更多考量的因素,将问题扩展至人类情感与遗产的关系、社会发展与遗产的关系等等。具体而言,保护理性在价值层面发展包括:

　　(1)对价值理性的理解更加深刻,这使得人们对遗产的认识更加完整。正如前文中所指出的,当代的保护不局限在"历史""美学""科技"方面的价值,而更多地与社会、文化、人类的感情相结合。

　　(2)保护思想进一步提出了与遗产相关的权益群体的概念。在今天的保护实践中,试图按固定的模式来保护是很困难的,因为每个保护对象所牵扯的权益群体都不同,而且其背后的公共文化政策也各不相同。认识到权益相关者的存在,以及界定他们的权利与义务范围,可以使得保护实践获得政策和经济上的支持。

　　(3)保护思想提出了对遗产的长期管理是历史保护的基础。全面而持久的管理保证了保护方案的活力。

　　(4)今天的保护思想已经认识到它在价值层面和工具层面的严重脱节。保护界的专业人员不能局限在自己的专业圈子内。保护界的从业人员需要研究保护职责是如何作为公民社会的一部分,研究如何获得现实和潜在的政治金融资源来支持保护。它也构成今天持续研究、学习和专业发展的基础。

　　澳大利亚 ICOMOS 的《巴拉宪章》,是价值理性思想发展的重要体现,它以图示的形式提出了一个保护决策制定的过程(图 4-9)[1]。这个过程与传统保护策略的制定过程最大的不同,是整合了广泛的权益相关群体和委托人的意愿。权益人在保护目标设定、遗产价值评估、保护策略的制定过程中,一直起到监督、修订的作用。其次,该过程将物理环境、管理环境与文化重要性并列,再次强调了遗产与社会发展之间的关系。

　　盖蒂保护中心的研究人员将《巴拉宪章》过程中价值评估一环放大,指出在当代的价值评估中,所需考虑的因素(图 4-10)[2]。如我们前文所指出的,今天对于价值判断关注于遗产的意义与重要性。与传统的保护理论不同,今天的价值评估不仅仅是罗列出遗产的价值,而是通过阐释它们来进行整合。建筑从一种客观的对象变为被大众认同的"遗产",需要通过与大众的对话使人们了解其意义。"身份识别""启发与阐释""意义的确定"是建筑从物质实体走向文化遗产的过程。

---

[1]　翻译自 MASON R. Assessing values in conservation planning: methodological issues and choices. research report [R]. Los Angeles: The Getty Conservation Institute, 2002: 6-7.

[2]　同上。

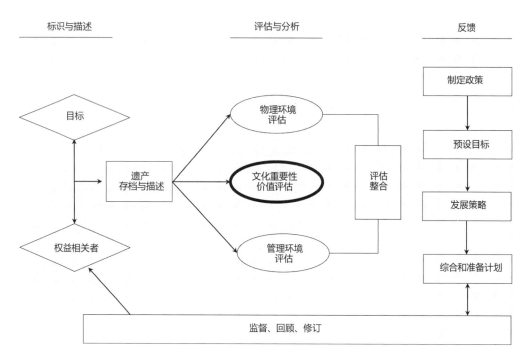

图 4-9 《巴拉宪章》中保护决策制定的过程

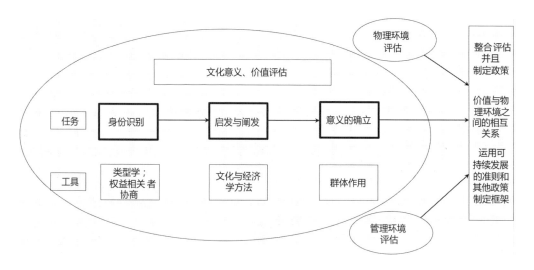

图 4-10 文化重要性和价值评估核心的进一步阐释

　　传统的保护者对遗产的价值判断主要依靠历史学、建筑学、美学的研究和分析的方法。但是今天的价值判断方法更加多样化,也需要与权益相关者相协商。因为认识论的发展,不同的价值需要不同的方法来认知:定量的方法很难用来界定历史价值,也很难用绘画或者摄影的方式来表现一处遗产的社会经济价值。因此必须采用一些非传统的方法,例如经济学的统计方法、人类学的记录和分析方法等等,跨学科的整合就是必要的。同时,这种认定与遗产价值的阐释也是直接相关的。

　　我们可以以美国历史建筑保护中的一项程序来解释这种价值认定与传统保护的巨大不同。美国的历史建筑(或区域)被提名为市级保护建筑(或保护区)需要历史建筑保护委员会召开市政例会。委员会的成员来自不同的行业,并非都是建筑师之类的专业人员,所以思考问题的出发点和角度各不相同。以芝加哥当前的历史建筑保护委员会为例,成员一共 9 名:一名景观建筑师、两名房地产公司负责人、一名医生、一名州土地评估师、一名中餐馆经理人、一名大学教授、一名市议员和一名市房屋及经济发展部委员。会议向全体市民开放,日程在互联网上公布,时间一般选定工作日的中午,因而不论学生或上班族都能抽空参加。会议的开始是宣读研究人员的报告,接下来是委员们的看法和投票,最后的环节是公众提问。公众拥有一定的话语权,公众不仅能提问,更能对被提名的建筑发表观点。即使委员会一致投票通过,若屋主持反对意见,提名也不能生效,需要另召开听证会才能继续。

　　可见,今天的保护思想并不要将建筑遗产固化在博物馆内,遗产要融入社会生活和城市结构,它应该是顺应城市发展的有机部分,也是承载着抽象历史文化的重要载体。

4.5.2　保护思想在工具层面的发展

　　很难将保护思想在工具层面的发展与价值层面的发展完全分清,因为今天的保护正是试图将二者更好地统一起来。我们在上一节中也看到了价值判断的过程需要通过包括人文学科在内,更多的技术手段和方法,而保护策略的选择、保护技术的发展、保护政策的制定,这种工具层面的内容也需要更多价值因素的考量。

　　保护思想在工具层面的发展具体可以归纳为以下几点,它们并不是单纯在技术方面的发展,而是将"为谁保护、为何保护"价值层面的思考通过"如何保护"的方法论进行实践的过程。这几点发展包括:①对遗产的价值评估手段的发展;②保护技术的选择更加关注材料的病理原因、传统材料、工艺的传承等问题;③辩证地考虑遗产的再利用问题,从而在确保不损害历史信息的基础上使得遗产存活。

　　1. 对遗产价值的评估手段的扩展

　　在前文已经介绍了今天的价值评估中,人类学、经济学、地理信息测量等学科更多地加入到保护工程中。例如在马来西亚槟城的张弼士故居(Cheong Fatt Tze Mansion)

图 4-11 保护前的张弼士故居

图 4-12 改建为民宿的张弼士故居

图 4-13 保护中注意的文化要素

保护案例(图 4-11—图 4-13)中,保护工作者们形容他们的工作是"轻轻地挖掘,温柔地触碰",他们自己是"建筑的保姆"[①]。

这种"缓慢的发掘"方法提供了许多文化和人类学上的证据,例如关于财富的象征和风水原理。工作者们在角落发现了掩埋的金币,用以预示屋主财源滚滚。同时,通过对风水的研究,来分析排水系统的布局:水,作为风水中和谐的元素,流经楼板和天花,给结构降温,同时也预示着居民的和睦共处。保护工作者还发掘出了已被泥土掩埋的门上装饰,可以了解主人的宗教信仰。进一步的研究还发现了屋瓦的垫层是动物的毛发和石灰混合的。这些文化符号的研究都为下一步保护工作奠定了基础。

不仅是人文学科,地理信息、摄影测量、计算机等新兴学科也在发挥作用,如果说人文学科的加入扩展了保护工作者的视野,那么这些新兴的技术的加入无疑提升了保护水平。在雅典卫城的修复案例中,保护工作者们运用先进的技术手段对雅典卫城古迹、护墙、基岩进行测绘和绘制地图[②]。在传统的保护中,准确测量建筑物的立面是很困难的,因为考古对象的形状一般是复杂的,往往在起伏、急剧断裂、深陷和突兀的部位具有不规则变化的特点。其次,古迹大部分很可能被脚手架覆盖,也有可能位于建筑稠密地区,使人难以靠近。保护工作者们通过放飞氦气球和改造相机脚架,拍摄到了正投影拼接图像(图 4-14),并在计算机里搭出了具有高品质贴图的三维模型。这些成果兼测绘图的几何精准特征和影像图的直观可辨性,故能为修复干预的计划过程提供丰富的信息。

---

① *Asia Conserved*:*Lessons Learned from the UNESCO Asia-Pacific Heritage Awards for Culture Heritage Conservation (2000-2004)*,p.29.

② 艾莱夫特里乌.雅典卫城修复工程:兼论几何信息实录的先进技术[J].建筑遗产,2016(2):71-93.

图 4-14　伊瑞克提翁神庙区域顶视正投影拼接图像

2. 保护技术的选择更加审慎

在传统保护哲学中，要求尽可能保存原初的材料，只有毁坏严重的才被替换。然而，今天的保护技术不以此为唯一的目标。它需要通过对现状的研究，来提取损毁的证据和对潜在用途的诉求，进而决定保护的技术。因此对损毁原因的分析就格外重要，只有了解原因才能决定如何去纠正。例如，当表面发生裂纹时，重要的是在修理之前了解为什么会开裂。

印度尼西亚国家档案馆大楼（National Archives Building）的保护就是敏锐地察觉到了破坏的原因，并且给出了应对之策。墙壁损害的罪魁祸首原来是设计不足的排水系统，它将水滞留在地基处，导致了腐烂。建筑师和工程师一起仔细地分析和合作，新设计的地下排水系统可以解决屋面和地表积水的问题，同时尽量保证历史的完整性，减少对材料的干预。类似的研究我们可以在日本援修队对吴哥窟的保护案例上看到。

传统的保护工作关注与保存现存材料的完整性，因为经济的改变或者工匠的流失造成的一些地域性的、风土性的技术工艺的失传却是当代格外突出的问题。今天的保护都强调对这些工匠的濒临失传的技术培训,这样就能保证未来可持续的维护,相似的建筑可以得到保护。

越南传统乡村住宅项目(Vietnamese Traditional Folkhouses)就是通过保护,使得这个住宅成为了乡土住区中的一个木工艺的训练场所。越南和日本的专家共同研究这些特殊的建造技术知识,并且与当地的工匠充分交流。6 所房屋的修复都使用了独特的地方建筑工艺,培训工匠以担负未来的修复工作。社区的参与是至关重要的资源,可以为遗产保护提供技术协助。

3. 对遗产进行合理地再利用

对于遗产再利用的反思,也是保护思想在实践中的发展。过去,建筑遗产要么变为不可触碰的文物,要么在所有者或者开发商的授意下,进行随意的改造,当代的再利用更加强调合理,这种合理是基于价值判断的。而建筑师的改建方式也更加多样和智慧。传统上,"使用"往往与设计、材料、装修有关,但当代,很多无形因素——人、声音、气候等,连同记忆和历史渊源,乃至场所精神都是与建筑的使用情况相关的。"使用"是建筑或基地身份认定的决定性因素。对许多保护工作来说,最终的评判标准是使用者的体验感受。我们在鹿港龙山寺的案例中就可以看到传统庙宇的修复与当地传统信仰的整合关系。

《中国文物古迹保护准则》指出:"合理利用是保持文物古迹在当代社会生活中的活力,促进保护文物古迹及其价值的重要方法……是以不损害文物古迹价值为前提,在文物古迹能够承载的范围内,不改变文物古迹特征的,突出文物古迹公益性的利用。"

根据 2003 年 11 月起草的亚洲和太平洋地区文化指导教科文组织区域建议《会安议定书》,在历史建筑再利用方面强调要有"完整性",预防"肢解",并在最广泛意义上保持历史特征。在历史住宅案例中,强调对原初功能的保留和避免人口的替换。

这些宪章公约表达了全世界对于遗产再利用的关注,而再利用的方式也更加谨慎。当代的方案比 20 年前的更加尊重历史和文化价值。对于持续使用和再利用受到越来越严格的控制,而通过再利用,遗产表达其重要性和文化、历史价值的能力在逐步改进。

关于新的使用功能的案例非常多,大致可以分成以下四类:

1) 持续使用

大部分是宗教性历史建筑,需要修补其立面,完善其现代化设施。例如香港犹太教莉亚堂(Ohel Leah Synagogue)(图 4-15),增加了新的机电系统和升降电梯;前文提到的香港洪圣古庙,是一个乡村小庙,需要重新翻盖屋顶和翻新装饰元素;澳大利亚圣母马勒瓦西教会,需要修理彩绘玻璃窗,移除上面的水泥;以及在孟买的圣托马斯教堂,需要更换屋顶,重建附属建筑。这些案例中原初的功能都被保留。

2) 恢复到原初功能

恢复到原初功能的项目同样以宗教建筑为主。哈萨克斯坦阿森西翁教堂(St.

图 4-15　犹太教莉亚堂修复后室内照片

Ascension)的恢复是最显著的案例。建成于 1907 年的木构教堂年久失修,20 世纪 30 年代以后,被作为博物馆和电台使用。经过大量的结构维修和内外表面的重新油漆,大教堂回归俄罗斯东正教的教堂功用。

3）使用上的最小改变

这种类型的保护很多,澳大利亚悉尼圣帕特里克学院(St. Patrick's College),从教会学校改为旅游培训学院;孟买的星展银行大厦(DBS House),由商业办公楼改建为银行;斯里兰卡的哈里斯钱德拉住宅(Harischandra)(图 4-16)由一个殖民地建筑被改建成僧侣住宅。通过这些小的改动,遗产获得了资金和管理上的支持,能够更加长久地在社会生活中发挥作用。这表明小规模功能变动的必要性。

4）完全新用途

这种类型比较少,主要是强调旧址和新用途之间的差别。17 世纪雅加达殖民地大厦,通过利用变成国家档案馆大楼(National Archives Building)(图 4-17)。这个案例强调了当地手工艺的延续。斯里兰卡一个乡村茶厂(Tea Factory Hotel)变成了茶厂酒店,保留了建筑开放空间的功能和一些制茶工具。新加坡一个修道院(Convent of the Holy Infant Jesus)被改成商店和餐厅复合体,其 1903 年哥特复兴的教堂被改成婚礼的礼堂。这种彻底改变用途的方式归根结底还是对价值权衡评估的结果。比方说,一个教会不再需要的教堂可以因为商业目的改造成迪厅、餐厅么?这种改建也许很好地保留了原有的建筑元素,但是这种改建适应建筑无形的重要性么?或者从另一方面说,教堂改建成无家可归者的居所,这是体现教堂本色的,但是有可能要给教堂增加很多设备或者外观上有很大的改变,这可行么?再比如,一个历史的公共住宅需要重新进行内部划分,或者增加新的内部循环设备,这些新元素会影响到建筑结构么?

对合理使用的选择最终会变成复杂的知识和体验平衡的结果。评价的重要因素包括原初的和历史的设计风格和材料能够得到多大程度的保留,或者社区、精神和象征的价值能够得到多大程度的保留。

图 4-16　哈里斯钱德拉住宅

图 4-17　雅加达国家档案馆大楼

第 5 章　对中国保护思想演进的反思

5.1　东西方语境的差异

5.1.1　与西方保护思想价值层面上的差异

在本书的前两章中,我们已经研究了西方的保护思想是如何在价值层面和工具层面萌芽、成长,再逐渐走向理性。当我们将眼光转回中国时,可以看到两者在历史、哲学、社会背景上所形成的差异,以及这种差异在保护思想上的反馈。

首先,西方的历史观念经过了中世纪的混沌,文艺复兴的距离感,理性时代开始认识到过往与当下的冲突,工业时代在追慕起过往的同时,也以今天的成就为自豪,直到现代社会认识到过往是被今人所阐释出来的这样一条线索,而中国哲学很早就认识到古代与今天的距离感,也认识到古代与当代的轮回与转化,这是与西方很不一样的。

在近代,受到西方思想影响的知识分子对历史观念有了新的认识。在朱启钤的《中国营造学社开会演词》提了"纵断"与"横断"的史学研究方法。所谓"有纵断之法,以究时代之升降;有横断之法,以究地域之交通。综斯二者以观。而其全庶乎可窥矣。"朱启钤认识到"凡一种文化,决非突然崛起,而为一民族所私有。其左右前后,有相依倚者、有相因袭者、有相假贷者、有相缘饰者,纵横重叠,莫可穷诘。爰以演成繁复奇幻之观,学者循其委以竟其原,执其简以御其变。而人类全体活动之痕迹,显然可寻。"[1]这种"文化乃历史积淀而成"的认识,与 SPAB 宣言是何其相似。李士桥认为中国知识分子在这一时期的现代转型,体现在观念上对道器的摒除、内容上对社会和文化的重视,以及工具上对科学的强调。[2]

其次,基于对过去的认识,西方的美学对于废墟是推崇的,而中国哲学中有两种观点。在士大夫的眼中,"树小墙新画不古"是肤浅的暴发户们的表现。另一方面,他们对古董字画是十分看重的,但是对于建筑来说,却不希望其呈现破败之况。这看似矛盾,却也好解释,因为中国人好古不好残,对古董字画的精细保存行为满足了人们赏古的欲

---

① 朱启钤.中国营造学社开会演词[J].中国营造学社汇刊,1930,1(1).

② 李士桥.现代思想中的建筑[M].北京:中国水利水电出版社,2009:35-37.

望,同理,一座建筑如果很破败,那么对其修缮对中国人来说,才是保护的过程;另外,在一般百姓的思想中,"重修庙宇、再塑金身"是一件理所当然的事情。普通人家的孩子出人头地了,一定会重修门楣,所谓"光宗耀祖",而不会说留下老宅由其破败。这说明中国人对于建筑这种使用中的器物是从来没有上升到神圣的崇拜高度的,缺乏宗教或民族情感上的奉献和敬畏,也就谈不上对建筑本体的看重。

第三,西方的保护历程中,很多个人和社会团体发挥了重要的作用。在中国,也有类似情况,譬如说岳阳楼的修复,在宋朝滕宗谅、明成化年间吴节太守都曾修复过此楼。但是这种建设活动主要由地方官员发起主持,体现了地方官员的主观意志,因此具有很大的随意性和偶然性。修复的目标也是为了明志或是传承文字,对楼本身的艺术、历史价值并不看重。到了清代,对岳阳楼的修缮是文人发起并得到国家和百姓认可的,并产生了重视建筑本身的"保全"与"一兴而不复废"思想,开始具有现代保护思想的雏形。民国时期的保护则更多受到了日本的影响,在苏州保圣寺古塑像保护进程中就可以看到,首先,在价值认定上,有很大程度借助了日本学者大村西崖的促进作用。其次,在形式上,保护科学受日本的影响较多,保圣寺保存计划书中的"保存"一词,即取自于日本①,至今日本、韩国和中国台湾地区依然将保护称作"保存科学"。在近代以后,中国的保护实践开始逐渐走向现代。

从以上三点可以看到,中国的保护思想在价值层面与西方有着本质的区别。虽然在近代以后中国的保护思想逐渐与西方靠拢接轨,但是我们本土文化中的一些基因是不可能更改的,因此中国的保护既需要有兼收并蓄的理论体系,也应该坚持东方独特的保护哲学。

5.1.2 与西方保护思想工具层面上的差异

在第3章中我们已经回顾了西方的保护思想在工具层面的表现。中国没有如西方一样经历过法国大革命的人权洗礼,也没有经历过工业革命初期的挣扎,直到五四运动才突然拥抱了"德先生"和"赛先生",因此,中国社会在漫长历史中是缺乏理性的熏陶的。中国传统社会不缺乏技术、科学、实践,但是却没有走向理性,这是因为文化与科学没有很好的衔接,匠人们思想的局限性,或者说知识分子对实践过程的漠视共同造成了这种理性的缺失。在工具层面我们也可以进行一些类似的比较,但是必须要理解两种文化土壤的区别。

首先,修缮观念上东西方具有明显的区别。

在中国传统修缮理念中有"修旧如旧"与"因旧为新"两种,"修旧如旧"即是"恢复旧

---

① 张十庆.民国时期的一项文化遗产保护工程:甪直保圣寺古塑像的保护[J].建筑遗产,2016(1):160.

观",体现更多的是对建筑风貌的恢复,对原物的尊重和对历史事件的追忆与对古人文化传统的复兴。"如旧",不仅仅是材料如旧,技术如旧,风貌如旧,更多的是功能如旧,景观如旧,文化传统如旧。"修旧如旧"乃是对建筑本身与建筑文化的双重复兴。修旧如旧的思想在现代被重新定义为一种遵照原物修复的原则,得到延续。

"因"即因袭,"因旧"即是参照原先的形制,利用原有的建筑材料,建成效果讲究"恢复旧观"即恢复到历史上楼阁落成时的壮观景象。而"为新"一则指表面上的翻新,焕然一新可能破坏了建筑的古趣,但是中国传统木构建筑的油漆彩画对于木结构本身有着重要的保护作用,其变色剥落对建筑本身的危害是很大的。其二,"为新"亦有建筑重获新生之意,古迹不是遗迹,建筑不是标本,修缮使得古建筑可以重新被使用,让人重新领略其往日的辉煌。"因旧为新"与"与古为新"类似,都是存旧续新的意思,在演进的过程中留下原来的东西,而不是摧枯拉朽地将老建筑一扫而光。

用老木料建新建筑,是中国古代建筑营造的传统。而这种传统在岳阳楼历代的修缮过程中,逐渐演变成一种结合"修旧如旧"和"因旧为新"的理念,不仅仅是老木料建新建筑,而是尽量保留原有的构件,"栋不必拆而新,楹不必更其旧",因旧为新,恢复旧观,以求古韵新风。

"修旧如旧"与"因旧为新"与西方的"保护"与"修复"有类似之处。"修复"一词从类似"修理"的含义逐步变成"过度修复"的贬义含义,再逐步被"保护"所替代,体现了西方保护思想工具理性的进程,而中国的"因旧为新"是常态,甚至"拆其旧而新之"也是常态。譬如说岳阳楼在宋代和明成化年间的两次大修实际上都是重建,清代以来岳阳楼有史可查的修缮活动共 25 次,其中重建 7 次(一次未竣工),大修 3 次,整修 15 次,其中可考的楼毁于火 2 次,平均不到二十年就有一次修缮活动。所以在中国的保护实践中,重建与修复是常态。而这种经历了多次重建的建筑是不是失去了历史艺术价值,只能被称为"假古董",笔者认为还是值得商榷的。

第二,正如西方的石材保护的发展基于无数次失败的教训,中国的传统建筑也有自己的特殊性,譬如说木材与彩画。在《奈良文件》中,我们已经看到日本对东方传统建筑的保护提出了针对性的意见。1992 年拉森·埃纳尔(Larsen Knut Einar)在国际遗产公约专题文件——《一份关于日本木结构历史建筑真实性的说明》①中,对日本木构建筑修复和保护的传统进行了阐述,扩展了国际保护界对真实性的认识。因此,对于木构建筑为主要保护对象的中国保护理论,同样需要对主题事件进行讨论,从而得出合理的保护理论。

在《曲阜宣言》中,我们可以读到这样的见解:

中国的木构建筑有它的优点,也有它的缺点,它的主要缺点是易腐朽、易虫蛀、易失

---

① 原标题为"A note on the authenticity of historic timber buildings with particular reference to Japan"。

火。腐朽问题又是最主要的问题。木构架最易腐朽的部位,是掩埋在墙体内的木柱和屋面木基层,尤其是檐头、翼角部分。柱根槽朽容易引起柱子下沉,导致上部构架变形,造成屋面漏雨,而屋面漏雨又会加剧木构架的损坏。同时,中国木构建筑是构件模数化、施工装配化的建筑,对木构建筑进行解体修缮,即通常所说的"落架大修"是古建筑修缮的重要方法之一。对文物古建筑进行解体,更换不能再用的构件,整修损坏的部分,按原形制、原结构、原材料、原工艺重新组装,原样恢复,是为古建筑根治病害的有效措施,经过科学治疗的古建筑依然具有文物价值。①

中国传统建筑往往在历史上经历过大修与重建的过程,对古建筑修复持比较宽容态度的罗哲文先生认为,如果坚持"因旧",即保持了原有的型制、结构、材料、工艺,这样的古建筑依然具有文化传承的价值②。这是中国建筑材料、建筑过程的特殊性所决定的。但是这也导致了一个危险的倾向,即以修复保护的名义对历史建筑造成新的损害。罗哲文先生也指出,由于对古建筑维修原则的认识程度有限,"也产生了一些(甚至不少)因维修所造成的损失⋯⋯可称为'保护性破坏'"③。所以以中国特色为名义进行保护实践的时候,也需要辩证看待,后文将以中国式修复为题进行展开讨论。

第三,西方的保护思想在经历个人和团体的呼吁以后,走向了制度化、体系化的程序理性,而中国的保护在历史上只是偶发事件,没有长效的制度。所谓"岳阳楼不遇滕子京,岂不为邱墟?"④而岳阳楼在清代中后期的历次大修,都是由国家拨款、地方士绅募款与民间捐助共同重修的,这已经有了制度化的雏形。如乾隆三十九年对岳州府城及岳阳楼的修缮:

知府兰第锡、知县熊懋奖详请重修,经湖南巡抚梁国治,护理巡抚觉罗敦福,布政司吴虎炳,署布政司农起先后具奏并岳阳楼文昌阁共拨帑银六万九千八百二十两三钱三。分委巴陵县知县熊懋奖,湘乡县知县贾世模,平江县知县范元琳分段修葺,为门五,南曰迎薰,东曰湘春,北曰楚望,西仍曰岳阳,另辟一门曰小西门。⑤

从光绪《巴陵县志》中这段详细的描述,可以看出,修缮工程需要逐级上报,经皇帝批复后拨款,并由知县分段承建,整个一套流程复杂规范,体现出国家对岳阳楼修缮工程的重视。

同时,清光绪年间的一块"治安告示"中写道"照得岳阳楼为郡城名胜之处,士民登

① 《关于中国特色的文物古建筑保护维修理论与实践的共识——曲阜宣言》,载于《古建园林技术》,2005 年第 10 期。
② 罗哲文."康乾盛世"是紫禁城宫殿建筑最辉煌的历史时期——兼谈有中国特色的文物建筑保护维修的理论与实践问题[G]//郑欣淼.中国紫禁城学会论文集(第五辑上).紫禁城出版社,2007.
③ 《罗哲文历史文化名城与古建筑保护文集》,中国建筑工业出版社,2003。转引自张松.中国历史建筑保护实践的回顾与分析[J].时代建筑,2013(4):24。
④ 陈大统《重修济渎庙记》,作于嘉靖 19 年,载于光绪年间出版的《浮山县志》,937 页。
⑤ 姚诗德,郑桂星.光绪巴陵县志[M].岳麓书社,2008:76。

览,本所不禁。惟从仙迹遗存,理宜肃静。乃有不安本分之徒,登楼游览,竟敢任意喧哗,且有互相争斗者,殊属不成事体。合行出示严禁。"①说明当时已经开始有人长期管理该建筑。

但是需要指出的是,这种管理或财政拨款只是针对岳阳楼的个案,中国并没有成立独立的机构或组织来管理与修缮这些建筑遗产。因此与西方的程序理性还是有较大区别。直到"营造学社"的成立,才可以说,中国的保护逐步走向了理性。

5.2　西方保护理论在中国的引入与传播

西方的保护理论在 20 世纪初期已经比较成熟,而它是如何传入中国,以及如何影响在价值层面与工具层面上都与西方现代社会格格不入的中国传统社会,这是本节将要介绍的内容。

很多研究已经介绍了中国建筑在 20 世纪如何转型,如何表现出现代性的问题,此处不再赘述。需要指出的是,正是因为中国建筑界经历了这种转变,才为西方的保护思想逐步进入中国做好了铺垫。笔者认为主要的时间点有两个,一是 20 世纪初,以梁思成为代表的中国建筑理论奠基人在国外接触到包含了保护思想的建筑学教育,同时在中国的一些国外理论家也在传播现代的保护思想;二是 20 世纪 80 年代以后,以陈志华为代表的当代中国建筑理论家开始系统地翻译和介绍西方业已成熟的保护理论。下文将重点介绍这两个阶段的发展历程和对中国保护实践的影响。

5.2.1　现代保护思想在中国的萌芽

1. 梁思成的矛盾性

对梁思成保护思想的研究始于陈志华先生 1986 年发表于《建筑学报》上的《我国文物建筑和历史地段保护的先驱》一文。1991 年,梁思成诞辰 90 周年之际,清华大学建筑学院"梁思成建筑思想研究组"又发表了《梁思成的古城保护及城市规划思想研究》系列;在 2001 年,梁思成诞辰 100 周年之际,一批研究梁思成保护思想的文章发表,例如吕舟的《梁思成的文物建筑保护思想》、王军的《梁陈方案的历史考察》等等。此外,一批具有海外留学经历的学者也从别的视角研究了梁思成的设计思想,例如赖德霖、李华、李军、朱涛等②。在这些学者的总结下,梁思成的保护思想有这样一些基本观点:

① 周易知. 从岳阳楼修复史看中国传统修复观[D]. 申请同济大学建筑学硕士学位论文, 2011: 48.

② 与本文研究相关的文章包括了赖德霖的《构图与要素——学院派来源与梁思成"文法—词汇"表述及中国现代建筑》、《梁思成"建筑可译论"之前的中国实践》、李华的《从布扎的知识结构看"新"而"中"的建筑实践》、李军的《古典主义、结构理性主义与诗性的逻辑——林徽因、梁思成早期建筑设计与思想的再检讨》等。

第一,"整旧如旧"的保护观念,这在他 1934 年发表的《修理故宫景山万寿亭计划》一文中就已经形成。梁思成说:"修理古物之原则,在美术上,以保存原有外观为第一要义,故未修理各部之彩画,均宜仍旧,不事更新。其新补梁、柱、椽、檩、雀替、门窗、天花板等,所绘彩画花纹色彩,俱应仿古,使其与旧有者一致。"①

第二,关于复原,梁思成认为:"复原问题较为复杂,必须主其事者对于原物形制有绝对根据,方可实行;否则仍非原形,不如保存现有部分,以致建筑所受没时代影响为愈。古建筑复原问题,已成为建筑考古学中一大争点,在意大利教育部中,至今尚未悬案;愚见则以保存现状为保存古建筑之最良方法,复原部分,非有绝对把握,不宜轻易实行。"②

第三,在新材料、新技术的使用问题上,梁思成认为保护设计的关键在"将今日我们所有对于力学及新材料的智识,尽量的用来,补救孔庙现存建筑在结构上的缺点,而同时在外表上,我们要极力的维持或恢复现存个殿宇初时的型制"③。

梁思成的话语与前文提到的英国建筑大师斯科特是何等相似。他们都深刻了解古代建筑所含有的价值,看到了早期修复所带来的危害,但是也都自信满满地在实践中试图去纠正前人的错误。梁思成对六和塔所做的复原计划与斯科特为威斯敏斯特教堂的修复设计理念如出一辙。正如斯科特在文章与实践上极端地分离,梁思成也表现出了在保护思想上自相矛盾的地方。梁思成认为"仿古"与使用新材料和构造都是属于"保护"的范畴,而恢复古建筑初时的型制是"保护"的重要一环,也即"修复"是重要的手段,这就与其强调"保存现状为保存古建筑之最良方法"矛盾。也许与斯科特一样,每位伟大的建筑师都认为保存是最佳方案,别人的修复都是不可饶恕的(自己的另当别论)。作为接受过东西方教育的梁思成,或者说具有"现代性"的梁思成,在保护思想上的矛盾,是源自他自身教育体系、哲学观念的局限。因此,此处不是讨论梁思成保护思想的成败,而是讨论其思想的来源脉络,以及在特定语境中的必然表现。

2. 梁思成保护思想的来源

笔者认为,梁思成的保护观念来源有以下几点:首先,包括其父梁启超、朱启钤等知识分子的新史观影响,是形成其历史意识及审美趣味的关键;其次,在美国学习期间,拉斯金等保护主义者的作品非常流行,梁思成接受了美国主流学界对拉斯金的批判性;第三,宾夕法尼亚大学"鲍扎"教学体系中对古迹的考古案例的传授,使得梁思成的保护观念更加偏"修复"而非"保护";第四,梁思成在回国后,与日本学者关于保护的交流。

---

① 梁思成.修理故宫景山万寿亭计划[G]//梁思成.梁思成文集(二).北京:中国建筑工业出版社,1984:212.
② 梁思成.蓟县独乐寺观音阁山门考[G]//梁思成.梁思成文集(一).北京:中国建筑工业出版社,1984:221.
③ 梁思成.曲阜孔庙之建筑及其修缮计划[G]//梁思成.梁思成文集(三)[M].北京:中国建筑工业出版社,1984:1.

1) 新史观与建筑意

如前文所言,近代以来,受到西方影响的知识分子的历史观念发生了变化。在梁启超的新史学体系中,他认为:"历史者,叙述进化之现象也。现象者何,事物之变化也。"[①]其次,他认为历史发展存在着"公理公例",他说:"历史学之客体,则过去、现在之事实是也。其主体,则作史、读史者心识中所怀之哲理是也。有客观而无主观,则其史有魄无魂,谓之非史焉可也。(偏于主观而略于客观者,则虽有佳书亦不过为一家言,不得谓之为史。)是故善为史者,必研究人群进化之现象,而求公理公例之所在。"[②]1922年,梁启超写了《中国历史研究法》,他说:"史者何?记述人类社会赓续活动之体相,计其总成绩,求得其因果关系,以为现代一般人活动之资鉴者。"[③]以梁启超为代表的知识分子,认识到历史乃是不断进化发展的,不再是孟子所云的"天下之生久矣,一治一乱"。因此,对历史的研究,是今天的人们了解古代文化变迁的途径。可以说,具有现代性的历史意识获得了生长的土壤。此后,才有朱启钤在《中国营造学社开会演词》中的"纵断"与"横断"之说。

在这样的文化熏陶下,梁思成对于古建筑的理解也超越了传统的道器层面,他在民国 21 年(1932)《祝东北大学建筑系第一班毕业生》的讲话中,指出,"你们创作力产生的结果是什么,当然是建筑,不止是建筑,我们换一句话说,可以说是'文化的记录'——是历史。"[④]梁思成在《平郊建筑杂录(上)》中,提出了在残破的古建筑上存在的"建筑意",将这种历史、艺术、文化价值以诗意的"意"形容出来。在《中国建筑史》中,有这样的语句:"幸而同在这时代中,我国也产生了民族文化的自觉,搜集实物,考证过往,已是现代的治学精神,在传统的血流中另求新的发展,也成为今日应有的努力。中国建筑既是延续了两千余年的一种工程技术,本身已造成一个艺术系统,许多建筑物便是我们文化的表现,艺术的大宗遗产。"[⑤]可见,这种具有现代性的史学研究方法已经自觉成为梁思成的学术理念的一部分。

另外,赖德霖博士指出,梁启超创建的中国美术史体系,极大地影响了梁思成的实践工作,例如他撰写的中国建筑史、雕塑史等。[⑥]

2) 对拉斯金的批判性认知

1931 年,林徽因在纪念文章《悼志摩》中写道:"对于建筑审美,他(徐志摩)常常对

---

① 梁启超. 饮冰室合集・文集 29[M]. 中华书局,1989：16.
② 同上：18-19.
③ 梁启超. 饮冰室合集・专集 16[M]. 中华书局,1989：1.
④ 梁思成. 祝东北大学建筑系第一班毕业生[G]//梁思成. 梁思成文集(一)[M]. 北京：中国建筑工业出版社,1984：313.
⑤ 梁思成. 为什么研究中国建筑[G]//梁思成文集(三)[M]. 北京：中国建筑工业出版社,1984：377.
⑥ 详见赖德霖. 梁思成、林徽因：中国建筑史写作表微[J]. 二十一世纪,2001(4)：90-99.

思成和我道歉说：'太对不起，我的建筑常识常常是 Ruskin 那一套。'他知道我们是最讨厌 Ruskin 的。"①这句话说明两个问题，首先梁思成和林徽因非常了解拉斯金的思想，其次，他们并不认同他的思想。

第一点并不奇怪，早在 19 世纪中期的美国，拉斯金的著作就广为传播。威廉·穆塔夫（William J. Murtagh）写道："关于对历史建筑本身保护的意义……其来源则是像英国的拉斯金和莫里斯那样的学者。不知道是不是因为文化的共通性，他们的思想很快影响了北方的新英格兰人，拉斯金，这位有巨大影响的雄辩家，他的著作在美国就像在英国本土一样流行……他的这种激情的语言，影响了整整一代人。"②但是，美国的评论家认为拉斯金"既值得崇拜，又显得荒谬；既激发灵感，又令人困惑。他既被指责为说假、多变，但从他作品的多种版本判断，他又一直受到读者的喜爱"③。当时的评论家亨利·范·布伦特（Henry van Brunt）认为拉斯金对中世纪的观察极为准确，但对 19 世纪不甚了解。这代表 19 世纪以来的美国建筑界对于拉斯金的普遍看法。

而梁思成与林徽因对于拉斯金的厌恶，在林徽因的文章中给出了解释："不宜只是一味的，不负责任，用极抽象，或肤浅的诗意美谀，披挂在任何外表形式上，学那英国绅士骆斯肯（Ruskin）对高矗式（Gothic）建筑，起劲地唱些高调。"④可见，梁思成和林徽因出于建筑师的理性，偏爱的是建筑本身的科学性与艺术系的统一，因此拉斯金的偏激是受到批判的。但是不可否认，梁思成和林徽因完全接受拉斯金对于古代建筑的热爱，在《平郊建筑杂录（上）》中，他们很诗意地写道："顽石会不会点头，我们不敢有所争辩，那问题怕要牵涉到物理学家，但经过大匠之手艺，年代之磋磨，有一些石头的确是会蕴含生气的。天然的材料经人的聪明建造，再受时间的洗礼，成美术与历史地理之和，使他不能不引起鉴赏者一种特殊的性灵的融会，神智的感触，这话或者可以算是说得通。"⑤这与拉斯金在《记忆之灯》中认为建筑是人类历史的载体十分类似。

此外，拉斯金的著作中多次提到的"个性"（character）也被梁思成吸收进入自己的学术体系。这个词在美国的教育界十分流行，按照哈伯森（John Frderick Harbeson，1888—1986）的介绍，研究立面、室内和平面的个性是宾夕法尼亚大学设计教学中的重要组成。例如，墙、柱所引导的空间（poché）是决定平面是纪念性的、还是世俗的，个性的关键。⑥梁思成在《中国建筑之特征》中写道："中国建筑之个性乃即我民族之性格，

① 林徽因. 林徽因文集（文学卷）[M]. 天津：天津百花文艺出版社，1999：10.
② William J. Murtagh, *Keeping Time. The History and Theory of Perservation in America*，1988. 转引自王红军. 美国建筑遗产保护历程研究——对四个主题事件及其相关性的剖析[D]. 同济大学，2006.
③ 罗宾·米德尔顿. 新古典主义与18、19世纪建筑[M]. 北京：建筑工业出版社，2000：387.
④ 林徽因. 论中国建筑之几个特征[J]. 中国营造学社汇刊，1932-3，3(1).
⑤ 梁思成. 平郊建筑杂录（上）[G]//梁思成. 梁思成文集（一）. 北京：中国建筑工业出版社，1984：293.
⑥ HARBESON J F. The study of architecture design [M]. New York：WW Norton & Co，2008：101.

即我艺术及思想特殊之一部,非但在其结构本身之材质方法而已。"因此,他用"倔强粗壮"形容隋唐建筑,用"纤靡文弱"形容宋中叶以后的建筑,将不同的个性被赋予不同时代的建筑。①

3)"鲍扎"教学体系中的"考古项目"

在记录宾大教学方式的著作《建筑设计学习》中,有关于考古项目的介绍。该书作者为前文提到的哈伯森,他和梁思成一样是菲利普·克瑞(Paul Philippe Cret,1876—1945)的学生。从他的记载中,我们可以看到宾大是如何向学生们传授对古迹的研究方法。在该书的第 21 章这样写道:

考古项目具有巨大的魔力,它与其他项目,甚至与"装饰问题"目标不同,它较少受到策略(Parti)或步骤的制约,甚至那些设计原则——对称、平衡、虚实空间等问题都退居次席。它是幻想、如画风格、想象的自由,实际上,不受实际需求的限制。总之,考古项目中,策略肯定不是原创的,它就像装饰和细节一样,需要从存疑的风格考据中获得。②

该书还写道:

了解考古信息不仅仅是获取那些建筑细节,也包括获取空间组合的方式以及特别的,了解那个时代人们的生活方式,考古项目的学习离不开了解那个时代的规矩与习俗。③

如前言所说的,考古项目的"策略"是通过档案来捕获历史风格中所包含的"策略"。④

哈伯森以一些具体的案例来解释宾大的"考古项目"的一般流程:

第一步是去考察所有能够获取的档案……因为策略、比例、目标的贯彻都是来自于档案,这部分学习需要很少的时间。下一步是准备上板,最后的展出,就像为古董做的展示,这次形式更加自由……将草图誊上正图现在是一个非常清晰的工作了,虽然这将非常耗时,按前文所说的,大概占整个项目四分之三的时间。⑤

哈伯森展示了一些完成的"考古作品"图纸——华丽、梦幻,充满了如画风格和皮拉

---

① 李军认为梁思成的这种观点受到其夫人林徽因以及瑞典汉学家喜龙仁的影响,详见《古典主义、结构理性主义与诗性的逻辑》一文。赖德霖认为,梁思成的"结构理性"源自克瑞对舒瓦西(Auguste Choisy)的推崇,而舒瓦西的思想与勒杜克一脉相承,详见《构图与要素——学院派来源与梁思成"文法——词汇"表述及中国现代建筑》一文。

② Parti——这个法语词是宾大教学体系中很重要的理念,克瑞这样解释这个词:"策略就是党派,就像政治中的民主党、共和党,人们投票选出一个执政党,也不知道谁会获胜。因此,为问题选择一种策略就是希望按照它的指导可以成功地解决问题。"HARBESON J F. The study of architecture design [M]. New York:WW Norton & Co, 2008:75.

③ HARBESON J F. The study of architecture design [M]. New York:WW Norton & Co, 2008:155.

④ 同上:157.

⑤ 同上:160-161.

内西式的戏剧性(图 5-1、图 5-2)。而这与今天的保护项目的图纸是截然不同的。从其对考古项目的描述来看,在宾夕法尼亚大学的建筑设计教学中,历史建筑只是一个被搭建的舞台,考据和研究固然是重要的,但也"花不了很多时间",重要的任务是如何表现出这种历史感。因此,历史场景、人文符号、装饰就构成了画面表现形式的很大一部分。而历史建筑的尺寸、材质、色彩、构造方法和结构类型等历史信息是考古项目所没有表达的。看着这样的效果图,人们往往无法辨认出哪些是现存的,哪些是绘图者的增添。在一派水彩渲染的退晕中,很多历史信息被掩盖了。

图 5-1　道格拉斯·埃林顿(Douglas D. Ellington)绘制的法国教堂(S. Trophine)入口,该画作获得 1912 年巴黎沙龙荣誉奖

图 5-2　哈伯森自己做的考古项目"西班牙文艺复兴式阳台"

在"测绘图"(measured drawing)课程中,同样表现出宾大对艺术性的偏好。在这章中,哈伯森将大量的篇幅花在如何寻找具有历史韵味的测绘对象上,如何用绘画技巧将对象仔细地表现出来。而具体的测绘方法则只有寥寥数语:

方格纸是比较适合测绘的;模型需要被仔细地描绘。这可以通过在突出部位放下根系有铅锤的绳子,然后记录下离开表面的距离的方法来获得。为了精确的获得轮廓线,有时候需要用细的铅绳来勾勒出模型的轮廓,再在纸上拓下。在同一轮廓线上要多测几个点,这样才能避免操作中的误差。

……照片同样也是很有用的,要尽可能地从各个角度多拍一些——特别是在国外,或者是难以靠近的地方——就可以纠正一些错误或疏忽。照片也有助于去渲染……①

哈伯森接着又开始讨论如何绘制表现图。

总之,宾大所秉承的"鲍扎"知识体系,在对待"历史项目"上并不严谨,对整体美的追求超过了忠实记录历史信息的宗旨,可以说没有多少"理性"色彩。按照彼得·柯林斯所言,"美术学院将建筑仅仅看作感人的、如画的作品和大量装饰的东西这个坏习惯,远在1806 年拿破仑对学院行政改革实施以前,就已经变得日益明显。"②同时,梁思成的老师克瑞,是美国新古典主义的领军人物,所以,梁思成所受的教育中,对于形式、组合、美学的推崇超过了对历史信息的重视保存。因此,梁思成的保护观念停留在要恢复历史建筑的原貌,以一种和谐的美感统一建筑的外观的局限上。这也是其保护观念矛盾性的根源。

4)来自日本学者的影响

如果说父辈、拉斯金之类的保护主义者、学院派的教育给予梁思成的不能算是非常成熟的保护思想,那么梁思成在文中提到"保护之法,首须引起社会注意,使知建筑在文化上之价值……是为保护之治本之办法。而此种之认识及觉悟,固非朝夕所能奏效,其根本乃在人民教育程度之提高……",同时又具体地主张:"愚见则以保存现状为保存古建筑之最良法,复原部分,非有绝对把握,不宜轻易施行。"③这些具有明显"现代保护思想"的话语又是如何形成的呢?

笔者认为,梁思成回国以后,在营造学社与日本古建筑专家的交流,是接受现代保护思想的一个重要途径。梁思成在文中提到:"1929 年世界工程学会中,关野贞博士提出《日本古建筑物之保存》一文,实研中国建筑保护问题之绝好参考资料。"④译注者刘敦桢总结道:

(一)设立永久机关专司保护之责;(二)登记古物,调查内容厘定修理顺序;(三)定公私分担经费办法,以少数公帑发挥较大效能;(四)延聘专家,详订修理方针,以不失原状为第一要义;(五)应用科学设备,防止一些自然灾害等,皆保存古物根本法则。⑤

这些原则已经具有了鲜明的现代保护色彩。

而关于"修复",关野贞在修葺原则一段中指出:

(一)原来的构造与式样应极端的保存。在任何情形之下,修葺工作,不得超越损坏范围。惟后列情形当做例外……;(二)在可能的范围内,建筑物的地址以不更换为上,

---

① HARBESON J F. The study of architecture design [M]. New York: WW Norton & Co, 2008:160-161.
② 彼得·柯林斯. 现代建筑设计思想的演变[M]. 北京:中国建筑工业出版社,2003:199.
③ 梁思成. 蓟县独乐寺观音阁山门考[G]//梁思成. 梁思成文集(一). 北京:中国建筑工业出版社,1984:107-108.
④ 关野贞. 日本古代建筑物之保存[J]. 中国营造学社汇刊,1932,3(2):101-123.
⑤ 同上:119.

因为地址对于建筑的历史关系重大;(三)建筑物的现状,因为增改的缘故,也许与原状不同。但若增改之处,无碍大体,则修葺是应仿照现状的模样。设使原来构造款式,已确凿证实,则照原来款式重修;(四)建筑物内外着颜色的点缀,绝不更动;(五)修理前及修理后的情形,应绘平面图、正视图、侧面图……齐交教育部保存。[①]

从关野贞的介绍中我们可以看到,日本的保护原则与西方的保护策略已经十分接近,但是对重建比较宽容,这种基于木结构特征的保护策略一直贯穿于日本的保护思想中。而梁思成的保护思想中的现代性和体系化也基本脱胎于此。

总之,梁思成的保护观念从何而来是一个非常复杂的问题,就像今天的学者反复考证他矛盾的设计思想一样,梁思成的保护观也兼具有历史的进步性与局限性。进步性表现在他对于历史建筑演变的认识,他采用科学的方法去记录与考据这些古迹,呼吁系统化、全社会投入地参与保护事业;而局限性表现在他对于形式和谐美的偏执,以及对特定时期建筑的偏好。这种复杂的思想既来源于那个时代知识分子的矛盾,又来自于他所受到的西方教育,以及成熟的保护体制给予的借鉴。

5.2.2　西方保护理念的系统介绍

1.《威尼斯宪章》的传入和影响

公布于1964年的《威尼斯宪章》在被介绍到中国来,已经是20多年以后的事情了。1986年陈志华先生在《世界建筑》杂志上发表《保护文物建筑及历史地段的国际宪章》一文,将《威尼斯宪章》的全文发表出来。而本期杂志的主题就是文物建筑的保护,陈志华组织并翻译了费顿的《欧洲关于文物建筑保护的观念》、尤卡的《关于国际文化遗产保护的一些见解》(当时尤卡被翻译成"诸葛力多")等保护界知名学者的文章,并发表了《谈文物建筑的保护》一文。同年9月他在《建筑学报》上发表《我国文物建筑和历史地段保护的先驱》将梁思成的思想与《威尼斯宪章》等文件进行比较。可以说,陈志华的工作第一次将西方的保护理论系统地介绍到了中国,给长期以来一直坚持"整旧如旧"思想的中国建筑界带来了新的思考。重新阅读1986年的这些文章,我们可以看到,在当时的语境中,这些西方概念在转译过程中所引发的变化。

首先,在1986年翻译的《威尼斯宪章》中,保护对象还是沿用梁思成所采用的、中国文物法规中比较常见的"文物建筑"一词对应于 monument[②],而采用"历史地段"来对应 site[③],而这种对应关系产生了几个问题。"文物建筑"是具有法律身份的,而《威尼斯宪章》

---

① 关野贞.日本古代建筑物之保存[J].中国营造学社汇刊,1932,3(2):112-124.

② 今天一般翻译成"古迹"。

③ 今天一般翻译成"遗址"。

中大量 monument 是不具备这种属性的。陈志华在《谈文物建筑的保护》一文中也指出，他所定义的"文物建筑包括大部份古建筑（'古'的时限在各国不一致，有些国家不予限定），但不限于古建筑。它也应该包括近现代在社会史、经济史、政治史、科技史、文化史、民俗史、建筑史等等领域里有重要意义的建筑物"①。他接着强调："文物建筑首先是文物，其次才是建筑。"②可见，他意识到 monument 是个含义甚广的名词，但是没有意识到这种法定身份先入为主地界定之后，给大众对于 monument 认知上带来的困惑，而且限定了这个本该是开放概念的发展前景。同样，"历史地段"与 site 的偏差更加明显，本该严格保护的 site 如果被翻译成以活化为目标的"历史地段"，势必会造成困惑。陈志华的译文在广泛传播后，"历史地段""文物建筑"在一段时间成为中国保护界的通用词汇，例如 1988 年楼庆西的《瑞士的古建筑保护》、1990 年陈薇《中西方文物建筑保护的比较与反思》、1997 年刘临安《当前欧洲对文物建筑保护的新观念》就沿用此概念。直到 20 世纪 90 年代末期，人们认识到"文物建筑"所不具备的普及性以及自身的设限，"文物"一词才渐渐淡去，"历史建筑""建筑遗产""古迹"逐渐被大家接受。"文物建筑"比较严格地被局限在获得法定身份的"建筑遗产"上。

其次，在陈志华的翻译中严格地定义与区分"保护"与"修复"，将之前保护界常用的"保存""复原""修葺"等词汇统一。在此之前，"修复"类似于"复原"，也是保护方法的一种，例如罗哲文 1956 年发表在《文物参考资料》中的译文《苏联建筑纪念物的保护工作》中，就写道："对建筑纪念物的修复与修缮，应绝对遵守'保存原状'的原则，这就必须认真地考证各种有关文献，档案资料，科学的分析与研究工程技术问题，然后才能正确地恢复建筑纪念物的原貌。"③这基本上是延续了梁思成"我们须对各个时代之古建筑，负保存或恢复原状的责任"④的保护观念。通过《威尼斯宪章》的传播，人们开始了解原来"修复"不等于"复原"。《威尼斯宪章》中"任何不可避免的增添部份都必须跟原来的建筑外观明显地区别开来，并且要看得出是当代的东西"与梁思成所提倡的"整旧如旧"的概念有明显的区别。

1963 年，梁思成在扬州关于古建保护的报告上说："……我的牙齿没有了，在美国装这副假牙时，因为我上了年纪，所以大夫选用了这副略带黄色，而不是纯白的。排列也略稀疏的牙，因此看不出是假牙，这就叫做'整旧如旧'。"⑤按照里格尔的价值说，"旧"是年代价值的体现，对"旧"的尊重是一种更加先进的审美方式。当时中国的保护界对此尚有不

---

① 陈志华.谈文物建筑的保护[J].世界建筑，1986(3)：15.
② 同上.
③ Ш·E·娜基亚.苏联建筑纪念物的保护工作[J].罗哲文，译.文物参考资料，1956(9).
④ 梁思成.曲阜孔庙之建筑及其修缮计划[G]//梁思成.梁思成文集(三)[M].北京：中国建筑工业出版社，1984:1.
⑤ 林洙.建筑师梁思成[M].天津：天津科学技术出版社，1997.

同意见,王其明就记载道:80 年代初期,"工民建"的老师们去承德游玩,看到避暑山庄木梁柱上的彩画的时候,十分不解,认为"不蓝不绿、没有纹样、一股油烟子的感觉"①。而这正是修复专家们对彩画进行"整旧如旧"后的效果。"整旧如旧"在实践中,很容易以简单地将新增添的东西跟原有的混为一体来实现,反而引起了观众的困惑。

楼庆西在 2004 年的中国紫禁城学会第四次学术讨论会发表《重读梁思成的文物建筑保护思想》,指出这可能是梁思成根据中国传统审美而提出的主张。② 实际上尽管"整旧如旧"一段时间以来,一直作为文物建筑保护修复实践中的准则③,但是 2000 年以后,对这一准则的讨论开始升温④,这条裂缝不得不说是由《威尼斯宪章》的传播所引起的。河北正定广惠寺华塔、蓟县独乐寺观音阁的修复都是这个时期的代表案例。这个时期,国际的保护已经进入了广义保护时期,从吴哥窟的国际援修、雅典卫城的修复上可以看到,国际上对于"修复"与中国有一些不同,譬如更加强调"统一"而非"区别新旧",强调传统工艺的使用等。

第三,在陈志华的译文中,"完整性"和"真实性"尚未明确。"完整性"被翻译成"整体性"。于是,一个意为完整保存的概念,就被转译为了讨论协调性的问题。而这引发的一大讨论却是关于一座新建筑——阙里宾舍。1987 年 4 月关肇邺发表《从"假古董"谈到"创新"》一文。他写道:"有的同志从古建筑保护的角度出发,以《威尼斯宪章》为依据,认为在有价值的古代建筑近旁,不应建造'仿古'式的建筑,而应按当代的建筑风格来建造新建筑(当然要注意与古建在体量、比例、色彩等方面相配合),以不致混淆古今,正确地反映历史……至于说按《威尼斯宪章》规定,应在古建筑旁建'当代风格的建筑',我想这应做具体分析,不能一概而论。"⑤这段话比较好地表现了《威尼斯宪章》在当时造成的影响和误读。当时的学界将针对单体古迹的修复扩展到与古迹相邻的新建筑上,而忽略了"不允许有所添加,除非它们不致于损伤建筑物的有关部份、它的传统布局、它的构图的均衡和它跟传统环境的关系"这条。因此对《威尼斯宪章》断章取义地引用是它在传播过程中的一大问题。

"真实性"这条概念,在陈志华的译文中,以"一点不走样地把它们的全部信息传

---

① 王其明."修旧如旧"感言[G]//中国文物学会传统建筑园林委员会.建筑文化遗产的传承与保护论文集.天津:天津大学出版社,2011:45.

② 楼庆西.重读梁思成的文物建筑保护思想[G]//朱诚如.中国紫禁城学会论文集(第四辑).北京:紫禁城出版社,2004.

③ 可以参见张礼、刘彦军《我们是如何维修彰德府城隍庙前殿的》,王骏、王林《历史街区的持续整治》等文章,都提到了当时实践中将"整旧如旧"作为指导原则。

④ 该讨论可以参见何应松《文物修缮"整旧如旧"不科学——访北京市古代建筑设计研究所所长马炳坚先生"》(2004 年)、王贵祥《关于文物古建筑保护的几点思考》等文章。

⑤ 关肇邺.从"假古董"谈到"创新"[J].建筑学报,1987(3):14.

下去"指代。这在当时并没有什么反响,但是到 20 世纪 90 年代末期由阮仪三、张松等学者们重新提出,引发关注①。阮仪三等提出的"原真性"概念,延续了冯纪忠、陈从周等学者,对"整旧如旧"思想的反思。阮仪三回忆说:"他(冯纪忠)说,梁思成先生说过'整旧如旧',这话不错,但是不够完善。'旧'到什么程度呢? 他说我把它改一个字叫'整旧如故'。还不够,再加一句话,叫'以存其真'。"按照里格尔的概念,"旧"可谓"年代价值",而"故"可以算是历史价值。如果单提"整旧如故",那么冯纪忠只强调了历史价值,会使得实践走回"风格性修复"的老路。但是"以存其真"的提出说明他的"整旧如故"是有前提的,就是要确保建筑的真实性。而陈从周先生在1984 年的文章中也指出:"质感存真,色感呈伪……真则存神,假则失之。"②冯纪忠、陈从周提出的"存真"提出了如何看待建筑遗产的价值,阮仪三将这种价值判定与"原真性"联系起来,基本还原了"真实性"在《威尼斯宪章》中的意义。

《威尼斯宪章》与中国的实践也发生了很多冲突,对其反思在 2000 年以后逐步升温。在 2002 年,围绕着胡雪岩故居的修复,《中国文物报》社组织了一批讨论《威尼斯宪章》与中国实践之间的矛盾。包括《关于中国古建的修复问题——对〈威尼斯宪章〉有关条款的认识》、《〈胡雪岩故居修复研究〉挑战〈威尼斯宪章〉》(该文为《光明日报》首发)、《且莫轻言挑战》、《对〈且莫轻言挑战〉一文的反思》、《挑战什么——对〈《且莫轻言挑战》一文的反思〉的反思》,像绕口令一样的文章,展现了《威尼斯宪章》在中国被奉为修复准则后所造成的困扰,但是延伸至"欧洲中心论"这样的诛心之论,就已经偏离了学术讨论的范畴。作为译者的陈志华在 8 月发表《必须坚持"可识别性原则"》一文,为《威尼斯宪章》辩护,文中最有价值的部分就是他指出:"《威尼斯宪章》短短 16 条,不到 3000 字,写得非常原则化,我曾问它的第一起草者拉迈禾先生,为什么不写得细一点。他回答,要给具体工作者发挥创造性的余地。"③这句话在我们前文中提到的西方对于《威尼斯宪章》的看法也非常类似,因此,在这种辩论中,《威尼斯宪章》被中国的保护界批判性地接受、运用和反思了。

2.《奈良文件》的传入

作为同属东方木构建筑体系的日本,在 1994 年发表了《关于"真实性"的奈良文件》。这份文件将《威尼斯宪章》所建构的一些原则在地域性实践中进行了修订。2002年吕舟在《〈威尼斯宪章〉的精神与〈中国文物古迹保护准则〉》一文中,首次提到了关于"真实性"的《奈良文件》。次年,同济大学的阮仪三、林林发表《文化遗产保护的原真性

---

① 可以参见 1999 年张松《历史城镇保护的目的与方法初探——以世界文化遗产平遥古城为例》,阮仪三、邵甬《精益求精返璞归真——周庄古镇保护规划》等文章。

② 常青.瞻前顾后,与古为新:同济建筑与城市遗产保护学科领域述略[J].时代建筑,2012(3):42-47.

③ 陈志华.必须坚持"可识别性原则"[N].中国文物报,2002-08-30(3).

原则》一文,详细解读《奈良文件》,也提出用"原真性"替代"真实性"作为 authenticity 的中文译法。[①]

《奈良文件》引起了关于建筑遗产真实性的讨论,而如何解读有中国特色的"真实性"也成为了实践中关注的热点。董卫在《乐清南阁村保护规划》中指出:"生活乃真实性之最佳注解。传统从来都是由民间创造并由民间来传承的。传统建筑模式、工艺和方法反映出传统的营造思想。而思想的一贯性就是真实性的具体体现。不破不立、推陈出新的传统营造思想正是使历史街区得以存在的传统观念。也是一种应当予以继承的非物质文化遗产。"[②]因此采用地方工艺、材料、方式、典仪和程序对传统民居进行修复或重建是被推广的保护措施。2005 年发表的《曲阜宣言》进一步指出:"因此,对于损坏了的文物古建筑,只要按照原型制、原材料、原结构、原工艺进行认真修复,科学复原,依然具有科学价值、艺术价值和历史价值。"[③]如果说《威尼斯宪章》的引入给中国长期以来"修旧如旧"的保护修复观提出了新的路径,那么《奈良文件》的引入无疑是对已经被奉为经典的《威尼斯宪章》带来了新的反思机会。

对《奈良文件》的批判声音来自同济大学陆地 2007 年的文章《〈历史性木结构保存原则〉解读》,他在文中指出:"美洲国家于 1996 年发表的关于美洲文化遗产保护真实性的《圣安东尼奥宣言》,该宣言明确认为《奈良文件》的用语'相当外交辞令(considerable diplomatic)',妥协含糊之处颇多,而且英文文本和法文文本并不一致。"[④]

同样,《奈良文件》也不如《巴拉宪章》的影响来得直接。《巴拉宪章》因为直接被消化吸收进了《中国文物古迹保护准则》,因此可以说是当代中国古迹保护的策略范本,而《奈良文件》的作用是将《威尼斯宪章》所提出的"真实性"原则重新在东方语境中进行评估,这也促使国人将"真实性"原则放在中国的语境中批判性地解读。它搭建了中国保护思想逐步走向成熟的桥梁。

5.3 对当代中国修复实践的理解

5.3.1 中国式修复的特点

1930 年,以中国建筑师为主体的"中国营造学社"成立,朱启钤任社长,建筑学家梁思成(留美)、刘敦桢(留日)分任法式部、文献部主任。中国营造学社是中国近现代史上

---

① "真实性"和"原真性"依然并存于对 authenticity 的翻译中。在《中国文物古迹保护准则》中依然选用"真实性",而以阮仪三、卢永毅、徐篙龄为代表的学者倾向于选用"原真性"。

② 董卫.一座传统村落的前世今生—新技术、保护概念与乐清南阁村保护规划的关联性[J].建筑师,2005(6).

③ 《关于中国特色的文物古建筑保护维修理论与实践的共识——曲阜宣言》,载于《古建园林技术》,2005 年第 10 期.

④ 陆地.《历史性木结构保存原则》解读[J].建筑学报,2007(12).

第一个保护与研究文物建筑的组织,学社出版了《中国营造学社汇刊》《〈清式营造则例〉校勘》等学术期刊和著作,对古建筑进行了大量的调查、测绘、研究与修复工作,这些开创性的工作影响深远。从此,历史建筑的保护成为一件具有现代性的事情,他们的思想直接影响了中国今天的保护实践。

中国的历史建筑保护之路与西方相比短暂而波折,似乎西方三百年来的摸索过程,我们在短短的几十年间就囫囵吞枣地经历了一遍。中国像西方一样,也经历了大规模的拆除改造,也经历过学者的大声疾呼"严格保护",也产生了《北京宪章》《中国文物古迹保护准则》等共识性文件,也不断制定和调整着保护的法律法规。这个过程中,产生了很多激烈争论的案例。此处,我们不讨论政治、经济利益主导下,刻意为之的"大拆大建"的旧城改造、"仿古一条街"、"保护性拆除"等势必会被后人所唾弃的"保护"案例,而是关注那些被反复权衡、兢兢业业修复的案例,这些满含诚意的工作所招致的争议,恰恰能反映出不同阶段人们的保护观念和认知水平。譬如山西五台山南禅寺大殿、杭州胡雪岩故居、上海真如寺大殿、山西应县木塔、北京故宫的保护,等等。本节用"中国式修复"进行解读。

早期的"中国式修复"有这样一些特点:重式轻物、追求完形、修复痕迹比较明显,等等。这些特点的形成,一方面跟中国传统哲学和营造观有关;另一方面也受到梁刘以来,中国现代建筑学体系形成的影响;还有对西方保护观念和国际保护共识的简单解读。下文将通过一些案例来具体讨论这种"中国式修复"的具体表现,以及其背后的历史、保护观念。

1. 重式轻物

常青指出:"中国固有的建筑价值观,历来'重式轻物',打牮拨正、托梁换柱、重修增制甚至拆除重建都是习以为常的。"[①]所谓"重式",指对汉式、唐风、宋韵等某些朝代的偏好,这与西方的"风格性修复"的文化心理是有类似之处的。英国在 18、19 世纪对于哥特风格的偏好,我们在前文中已经分析过,是源于对塑造国家形象的追求和中世纪虔诚生活的渴望;而法国对于古典主义的偏好,也跟塑造国家形象和美术学院的教育体系有关。同样,中国对于汉唐风韵的追求,一方面是源于对这些历史上文化国力都很强大的朝代的仰慕,另一方面,也受到梁刘所建立的中国建筑史体系的影响,在这个体系中,唐代建筑雄浑壮丽、宋代建筑纤美细致,似乎代表了中国建筑的最高水准。而梁刘的这种从萌芽走向兴盛,再走向衰败的历史进化论,直接影响了现代中国建筑史观。在这种思想的影响下,评判历史建筑的历史价值,就会以唐、宋等某些特定朝代的风格为尊。

而所谓"轻物",指对局部构件的年代价值并不看重。如前文所分析的,中国人的历

---

① 　常青.关于建筑遗产保存与修复的反思[G]//中国文物学会传统建筑园林委员会.建筑文化遗产的传承与保护论文集.天津:天津大学出版社,2011:88.

史观念中对于建筑这种器物的沧桑感没什么兴趣,即便是古玩字画,也得符合赏玩者的好恶、或社会时尚才会得到收藏。因此,尽管在现代保护中,我们会依照年代来判断文物或古迹的价值,但是对于一栋建筑上大量年代含糊的构件,我们还是往往会选择忽略它,而成全整个建筑风格的统一。

上海真如寺大殿的修复正是这样一个典型的案例(图5-3、图5-4)。真如寺初建于元代延佑七年(1320),历代均有扩建。据刘敦桢考据,大殿在清咸丰十年(1860)受损,同治、光绪年间两度大修,原单檐三开间的元式大殿被改建为重檐五开间的清代建筑样式。在1961年的文物复查中,上海市文物保管委员会、嘉定县政府决定对严重漏水、屋面倾斜的大殿进行抢修。但这次"抢修"基本上可算是一次复原设计。

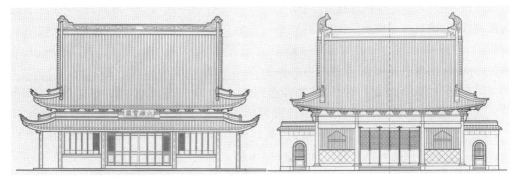

图5-3　真如寺大修前南立面　　　　　图5-4　真如寺大修后南立面

1962年真如寺的修复设计说明如下:

1)将清末重修时改建成的五开间重檐式样恢复为元代三开间单檐原貌;

2)保留元代和一时不能明确何时加在建筑上而有历史价值的部分,基本上不加改动;

3)断定为明清后加的,以及腐朽残坏的构件,依元代原件复原;

4)凡属原建筑梁体结构中不可缺少的,与该建筑的牢固与维护有直接影响的部分,按照元代式样修复,属于纯艺术装饰部分,因原始依据已失,又与整体建筑结构的牢固关系不大,根据节约精神,不作修复。[①]

这几条说明写得十分周详,即便今天读来也是属于非常严谨的修复策略。但是这些措施在"落地"的那一刻就变得十分不可靠了。譬如大殿的16根柱子,与刘敦桢先生之前勘测的记录相比就有了不少出入。刘先生记载到"殿内全部使用木柱,柱身上端,

---

① 上海现代建筑设计(集团)有限公司.共同的遗产:上海现代建筑设计集团历史建筑保护工程实录[M].北京:中国建筑工业出版社,2009:58.

多数具有卷杀，以明间四金柱的形制比较秀美，西次间有二柱没有卷杀。"而现状是 16 根柱均黑漆抹面，顶端有卷杀，而且柱径也改变了。这些被替换掉的柱子所带有的历史痕迹均荡然无存了。再如原金柱柱头上的工匠题字、原有柏木和杉木两种木材区分、原金柱柱身中部微凸二三厘米呈梭状等特点，都已经看不出来了。此外，也有人通过对跱形础的形制进行分析，认为这是现代附会的古代做法，虽然强调了礼佛空间的意义，但是并不是历史的真实。[①]

在修复真如寺大殿的过程中，因为时间久远和历次加建，大殿的元代构件基本上都已毁坏殆尽，为了恢复所谓的"元代原貌"，设计者借鉴了苏州天池山元代石屋、永乐宫三清殿及苏州玄妙观的式样，将角梁和子角梁起翘、正脊、博脊高度、鸱尾、垂兽、戗兽及博风、垂鱼式样都进行了"风格性修复"。这种修复方法技术在梁思成先生所做的杭州六合塔复原计划中就可以看到。他提出了为了恢复古塔最真实状态，可以从以下一些依据中找到支持：在现存遗构上找到原来安插木斗拱檐椽的分位；与同时代的砖身木檐宋代或五代塔——杭州雷峰塔、保淑塔进行类比；以六和塔本身内部的斗拱柱额为根据，按照法式进行推求；收集各地约略同时、约略同形的实物及术书进行比较。[②] 可以说，梁思成的这种"比较研究"和"法式研究"的科学方法是"中国式修复"的理论依据。

这与我们之前讨论的斯科特在修复威斯敏斯特教堂入口时，也参考了同时代英国的林肯教堂的东南入口和法国亚眠大教堂的装饰是类似的。斯科特的做法在当时备受争议，被称作"过度修复"。同样，因为所谓的"元代原貌"实际上是依据不足的，所以这次修复带有了主观性，说是仿元设计更加合适。且不说这些模仿对象的可靠程度，仅仅说这种拼凑的方法就是对原初对象极大的歪曲，因为这些原初对象原本可能留存的蛛丝马迹也被抹去了。

而拆除清代所加建的重檐也是值得商榷的。我们可以对比宁波保国寺的情况，同样也是在清代出于功能或宗教的目的加建了重檐，在 1975 年大殿的维修中，这圈重檐没有被拆除（图 5-5）。郭黛姮评价道："这种做法保护了这座宋代木构的主要部分，使今天对于祥符殿的原貌仍有迹可寻，并可进一步对其进行科学保护和研究。"[③]保国寺的宋代形象也被学者们在图纸和模型中复原出来（图 5-6），但这都是以虚拟的形式呈现的，原初的构件还稳妥地保存在清代的躯壳中。对于追求"唐风宋韵"的人来说，保国寺无疑是不标准的，但是对真正热爱宋代营造技术、建筑特征的人来说，保国寺无疑是最佳的教材。这些慧眼可以将后世的添加在脑海中除去，抽丝剥茧地寻找历史的踪迹，谨

---

① 巨凯夫.上海真如寺大殿形制探析［D］.东南大学，2010：39.

② 梁思成.杭州六和塔复原状计划［G］//梁思成.梁思成文集（二）.北京：中国建筑工业出版社，2001：355.

③ 清华大学建筑学院，宁波保国寺文物保管所.东来第一山：保国寺［M］.北京：文物出版社，2003.

慎地将宋代的构件、形象、装饰还原。而如果像真如寺一样,没有仔细记录现状就将添加拆除,就落架大修,将损坏的、残破的、腐朽的、消失的构件统统按照自己的拼凑法则进行替换,这种寻觅的乐趣就荡然无存了。

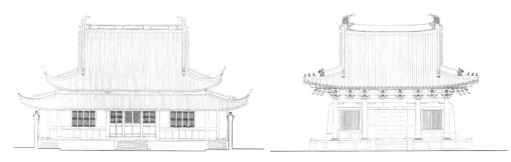

图 5-5　保国寺正殿立面现状　　　　　　　　　图 5-6　保国寺正殿立面复原图

历史加建的部分可能是比较潦草,可能破坏了建筑整体的美感,在求"真"还是求"美"的权衡中,"美"在"风格性修复"的过程中,无疑是被置于了"真"之上。但是这种"美化"的代价是将历史信息进行抹杀和歪曲,我们在西方的历史经验中已经看到了它的不可取之处。而对于"中国式修复"来说,危险不仅仅来自于设计者对美的追求,而且来自于中国的建筑师内心里对唐风、宋韵的偏爱和附会。

2. 追求完形

早期"中国式修复"的第二个特点是追求完形,这是因为中国传统文化中认为废朽与社会动荡、民生凋敝相关的,而新兴则显示国力强大、文化昌明。这与西方见到古罗马的废墟就产生对帝国伟大时代的崇敬,见到教堂废墟就产生对中世纪的虔诚生活的向往是不同的。因此,在西方文化中,废墟是具有美学意义,而在中国的文化中,废墟是一种不好的状态,需要通过修复来使其完整新生,才对今日之生活有意义。有意思的是,中国绘画、园林中常常以曲欹、留白为美,而废墟的残破意境却不属于这种病态的美学之列,这大概是因为建筑在中国只是一种器物,而器物只有冠冕堂皇才是美的,屋漏窗残的境况算不得艺术。

通过以上几点的讨论,我们可以看到"中国式修复"倾向于追求完形的风格修复。这既受到中国传统文化根深蒂固的影响,也与中国现代建筑体系的建立有关,同时,随着西方保护理论的大量引入,中国式修复也发生着变化。譬如说早在1934年的曲阜孔庙修复中,梁思成的看法是:

在设计人的角度上看,我们今日所处的地位,与两千年以来每次重修时匠师所处的地位,有一个根本不同之点。以往的重修,其惟一的目标,在将已破敝的庙庭恢复为富丽堂皇、工坚料实的殿宇。若能拆去旧屋,另建新殿,在当时更是颂为无上的功业或美德。但今天我们的工作却不同了，我们须对于各个时代之古建筑负保存或恢复原状的责任……所以在设计上，我以为根本的要点在将今日我们所有对于力学及新材料的知识，尽量的用来补救孔庙现存建筑在结构上的缺点，而同时在外表上，我们要极力地维持或恢复现存各殿宇建筑初时形制。[①]

可见，在梁思成的认识中，今天的科学是可以弥补古建筑结构上的缺憾，而恢复建筑初时的形制也是必要的。这可以算是"中国式修复"的第一阶段。前文提到的真如寺大殿，还有五台山南禅寺大殿、福州华林寺大殿都是这一时期的代表作品。

图 5-7　应县木塔"卸荷存真"修缮方案

而随着西方保护理论的传入，"中国式修复"变得更加谨慎。我们在《中国文物古迹保护准则》中可以读到"文物古迹的审美价值主要表现为它的历史真实性，不允许为了追求完整、华丽而改变文物原状。""修旧如旧"等观念开始在"修复"中运用。但是这在建筑界并不是主流。譬如前文提到的承德避暑山庄对彩画进行"加固、封护"后的效果并没有得到建筑师们的认可。[②] 这种暗淡古旧的韵味正是对重新描画，彻底新作的"中国式修复"的纠正。再比如应县木塔修缮保护工程从 1989 年开始，经历了反复的讨论。在 2002 年的评审论证会上，专家们对提交会议的抬升修缮、落架大修、现状加固、钢架支撑等修缮方案的可行性、可靠性逐一进行了评审论证。多数专家同意抬升方案，从而确定了"抬升修缮"的技术思路（图 5-7）。2006 年 4 月，国家文物局在朔州召开"应县木塔抬升修缮方案评审会"。专家们实地考察了木塔现状，听取有关单位的方案介绍后，对设计方案进行了认真的讨论，认为：《应县木塔保护工程抬升修缮方案》和《应县木塔抗震加固方案》作为实施方案还不够成熟，抬升方案暂缓进行。这种"倒退"正是对"中国式修复"所造成的"保护性破坏"的反思。但是这些谨慎保守的做

---

① 梁思成.曲阜孔庙之建筑及其修葺计划[G]//梁思成.梁思成文集(卷二).北京：中国建筑工业出版社，1984.

② 王其明."修旧如旧"感言[G]//中国文物学会传统建筑园林委员会.建筑文化遗产的传承与保护论文集.天津：天津大学出版社，2011：45.

法也受到了巨大的压力,正如王其明先生的同事们质疑承德的修复效果,对应县木塔修缮方案的反复思量,也遭到一些人的批评。这主要是因为木塔破损严重,迟迟悬而未决的修缮方案使得很多专家担忧木塔的状况。

在吴哥窟周萨神庙的修复过程中,也可以看到在当代,对"完形"的热衷依然主导了中国修复的实践。而这个案例中,中西方对于"修复"理解的不同也在实践中产生了不同的效果。2009年,对周萨神庙的修复在国内引起了很大的争议,因为与其他国家修复的效果相比,周萨神庙在较短时间内被修复完毕,但所添配的砂岩构件与残存的构件差异颇大,色彩十分斑驳,一些构件的花纹线脚也与残存的构件不太协调。有人认为,按照《威尼斯宪章》原则修复的古迹就是会出现这样的不协调,中外皆然,法国修复的巴方寺同样是新旧对比明显的。其实这是"中国式修复"对于完形的过度追求的结果,这种对完形的追求一方面来源于我们上文分析的中国传统文化中对废朽的抵触,另一方面也是对国际保护思想的不同理解。

周萨神庙的修复工作遵守了《威尼斯宪章》《中国文物古迹保护准则》和各国在吴哥窟的修复通行做法,尤其法国远东学院第二任院长马沙(Henri Marchal,1876—1970)所创的"原物重建法"是周萨神庙修复的重要依据。所谓"原物重建法"即:"以建筑物本身的材料,依据建体结构予以重建或修复。此法允许谨慎而正确地使用新材料,以代替缺失部分,否则古老的部分无法重归原位。"[①]"原物重建法"其实就是乔瓦诺尼所谓的"解析重塑"(anastylosis),这也是《威尼斯宪章》中唯一允许的重建方式,在雅典卫城等考古项目中都进行过实践。在吴哥窟古迹中,采用这种重建法的包括瑞士援修的女王宫,法国援修的巴方寺、豆蔻寺,日本援修的吴哥寺西参道等。基于此,对周萨神庙的修复策略包括"原状修整"和"重点修复":"原状修整和重点修复的目的都是排除结构的险情,修补损伤的构件,恢复文物原状。所不同是原状整修是在不扰动整体结构的前提下,把歪闪、坍塌、错乱的构件恢复到原来的状态,而重点修复是可以局部或全部解体,允许增添加固构件、更换残损构件。"[②]所以可以说"重点修复"就是"中国式修复"的代名词。从表5-1中可以看到,周萨神庙的主要建筑除了祠堂塔外都进行了重点修复,而且新添了比较多的构件,这种完形的结果一方面使得业已崩塌损毁的周萨神庙恢复了历史轮廓线,但是另一方面也使得神庙本身的新增添的部分比例变得相当大,在处理新旧对比的情况下就需要格外的关注。

在吴哥古迹的国际保护实践中,各国专家都以能够最大限度地恢复吴哥窟的历史风貌为目的,进行着研究和尝试性的修整。法国援修的巴方寺,我们也能够看到成堆的

---

① 中国文物研究所.周萨神庙(世界遗产柬埔寨吴哥古迹)[M].北京:文物出版社,2007:242.

② 中国文物研究所.周萨神庙(世界遗产柬埔寨吴哥古迹)[M].北京:文物出版社,2007:6.

新旧石材在准备拼合进塔体。而印度援修的塔布茏寺则乱石遍地,很多可以推测出位置的构件就随意地堆放在一起,连尝试拼合的机会都没有。倘若这是国际援修的目的,那么吴哥窟很多珍贵的民族艺术和文化遗产就会被埋没了。

表 5-1　周萨神庙修复中的原存、拼对和新添构件比例比较

建筑名称	维修方法	原存的构件数目	拼对的构件数目	新添构件数目	新添构件占新旧构件总数的百分比
祠堂塔	局部解体,原状修整	—	200(其中修补残损 50 件)	30	4%
祠堂塔前厅	解体大修,重点修复	—	—	67	4%
东楼门	解体大修,重点修复	2241	513	58	2%
南门楼	解体大修,重点修复	537	400	50	5%
北门楼	解体大修,重点修复	205	426	约 300	32%
南藏经殿	解体大修,重点修复	346	约 500	134	13.6%
北藏经殿	解体大修,重点修复	323	490	90	10%

周萨神庙的修复效果不尽人意的一个原因是对"原物重建法"的不同理解。周萨神庙新构件的增添依据《威尼斯宪章》中明确要求"补足缺失的部分,必须保持整体的和谐一致,但在同时,又必须使补足的部分跟原来部分明显地区别,防止补足部分使原有的艺术和历史见证失去真实性"的原则。但是完成的效果却不能令人满意,这是因为修复中过于强调"区别"而忽略了"和谐"二字,而"和谐"却恰恰是《威尼斯宪章》的重要精神。如前文介绍的,"原物重建法"来源于乔瓦诺尼提出的"解析重塑"(anastylosis),但是在被收入《威尼斯宪章》的时候,布兰迪的一项重要的理念也被一同写入,这就是"和谐"——意大利原文 unità,英语版译作 oneness,这里翻译成"统一"可能更加符合原意。因此,在"重点修复"的时候,保证建筑艺术的"统一"是等同于"区别新旧"的。而这一重要理念的被忽视,造成周萨神庙修复上的问题。

当然,国际的修复队也经过了漫长的摸索过程。20 世纪上半叶,法国远东学院修复女王宫的时候,采用红土(即角砾岩),其颜色与原来泛黄的玫瑰色砾岩合为一体,此后这项技术就开始广泛应用。20 世纪中期修复周萨神庙西楼门的时候,也是用角砾岩来替代缺失的砂岩构件,但是西楼门用的是青灰色的砂岩,与角砾岩反差强烈,效果不佳。其后修复的托玛侬寺就改用水泥做新添材料,但是效果也不佳。到 20 世纪下半叶修复的巴方寺、麻风平台、圣剑寺、巴戎寺等都是采用与原材质一样的砂岩。中国文物

队在周萨神庙的修复中采用灰绿色的长石砂岩,从修复完的效果看,这些石材与留存下来的石材有很大的色差(图 5-8)。这主要是因为留存下来的砂岩经过时间的冲刷,在灰绿色的基色上有了灰黄、黄绿、灰黑等各种色差。可能再经历若干年的风雨侵蚀,这种色差变弱以后,效果会不这么突兀。

　　日本修缮队在修缮巴戎寺的过程中,坚持使用与原初相同的材料,他们提出"保存不仅仅是要保存外观,而且要尽可能地使用原初的建造方式"(图 5-9)。这不仅仅是出于外观的考虑,也是因为只有这样石材才能和散落在地上的原构件一起提供结构所需的承载力。经过两年的寻找,日本修缮队终于在红色高棉留下的雷区附近找到了合适的砂岩。这种砂岩从颜色和硬度上接近巴戎寺的材料。同时也找到了可以替换基础里液化部分的角砾岩。在基础的处理方面,日本修缮队在角砾岩层里面均匀地撒上石灰颗粒,力求与原初砂石效果一致。而中国文物队是力图改进原有结构的不足,据记载,中国文物队"在基础下面加筑一层三合土垫层,以提高地基的承载力;二是将墙体下面的沙砾岩从原来的一层增加到三至五层,同时用水泥浆基座内砌体之间的缝隙灌注填满,防止沙土外流"。这两种做法谁能够更适应柬埔寨的气候条件,暂时还不得而知,但是只要是经过了大量缜密的实验后进行的尝试都未尝不可。

　　除了色彩上的差异以外,周萨神庙的雕刻也是大家诟病的对象之一。其实在整个吴哥窟修复工程中,各国各时代的做法也不尽相同,譬如印度尼西亚维修的皇宫东门,所添构件都没做细节雕刻(图 5-10);法国维修的巴方寺和麻风平台,所添构件上的纹饰都按照原样雕刻出来,细节上又与原件稍有差别(图 5-11)。周萨神庙的雕刻基本上是补全了残存构件的纹理,希望达到艺术效果上的完整,这又是"完形"思想的影响,但是在雕刻水平和新旧尺度的把握上不尽人意。我们可以对比下麻风平台、巴方寺和周萨神庙南楼门的雕刻效果,麻风平台的女神雕刻细腻、新旧衔接过渡自然;巴方寺更是为了协调残存构件特意雕刻得略浅(图 5-12);而周萨神庙的雕刻水平不高,用一种花纹重复排列,没有妥善考虑残存构件的衔接,有些纹路的添加也缺乏依据。乍一看就像一块崭新耀眼的补丁打在了一件灰旧的布衣上,形俱而神散。因此,一个好的"完形"作品一定是一件深思熟虑的艺术作品,倘若不具备一定的艺术素养或技术手段,还不如像皇宫东门一样留白,让观众的目光集中在残存的艺术品上。

图 5-9　巴戎寺的修补（日本）

图 5-8　周萨神庙的拼对与修补

图 5-10　皇宫东门的拼对与修补（印度尼西亚）

图 5-11　麻风平台的拼对与修补（法国）

图 5-12　巴方寺的雕刻略浅（法国）

3. 对于复建的灵活态度

到了今天，人们对"中国式修复"再度反思，"中国式修复"的生命力是根植于中国传统的文化中的，将一切重建、修复工程都视作"假古董"来批判无疑是片面的。对建筑进行复建是一个需要审慎考虑的问题。正如常青指出的：

当建筑遗产全部或大部损毁后，是保留废墟还是进行修复，应视必要性和可能性而定。大部损毁就意味着"标本"价值已大大降低，其所含历史信息已大部消失。但设若内在的记忆价值或象征价值依然存在，经过缜密论证，如确有必要，又有充分的图像和文字材料佐证，对某些特殊对象而言，似可考虑原址原貌复建的可能性。实际上，当代关于建筑遗产损毁后的复建问题比较普遍，如二战后伦敦、柏林、华沙等欧洲城市的重要历史建筑，大都是在废墟中复原重建的，这与既无历史价值又无复原依据的"假古董"在性质上完全不同。[①]

对古代遗迹来说，如果基本信息已经荡然无存，那么复建必然是危险的。但是如果还留有一定的线索，那么也可以在仔细研究的基础上，进行一些复建的尝试。在德语中关于重建包括了"Wiederaufbau"和"Rekonstruktion"两个词，"Wiederaufbau"一般指对因为自然

---

① 常青.历史建筑修复的"真实性"批判[J].时代建筑，2009(3)：118-121.

灾害或者战争损毁的建筑,在破坏后不久即再建造并完形。譬如第二次世界大战以后的重建,基本上都是属于"Wiederaufbau"的范畴。而"Rekonstruktion"指的是按照图像、文献对有一定历史的废墟进行复原,一般认为"Rekonstruktion"后的建筑不具备古迹的特性,主要是出于教学研究目的进行。这种分类方法,就比较好地解决了重建的伦理问题。因此在汶川地震灾后的重建、西藏日喀则宗山城堡的重建都是合情合理的。

在中国的语境中,还需要考虑到东方的材料、工艺的不同,所造成的复建上的特殊性。譬如在故宫的大修工程中,罗哲文就认为"康乾盛世,金碧辉煌"是紫禁城的原真和完整的面貌。在重建建福宫花园的问题上,他认为:"保存原来的形制、原来的结构、原来的材料、原来的工艺技术。如果这四保存做到了,就是保存了原来古建筑的文物价值,就应该是文物。"①在故宫建福宫重建工程中,通过对地盘分位的研究明确了各个建筑的位置,由于台基构造完整、柱网分布清楚,给每座建筑营造的法式、尺度的考证分析提供了可能性。同时,为了使用原始工艺、原始材料,从而保护传统工艺、材料,工程在进行时,按故宫记载来选择传统材料,并聘请瓦、木、石、扎、土、油漆、彩画、糊八大作的老匠人把关施工,保证了工艺上的真实性和历史信息的延续。在此,工艺的传承成为更重要的价值得到保护。

另一方面,对于像应县木塔那样原物完整保存,因为结构加固的原因要将其拆除后"复建",就应该更加慎重。虽然对木结构而言,"落架大修"(即拆解重装)是古来的传统做法,但对应县木塔来说,下部结构因长时期的超荷承压,构件榫卯已老化,根本无法拆解,彻底落架就意味着拆毁,势将给建筑遗产的历史、美学价值造成巨大的破坏。在这种情况下,更加保守的方式就似乎更为合理。而对于那些具有精美砖饰的建筑外观,拆除"复建"亦为下策,因为即使材料、工艺可以模仿,年代价值及历史真实感亦将不复存在。总之,在当代的"中国式修复"中,复建并不是一个完全不可以触碰的禁区,在有些情况下是可以商榷的,但是希望相关论证机制能够慎重、严谨、长效。

5.3.2　中国式修复的理论反馈

在"中国式修复"中,关键的核心点是对"原状"和"修复"的认识与解读的不同。在不同时期的文件和出版物中,我们可以解读出这两个关键词内涵上演变以及概念上的转换。据此,我们可以从理论的层面上理解"中国式修复"所诞生的文化土壤,以及它所给予的反馈:一方面它受到了各种文物条例的制约;另一方面,它也在潜移默化地通过自己的实践改变了很多条例和文件中的认识。

---

① 罗哲文."康乾盛世"是紫禁城宫殿建筑最辉煌的一段历史时期——兼谈有中国特色的文物建筑保护维修的理论与实践问题[J].故宫博物院院刊,2005(5).

1. 对原状的多种解读

在我国 1982 年制定的《文物保护法》中规定："对不可移动文物进行修缮、保养、迁移的时候，必须遵守不改变文物原状的原则；使用不可移动文物，必须遵守不改变文物原状的原则。"但是文物法对何为"原状"并没有明确的论述。在建筑遗产保护的操作层面，我们可以看到有这样三种区别明显的解读：

第一种，"原状"即建筑的"初建状态"。"初建状态"在中国是一个很难确定的状态，因为中国的木构建筑基本上都经历过改建重建，即便留下图像资料也往往是意象大于具象，因此恢复初始原状的工作只能是现代建筑师的再创作了。对于近现代留存下来的建筑遗产，"初建状态"倒是可能再现的，譬如说以沐恩堂为代表的上海一批近现代历史建筑的修复工程。沐恩堂由匈牙利建筑师邬达克在 1929 年设计建造，在"文革"期间，顶部十字架及钟楼与镂空饰窗损毁严重。上海市民用建筑设计院在 1986 年进行修复设计，设计师根据档案馆留存的邬达克的平面及剖面图、两张历史照片和对牧师等神职人员的访谈，基本确定了钟楼本来的面目。这种有据可查、并且损毁时间不长、亲历者还建在的案例是存在恢复到"初建状态"的可能性。

第二种，视建筑某一历史时期的建筑形态特征为原状，这种观念即前文所提到的"重式轻物"。这主要一是由于建筑物可能被毁或创建多次，初建的情况研究无从考证；另一方面，也会选择最能代表该建筑艺术价值的某个历史阶段作为"原状"。在 1986 年 7 月 12 日颁布实施的《纪念建筑、古建筑、石窟寺等修缮工程管理办法》中指出，所谓不改变原状原则，"系指不改变始建或历代重修、重建的原状。修缮时应按照建筑物的法式特征、材料质地、风格手法及文献或碑刻、题铭的记载，鉴别现存建筑物的年代和始建或重修、重建时的历史遗构，拟定按照现存法式特征、构造特点进行修缮或采取保护性措施；或按照现存的历代遗存、复原到一定历史时期的法式特征、风格手法、构造特点和材料质地等，进行修缮的原则"。前文所提到的上海真如寺大殿的修复就是试图将一座改建、加建多次的建筑遗产恢复到元代风格。在这种观念中，"法式特征"是"修复"所要捍卫的价值，"正统"高于"原初"和"真实"。

第三种，视历史上每个时代的叠加物都是"原状"的组成部分，这就是"真实"。这与《威尼斯宪章》中"全面保护原则就是各时代加在一座文物建筑上的正当的东西都要尊重，因为修复的目的不是追求风格的统一。一座建筑物有各时期叠压的东西时，只有在个别情况下才允许把被压的底层显示出来，条件是，去掉的东西价值甚小，而显示出来的却有很大的历史、考古和审美价值，而且保存情况良好，还值得显示"的保护思想是相似的。在我国 2003 年颁布实施的《文物保护工程管理办法》中指出："文物保护工程必须遵守不改变文物原状的原则，全面地保存、延续文物的真实历史信息和价值；按照国际、国内公认的准则，保护文物本体及与之相关的历史、人文和自然环境。"在 1992 年建设部颁布的《古建筑木结构维护与加固技术规范》中指出："原状系指古建筑个体或群体中一切有历史意义的遗存现状。"前文提到的保国寺大殿的保护就是这种思想的表征。在此，"真实"高于"原初"和"正统"。

但是中国的保护界并不赞成将一切现状都毫发无损地保存下来，在 2005 年的曲阜会议上，发表了由马炳坚、罗哲文牵头撰写的，题为"关于中国特色的文物古建筑保护维修理论与实践的共识"的《曲阜宣言》，文中认为："原状应该是文物建筑健康的状况，而不是被破坏、被歪曲和破旧衰败的状况。衰败破旧不是原状，是现状。现状不等于原状。不改变原状不等于不改变现状，对于改变了原状的文物建筑，在条件具备的情况下要尽早恢复原状。"

在 2002 年发表《关于〈中国文物古迹保护准则〉若干重要问题的阐述》中，试图对"原状"给予全方面的解释：

文物古迹的原状主要包含以下几种状态：

（1）实施保护工程以前的状态；

（2）历史上经过修缮、改建、重建后留存的有价值的状态，以及能够体现重要历史因素的残毁状态；

（3）局部坍塌、掩埋、变形、错置、支撑，但仍保留原构建和原有结构形制，经过修整后恢复的状态；

（4）文物古迹价值中所包涵的原有环境状态。

并且强调，"由于长期无人管理而出现的污渍秽迹，荒芜堆积等，不属于文物古迹原状。"它进一步提出"可以恢复原状的对象"有：

（1）坍塌、掩埋、污损、荒芜以前的状态；

（2）变形、错置、支撑以前的状态；

（3）有实物遗存足以证明为原状的少量的缺失部分；

（4）虽无实物遗存，但经过科学考证和同期同类实物比较，可以确认为原状的少量缺失的和改变过的构件；

（5）经鉴别论证，去除后代修缮中无保存价值的部分，恢复到一定历史时期的状态；

（6）能够体现文物古迹价值的历史环境。

可见，《阐述》试图给我们前文提到的三种"原状"定义进行归纳总结。但是这些归纳本身是有矛盾的，譬如说"实施保护工程以前的状态"就有可能是一次胡乱改造的结果，那这样的原状需要维持吗？又譬如说无人监管造成的"污渍秽迹"与古迹的古色又该如何区分呢？再譬如说"原构建、原结构""有价值的状态"是如何定义的？这些都是值得商榷的问题。但是，《阐述》意识到在中国保护界对于"原状"认识上的复杂性和矛盾性，因此，为进一步的讨论留下了空间。

2. 对"修复"的多种解读

因为对"原状"有多种的认识和解读,对如何恢复文物古迹的原状也就有了多种方法。在现行的文件中,一般都会刻意地回避"修复"这个词汇,而使用"局部""重点"的定语来限定"复原"这一比较敏感的词汇,并且试图用多种详细的说明来细化其在实践中可能的表现形式。

例如,在1986年的《纪念建筑、古建筑、石窟寺等修缮工程管理办法》中,"中国式修复"表现为:"重点修缮、局部复原"。该文件强调:"此类工程必须事先作好勘查测绘、调查研究,在充分掌握科学资料的基础上进行设计。工程设计必须经过认真分析研究,广泛征求有关方面专家的意见。并提出《修缮、复原工程申请书》报经相应的文物主管部门批准之后,方得进行施工。"

在1992年的《古建筑木结构维护与加固技术规范》中,提出了"重点维修"和"局部复原"两种方式:

重点维修是指以结构加固处理为主的大型维修工程。其要求是保存文物现状或局部恢复其原状。这类工程包括揭瓦顶、打牮拨正、局部或全部落架大修或更换构件等。局部复原是指按原样恢复已残损的结构,并同时改正历代修缮中有损原状以及不合理地增添或去除的部分。对于局部复原工程,应有可靠的考证资料为依据。

可见,"中国式修复"在实际操作中,基本上分成干预程度较轻的"重点修缮"和干预程度较大的"局部复原"两类。而"重点修缮"与"日常一般修缮"的不同,在于其可以进行一些如"落架大修"等大型工程;而"局部复原"虽说增加了"局部"这个限定词,但是实际上是给大规模的、甚至整体的复原工程留下了可能性。因为它所强调的"局部"具体指的是:"已残损的结构"和"历代修缮中有损原状以及不合理地增添或去除的部分",那么,如果这些部分占到了整个建筑的绝大部分,这样的"局部修复"还是保护吗?

在2002年《关于〈中国文物古迹保护准则〉若干重要问题的阐述》一文中,沿着"重点修缮"和"局部复原"的体系发展,提出"日常保养""防护加固""现状修整"和"重点修复"的概念,试图完善"修复"的范畴,并且给予其更严格地适用范围。文中指出:

现状修整是在不扰动现有结构,不增添新构件,基本保持现状的前提下进行的一般性工程措施。主要工程有:归整歪闪、坍塌、错乱的构件,修补少量残损的部分,清除无价值的近代添加物等。修整中清除和补配的部分应保留详细的记录。

重点修复是保护工程中对原物干预最多的重大工程措施,主要工程有:恢复结构的稳定状态,增加必要的加固结构,修补损坏的构件,添配缺失的部分等。要慎重使用全部解体修复的方法,经过解体后修复的结构,应当全面减除隐患,保证较长时期不再修缮。修复工程应当尽量多保存各个时期有价值的痕迹,恢复的部分应以现存实物为依据。附属的文物在有可能遭受损伤的情况下才允许拆卸,并在修复后按原状归位。经核准易地保护的工程也属此类。

在《案例阐释》中,以西岳庙"少昊之都"石牌楼的修缮案例作为"现状修整"的阐释;以晋祠圣母殿修缮工程(图 5-13)作为"重点修复"的阐释。那么,"整修"与"修复"究竟有没有明确的界限,它们究竟是不同程度的干预措施,还仅仅是一种实践策略的不同称呼而已? 表 5-2 对这两个案例进行了比较。

图 5-13　晋祠圣母殿修缮工程

表 5-2　"少昊之都"石牌楼与晋祠圣母殿修缮案例比较

	"少昊之都"石牌楼	晋祠圣母殿
现状问题	局部屋顶塌落,两侧次楼柱基下沉、移位,石牌楼主体柱、枋、榫卯脱榫,大小额枋多处断裂	主体倾斜,构件脱钉、拔榫、弯曲、断裂严重,整体结构失去稳定状态
地基加固	采用树根桩和灰土夯实的方法,沿主次牌楼布孔,浇筑混凝土。次牌楼采用静压托换顶升基础	基岩构造钢筋混凝土基础,上铸圈梁形成整体基础,再砌磉礅与殿基连接
构件的修复	主牌楼额枋石梁碳纤维板补强加固,小额枋植筋法加固	对于走闪和损毁严重的柱、额、枋等大木构件和石作等构件,拆解后修补,再重新安装
构件的替换	补配构件包括主楼边斗拱、屋檐等共计 21 处	残缺不全的砖、瓦、椽、望板等小型构件复制替换

两相比较,可以发现在修缮工程中,"现状整修"和"重点修复"的区别主要集中在是否将原始构件拆解,它们往往并存于对某座建筑的处理之中,很难用严格的标准判断保护工程的性质。根据对现状保留的多少、对原物干预的深浅、新构件添加的多寡等判断:采取归整构件、修补少量残损、清除无价值的近代添加物等措施属于现状修整;而采取增加必要的加固结构、添配缺失的部分等手段时则为重点修复。

5.4 西方保护思想的演变对于中国的启迪

5.4.1 对于价值认识的变化:从标本式保护走向"活化"

从前文对西方建筑遗产保护思想历程的研究,我们看到保护思想在价值层面更加强调与社会的共同发展以及与文化的良性互动。国内的保护项目具有特殊性和复杂性,首先,很多保护案例更多情况下是为了推动当地经济的发展或者塑造某种旅游文化,这种趋势是对"价值理性"的误读。其次,今天的保护涉及到整个社会资本的运作,政府、居民、开发商和建筑师秉持着各自的立场和价值观各行其是,如果不能充分理解和尊重各方的意愿,不仅专业上的抱负无从施展,可能连日常的工作也无法开展。

以国内保护体制目前的现状,具有较大影响的建筑项目往往成为政府部门领导"政绩"的象征,为快速完成工程,忽略前期的详细论证而匆匆上马的情况时有发生。政府往往倾向于使用行政的权力,在一些决策者看来,"政策搭台,经济唱戏"是个十分简单的过程,根本不用考虑"搭在哪""怎么搭"等诸般问题,建筑项目后期的许多难解的僵局往往即是肇始于此。

而商业化运作也越来越多地进入建筑遗产保护领域。由于研究对象的保护等级不高,很少有机会得到国家的财政支持,因此商业化是历史建筑保护项目资金筹措的一个重要方面。但是,资金总是倾向于图利,开发商在面对建筑遗产的价值和商业环境的权衡时,往往会牺牲掉建筑遗产的某些价值。如果这种贪婪得不到遏制,建筑遗产的命运就可想而知,只会沦为被人随意打扮的花瓶,庸俗而肤浅。

从国外保护的历史来看,和遗产保护项目发生关系的个人或民间团体,包括居民、参观者、媒体的评论员或只是对项目产生兴趣的人,发挥着相当大的作用。因为由国家组织保护的建筑遗产为数毕竟有限,大量性的保护工作还是需要由民间团体的配合来完成。尤卡用"遗产社团"①来形容这些参与者。在没有旅游、经济因素刺激的情况下,日常的保护活动就带有维持和改善居民生活质量的意味。目前在城市中存在的大量居住建筑就属于此类情形。

专业人员既然拥有城市发展和建筑历史方面的专业技能,则在技术上他拥有足够的权威,但是不应满足于此,无论是投资商或是政府一般只将目光集中于各自领域的相关问题上,开发商关心的是商业的运作和资金的流程,政府则把工作的中心放在经济发展上,而一定程度上丧失了话语权的民众无论是无动于衷或是痛心疾首,都缺乏有效的沟通渠道来影响项目的进行。在此情况下,建筑师应该努力地加入到项目的整个过程

---

① 约基莱赫托.保护纲领的当代挑战及其教育对策[J].建筑遗产,2016(1):4-9.

中,从而发挥影响力。

今天很多保护的乱象正是这几方角色相互协调的机制没有很好地运作,"遗产社团"的缺席、建筑师的无力或犬儒、开发商的贪婪、政府的不作为或乱作为都会造成遗产价值的损坏。相反,一些取得良好效益的保护案例都是充分考虑了这些权益相关者的意见,并且进行了多次协调与沟通。

上海的历史建筑保护在经历了新天地式的商业开发、田子坊式的商住混合开发模式后,也得到了很多经验教训。新天地式的商业开发造成了地段的彻底高档化,沦为资本的舞台;田子坊式的开发逐渐引发了商家与住户之间的矛盾,没有从根本上解决历史建筑的长效保护问题。而步高里,作为活生生的生活舞台,在 2007 年经历了一次"大修",这次保护可以说是近年来上海历史建筑保护比较成功的尝试,这也是几方力量共同协作的产物,但是这个案例也带有一些隐忧。

这次修缮是卢湾区旧式住宅小区厨卫改造工程的一部分,建设单位为卢湾区政府采购中心和卢湾区房屋土地管理局。政府共拨款 550 万,市文管会破例拨款 100 万,促成了步高里的历史性大修。该工程包括以下几项:

(1)房屋修缮,立面整治,外墙"修旧如故";

(2)增设卫生设施,安装新式座便器;

(3)厨房工程;

(4)新设污水管、化粪池;

(5)上水、下水、煤气管调换重铺;

(6)弄内道路、广场翻筑,明沟修整。[1]

在工程开始以前,居委会就组织并会同原地、物业的有关人员以及 48 户居民代表,参观了以及修缮完毕的和合坊。接着又在老年活动室召开了居民听证会,听取物业对于新式座便器的介绍,打消居民的顾虑。随后,由社工们通过上门、电话联系等方式,将修缮工程的情况传达给每家每户,做好解释沟通工作。在每个单元的厨卫设施安装前,都与该单元的居民签订了一份协议,并收取 100 元的安装工程费。在协议中明确居民为该设备的所有人。

另一方面,设计者也从专业角度给出了很多合理的修缮建议。例如采用德国雷马士(Remmers)公司的古建筑修复技术;设计了特殊的座便器;利用废弃的烟道作为排污管道的掩体;在厨房、楼梯灯公共部位安装简易喷淋装置,等等。

在多方面的共同协作下,步高里的生活场景得到了延续,这反映了社会制度与保护观念的进步。作为历史还在延续的建筑,接受既往、妥善处理、合理更新,使之纳入到发

---

① 祝东海.生活在此处——上海步高里的生活空间演变研究[D].申请同济大学硕士论文,2010.

展变动的生活场景中,是广大的建筑遗产应该选择的道路。这也是符合当代的保护价值层面的发展的。

但是这个案例同样是自上而下推动的,居民们对于修缮并没有发自内心地赞同,这从政府投入的大量工作、资金上就可以看出,因此给后续的维护造成了隐忧。世博会结束后不久,居民就按照自己的审美喜好重新粉刷了外墙面,对建筑物内部的改建也很随意,这可以说是步高里修缮案例的不足之处。

同样,获得 2010 年 UNESCO 亚太区保护荣誉奖的浙江台州北新椒街保护工程表明了保护界对社会价值的重视趋势,即一个遗产是如何在过去和未来成为一个地区精神与文化的焦点。北新椒街开埠历史与上海相近,因此也被称作"小上海"。这条商业街在台州迅猛的城市化进程中岌岌可危,而比物质结构的失去更可怕的是,随着居民搬向新城区,一个城市的集体记忆将会消失殆尽。

由于北新椒街在椒江历史上所处的地位和现状,设计者将它的未来定位为一条真实的、有生命力的步行传统商业街,经营各种当地土生土长的商品;老的街景应该被严格地保护(图 5-14)。完全一成不变地被动保护的方式是消极的,事实上,这样上万平方

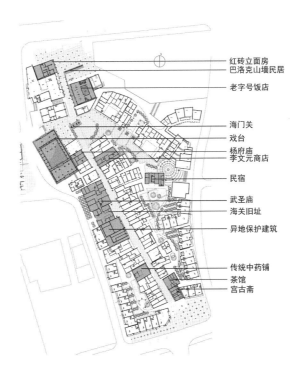

图 5-14　北新椒街上被重点保护的商业

图 5-15 北新椒街中药铺内景

米规模的历史街区,也根本不可能作"标本式"的保存,积极的态度是在其中注入延续传统风俗的现代生活,让古老的肢体重新焕发出活力和健康的气息。由此采用了这样的保护方式:首先应该是本地小商业的复兴(图 5-15),包括当地的老字号商店、传统手工业、零售业和民俗活动场所等,这些都是椒江老街的灵魂,它们是老街再生的依据;其次才是硬质环境的修整,它们是实现保护目标的技术手段。

北新椒街实行了租赁经营的模式:即通过公开招租的形式,对全部商铺先实行 3 年的租赁经营;再视街区发展情况,逐步拍卖商铺,实现产权多元化。并与各经营户签订了租赁合同和物业管理等相关协议,进行室内装饰,对店面风格和牌匾、店招等按设计方案统一进行制作装修。整饬后的北新椒街现有商家 74 间,由海门老街管理办公室统一管理,并聘请专门的物业公司进行日常的清洁打扫和市政设施维护。经营户缴纳的租金和管理费用,以及商业兴旺带来的税收和就业岗位的增加是该工程持续推动的动力。

北新椒街的保护工作考虑到了这条百年老街与当地民众的互动:巡街、庙会、当地戏曲、婚礼……这些传统风俗的复兴让老街再次成为了人们日常生活中生机勃勃的一部分。这个案例不仅仅保存了社会价值,而且将其变为民众的自豪感、地区的认同感和可持续发展的推动力。

5.4.2 工具层面的启迪:传统建造技艺与现代保护技术的融合

长期以来,国内的保护是建筑与土木专业的技术人员负责设计,而在实际操作中施工人员的保护观念淡薄,这造成了在实践中的很多脱节状况。设计人员即便关注与强调遗产的真实性,在实际操作中,工程的质量也往往会依赖于匠人的水平。如果匠人没有经验,结果当然是可怕的,而有的情况下,选择的工匠越是具有长期的工程经验、或者掌握传统工艺越纯熟,这种自我的臆造和惯性就越大。对工匠进行培训、弥补他们在保护理念上的缺乏当然是必要的,但是我们也要看到中国传统的建造技术有自己独特的发展过程和理念,那些坚持传统工艺的工匠当然也有自己的观念、方法与传承方式。近代发展起来的保护学科是非常新兴的学科,我们面对着既有建筑或建成环境的破损,要想方设法研究与利用最新的科学技术来修复它们,因此衍生出构造材料本质的研究、损坏与劣化防止的研究、修补的材料与工艺的研究、修复规范体系的研究、环境整体保护的研究等一系列庞杂的学科体系。了解了这两者之间的差异,才有可能填补鸿沟,将传统的技艺与现代的保护技术妥善融合。

表 5-3 选择香山帮匠作体系作为传统的营造技术代表,与现代的保护技术进行对照,从观念、发展背景、组织、设计依据和知识传承方式几个方面来分析两者的差异。[①]从表中可以看到,这两种技术有着本质的区别。中国传统营造技术是以建造作为目标,没有考虑既有建筑的价值问题,这是两者最大的差异;在工具上,现代的保护技术增加了新的科学设备;在传承方法上,传统技术主要靠师徒口头传授,这与英国在 18 世纪的学徒制有些类似,而现代的保护技术主要靠授课与培训进行,这两者可以结合起来。在培养出一批具有保护意识的工匠后,可以由他们继续培养新生代,但是要持续不断地进行后续培训。

表 5-3　传统技术(以香山帮匠作体系为例)与现代保护技术的比较

项目	传统建造技术(以香山帮匠作体系为例)	现代保护技术
观念(目标)	建造符合地域风土、文化环境的空间	在真实性的前提下,保存和展示建筑遗产的价值,并且必须尊重原始的材料和真实的史料
发展背景	形成具有地方特色的匠作体系,包括建筑材料、技术、工艺等物质内容,以及语言、文化、组织等非物质内容	(1)科学上的发展,对既有物质或实体环境的研究:构造材料属性与特征的研究、损坏与劣化防止的研究、修补的材料与工艺的研究、修复规范体系的研究、环境整体保护的研究等一系列庞杂的学科体系 (2)对纯科学技术的反思,与价值评判共同进行辩证思考
发展时间	伴随中华文明发展,历史悠久(香山帮为明代中晚期形成,清代中期兴盛,延伸至今天)	近代受西方影响开始萌发
建造组织与成员	师徒、地缘、血缘的关系连接(香山帮形成特有的匠籍制度:作头领导、师徒制匠帮)	(1)建筑师 (2)建筑设计公司 (3)施工人员 (4)修缮施工队 (5)学者专家咨询 (6)政府主管人员
测绘	画柱绳墨	古建筑的调查测绘(包括详图) 现状破坏原因的调查 现有材料构造的调查

---

① 该比较参考成功大学陈珉蓉硕士论文《建筑文化资产修护观念之进程——以台南市古迹为例》中的研究方法。香山帮匠作体系内容源引自沈黎《香山帮匠作体系研究》博士论文。

续表

项目	传统建造技术(以香山帮匠作体系为例)	现代保护技术
设计图纸	建筑地盘图和侧样	(1) 设计图纸 (2) 修复图纸、修复细部图纸 (3) 预算造价
设计依据	营造口诀与禁忌 经验积累 (如香山帮依据《营造法式》《营造法原》《新编鲁班营造正式》《鲁班经匠家镜》《园冶》等经验积累)	(1) 保护的国家地方法律法规 (2) 保护的一些原则： ①在做如何维护介入之前,建筑物必须加以记录； ②历史证物绝对不可以加以损毁、伪造或移除； ③任何维护介入,必须最少程度； ④任何维护介入,必须真实地尊重文化遗产美学、历史与物质的整体性； ⑤所有维护处理过程之方法与材料,都必须加以全面记录
施工程序	传统施工工艺 (香山帮的大木作一施工程序： 入山伐木—起工架马—画柱绳墨、并齐木料—开柱眼—动土平基—定磉珊架—竖柱—上梁—折屋—盖屋—泥屋—开渠—砌地—结砌天井阶基)	调查研究—拟定保护方案—保护计划实施—施工—施工记录 过程一般为原有构筑方式的逆向：屋顶、木构架、墙体、地板
使用工具	传统工具 (香山帮切割:斧、锛、凿、锯、刨 绘图放样:墨斗、尺规)	(1)继续使用传统工具 (2)使用现代精确的测量与放样工具
选用材料	传统材料 (香山帮多用木材、砖石、白灰)	(1) 传统材料 (2) 结构增强材料 (3) 现代修复材料
知识来源	封闭性 主要口耳相传,部分文字、图纸与工具的传承	开放性 传统技术的调查与研究以及现代保护技术的拓展
传承方式	师徒制 (1)拜师学艺 (2)家族授业	学校教育 保护工地实践 法律法规的推广

　　传统的修缮方式是历代工匠经验积累的结果,正如前文所指出的,中国的传统修缮理念中并没有非常看重历史建筑的物质载体,用老木料建新建筑(图 5-16),是中国古代建筑营造的传统。因此,在实践中,工匠们也会从尽量保证历史建筑的安全性、美观性上来考虑修缮的技术选择。落架大修常常成为主要的修缮方式,并且相对于打牮拨正、偷梁换柱来说,落架大修(图 5-17)还有比较经济、维修彻底、工序简单等几方面的优点。

图 5-16　落架后进行重新拼装　　　　　　　　　图 5-17　木料上的填补和维修

　　对于江南一带的大木构造来说,雨水较北方多,因此木材较容易因雨水渗透而腐朽。而深埋于墙体内的大木构件,其腐朽程度又会比其他位置更加严重。如果不落架检查,往往很难从表面看出其损害程度,甚至通过各种力学实验,依然无法精确地界定其损害程度,通常在拆解落架过程中才会发现损坏构件的数量及程度远超出原有修复计划中的数量,或是发现原设计与修复计划不符。

　　若按传统建筑建造的工序原则,首先是完成大木构结构,并施以假固定支撑稳定后,再进行山墙砌筑工程,因此在墙体内的榫卯会比较长,而今天,常因山墙损坏处较轻微而不加以修复,以至于在大木构修复时,在拆解或抽换大木构件的过程中难度增高。落架大修常常会发现古建筑原本的问题,而这些问题又与今天的保护原则相违背。譬如说古代因为量具不够紧密,当今天进行修复 1∶1 放样时,就会发现尺寸上的误差,如果延续老构件的尺寸,就会产生一些问题,譬如说在某项工程中,圆桁因为百年来的压力而弯曲变形、造成屋面排水高度不够,又因屋面按照文保法不能新做苦背覆土,种种限制下使得修复完成的屋面依然高低起伏,成果大打折扣。

　　不落架的修复方式常见的有抽换椽条、偷梁换柱等。偷梁换柱若不将其有关联的构件落架拆解,就仅仅对单一梁柱进行更换,所造成的施工困难和所耗费的成本皆大于落架大修,譬如大梁等水平大木构件抽换时,由于上方构件元素繁多且构造本身由下而上环环相扣,必须先将上方及四周构件施以支持后再进行抽换,支撑的构件越多,空间越狭窄,施工越困难,所用人力也越多。

　　如果是抽换金柱等垂直方向的构件,因为其承接了四面八方的构件榫卯,而各种榫卯的长宽高都不一样，如果只是将金柱下部截肢，在技术上尚容易，而且不会造成周围大木构件的损害。但如果上部，四面皆有榫卯连接，那么被支撑的构件就很多了，拆卸柱子尚容易，但要新柱上架且不破坏新柱的结构，其复杂程度可想而知，而更换后的结构安全性，也无法与落架大修相比。在金柱拆卸中，常发现榫接点的部分腐蚀最严重，而且相榫接的非抽换构件也常在榫接处腐蚀，而榫卯在结构上非常重要，如果不一并进行修复，会造成结构上的隐患，这是不落架大修最大的安全顾虑。

但是从当代的保护趋势上看，尽可能原地原址保护、局部的修缮和加固是一个主流的方向。因此现代的一些修复方法可以弥补传统修缮工艺中的不足。在当代的木结构保护工程中，包括机械补强、化学补强、碳纤维布等复合材料的补强等技术（图 5-18—图5-20）都在广泛的实验和使用中，在台湾鹿港龙山寺、苏州留园的曲溪楼等案例中，我们

图 5-18　木材的结构补强

图 5-19　碳纤维布对木梁的加固

图 5-20　碳纤维布加固后的力学试验

都可以看到这些新技术的使用。传统匠作师傅面对的结构问题,有时因为和功能冲突不能完全解决,此时可以借助逐渐发展成熟起来的材料试验与结构分析方法,一方面进一步了解建筑遗产的结构弱点,另一方面也可以加强原有材料和结构的性能,达到长久保护的目的。从材料耐久性上考虑,有人提出以现代材料替代,或用现代材料补强的做法,但需要注意是否会产生副作用,以及未来是否会有更好的解决方法。所以应该尽可能地采用具有可逆性的修复方法,也就是今天添加的现代材料,未来可以在不损害建筑物主体的情况下取出。像涂料这样的新材料,如果使用不当反而会对原有材料造成破坏,在金华的太平天国侍王府影壁,就出现了为了减缓风化而添加的保护涂料反而造成原有建筑颜色改变的问题。因此这些涂料的使用必须非常谨慎。环氧树脂也是普遍应用于古建筑修复的新材料,它的强度最被肯定,但是环氧树脂的种类非常多,性质差异也很大,必须经过审慎地考虑,它在其他国家的修复中已经出现了变色或无法透气的问题。还有蚁害,修复者往往首先想到使用现代的药剂,但是药剂有可能对周围环境产生不好的影响,并且药剂不是治本的方法。所以现在运用科学的方式,反而是以科学仪器等来了解蚁害发生的根源,研究是否有对症下药的解决方式。因此,在历史建筑的修缮中,如何把传统技术和新技术结合起来,扬长避短,是我们传统营造技术发扬光大的关键。

传统的修缮技术是秉承了中国传统木构的建构逻辑,因此,我们在当代的修复和保护工程中应该遵循这种逻辑、实事求是地确定修复的技术、材料、构造和结构体系。不仅通过"以形写神",而且通过"以形传神",来传承并强化传统匠作的遗产价值。今天的修缮工程中,匠人们受到时间、经费的限制,不愿意尝试、创造新的技术,他们也不太理解现代的保护原则,这是需要保护的工作者们填补的鸿沟。一方面要加强宣传,解释当代保护思想的意义,古建筑多样的价值组成;一方面也要政府和管理部门颁布更加细化的修缮条例和方法,特别的一些经费上的倾斜,才能使得今天的工匠们更加愿意发展保护技术。目前通过调查,苏州地区的匠人收入基本如下:木工一般 300 元一工(天),瓦工 300 元一工(天),小工一般 250 元一工(天),雕花工约 400 元一工(天)。其实与当地的平均收入相比,不算低,但是一个熟练的木工平均需要四五年才能出师,这就造成了投入和产出之间的不平衡。而且在年轻人的思想中,从事传统木工是一种体力活。除了雕花工还有人愿意学以外,别的工种,愿意学的人不多。这就造成了传统匠作工艺后继乏人。另外,现在的保护修缮工程还是以包工的时间安排给工匠做,那么工匠的目标就是尽快完成,而不是更加合理地完成,愿意创新思考、尝试一些新的技术手段的人也不多。

当代保护思想在工具层面的启迪不仅仅是对于保护技术的推荐,而是上升到方法论层面的思想方式。不提高各个保护从业圈子的保护意识,即便获得最先进的保护仪器和技术,也无法获得良好的保护效果。今天的保护,一直以法律法规作为限制条件、同时国际的修复理念不断加入进来进行反思。有人说保护是建造的反向操作,但是它一方面关系到传统的建造技艺,另一方面也加入了很多新兴的科学方法,遑论那些在人文学科上的思辨。因此今天的保护者们,在确定保护的方案的时候,必须要确保传统工法上的可实践性。

第6章 结语

6.1 保护思想的演变逻辑与动因

建筑遗产保护思想在两个多世纪的发展历程中,表现出来的纷扰与矛盾说明这样一个问题:保护思想演变的动因十分复杂,而且相互叠加和制约。但是这条演变之路却也并非无迹可寻。在前文中,我们总结了这样一些对保护思想的发展起到重要影响的因素,包括历史观念、审美意愿、社会选择、修复实践的限制、理性方法论的借鉴等等,这些因素看似纷繁,但是却基本上可以划分为两类:对价值理性的追求以及工具理性的控制。

对于价值理性的追求体现了人们如何看待历史与当下、如何审美、如何响应时代的潮流,而这三个问题其实是环环相扣的。人们如何看待过去,源自于人们对现实的态度,而这种历史观念又影响了人们的审美方式;反过来,历史观念和审美意愿的推动下,人们又对现实进行了合乎意愿的改良。因此,价值理性的三个因素始于现实,深思于历史,表现于艺术,又折射回现实。

1. 与历史对话:现实的魔镜

保护思想的演变与人们如何看待过去与当下的关系息息相关,而对历史的态度、对于遗产处置方式的选择其实源自人们对现实的批判。文艺复兴是历史意识开始具有理性的时代,也是为保护思想的诞生做好铺垫的时期。人文主义者认识到当下与过往的距离感,并且以那个时代独有的自信希望通过对历史元素的现实化,实现反历史的文艺复兴。因此古迹成为大量翻新、重建的对象,但是古迹自身的魅力使得人们热衷于对其的探索。在启蒙时代,人们在既往与当下的冲突中,选择当下,重视的是现代的每一刻。因此人们可以理性地用科学方法来研究历史,同时原物和后加物的概念也得到区分。这是保护思想真正诞生的时期。在工业时代,人们陷入对现实的迷茫和不满,转而向历史寻求慰藉,但是人们也不得不承认,无论对于过去如何"同情"和"羡慕",所处的时代早已使得这种回归成为"一厢情愿"的做法。工业时期的保护思想产生了激烈的分歧,根源在于工业时代历史观念自身的矛盾性。20世纪的上半叶,现代主义者们急切地希望割裂历史,但是这种刻意地疏离其实恰恰源于他们对于历史的留恋。保护思想在这个时期更加理性和务实,以《雅典宪章》和《威尼斯宪章》成为了成熟的标志。在后现代思潮的影响下,人们不再追求历史的客观存在,而是关注于对历史的阐释,因此保护思想偏重于现实中主体的感受、遗产与城市结构的关系等议题,开拓了更加广阔的空间、增加了更多维的视角。表面看去,保护思想的演进史是一部如何对待历史的历史,但实质上却是一部如何对待当下的历史。

2. 与艺术对话:历史审美的视角

审美意愿由人们的历史观念所决定,并且与遗产的处置方式紧密相关,可以说,审美意愿决定人们如何看待遗产:敬仰、恐惧、赞美或是摒弃。在保护思想发展的过程中,审美意愿不断扩充着人们的认知、改变着人们对古迹的态度。在文艺复兴时期,尽管人们立足于当下,但是依然被古迹的壮美强烈地吸引着,开始推崇对于古代遗址的保护;17 世纪,古色(patina)概念的形成,将艺术品的审美和天然/人为、原真/篡改、美/丑的哲学辩论联系在一起,奠定了几个世纪以来,保护与修复论战的美学基础;而伴随着考古发掘,人们对于古迹的美学有了更加客观和理性的认识,同时,对古物如画特质的浪漫迷恋将废墟美学在英国推广,从而使得英国成为了保护思想最主要的发源地之一。另一方面,里格尔借鉴审美方式的进步,解析遗产价值中的"当代意义",构建了通往当代保护思想的途径。

3. 与社会对话:理念的投射

除了人们对于历史的态度,及其在艺术审美上的偏好,人们对于遗产的处置方式往往也顺应当下社会的需求,同时它又作用于社会,形成了波澜壮阔的保护运动,而这正是 18、19 世纪遗产保护思想诞生的摇篮,保护思想从来就不是书阁里面的沉思,它既是对社会现实的反映,也会对社会现实进行改良。遗产因为其所表征的文化意义,往往成为社会运动中首当其冲的对象。法国大革命中,代表宗教和封建王朝的古物纷纷蒙厄;而教堂修复运动中,致力于恢复宗教信仰的教会和组织也"热心地"毁掉了大量老教堂。与之相反,保护运动从混乱的暴行中诞生,从教会的推波助澜到国家意识的形成,遗产逐步与"身份认同"和"民族记忆"联系起来,在有效的团体运作和积极的媒介推广下,对遗产的保护逐步成为时代的共识,保护思想具有了现实意义。

与历史对话、与艺术对话、与社会对话,是保护思想走向成熟的途径,也是其逐步建构价值理性的过程。在文艺复兴时期,它意识到历史的客观存在;在启蒙时期,它确立了美学多样性的表达;在法国大革命时期,它确立了遗产对于国家民族的意义;在工业革命时期,它在修复与反修复的挣扎中,确立了平等看待历史阶段的价值观;在 20 世纪,它投入了现代主义的怀抱,将实证主义视作树立价值理性的基石。这一方面是其成熟的表现,另一方面也为今天的反思留下了探讨的空间。

4. 修复实践的意义

保护思想即是对价值理性的建构,也受到保护、修复实践的影响,同时它又影响和指导了实践。而工具理性在这个过程中既给保护思想的成熟设了限定,也推动了保护思想的成熟。建筑遗产毕竟与艺术品不同,它不是博物馆中的陈列品,它是城市结构的有机组成,是民族国家想象的物质载体,也是人们鲜活的生活场景,因此,修复建筑师们必须恢复其效能,而在这个过程中,需要解决的实际问题相当复杂,因此修复的实践往往要妥协于利益,妥协于观念,妥协于技术。这也可以解释在保护史上著名的建筑师们为什么总是被非难的对象,从怀亚特到斯科特、甚至维奥莱特-勒-杜克,无一例外。但是修复实践的意义在于,它将保护的思想进行了实践,这些反馈的声音促使保护思想进行再思考和调整。

通过对埃利教堂、威斯敏斯特教堂、巴黎圣母院的修复实践的考察,我们看到,修复建筑师们深陷保护理论与实践问题的矛盾中。首先,建筑师的历史观念制约了他们的实践,落后的观念,或者缺乏保护的观念会使得他们的理性走向歧途(例如怀亚特);其次,历史建筑的保护是个非常复杂的博弈过程,建筑师的参与只占一部分,在可操作的这些工作中,建筑师的水平决定了历史建筑的保护效果(例如斯科特的部分工作);第三,从实践层面上说,建筑师们提出的策略与建议,是从无数经验教训中得到的理性总结,它们推动了保护思想的发展。

另一方面,工具理性不仅仅是实践技术,它还是一种方法论。18、19世纪的保护实践给予保护思想的另一种重要贡献在于,它扩充了方法论的范畴和视角:通过石材保护的实践,保护思想意识到对建筑遗产的保护是一门跨学科、专业化的知识;通过英法两国不同的修复机制的比较,保护思想逐步确立了程序上的合理性。因此技术、程序、实践三个方面的经验与教训是保护思想逐步实现理性的重要因素。

5. 批判的作用

批判是一种将矛盾明晰并且给予阐释的手段,在对保护思想进行分析的时候,我们需要做的不仅仅是解析这些动因,而且要展现因为这些动因相互对立,而引发的激烈交锋,使我们可以更好地解释保护思想自身的复杂性与矛盾性。

保护思想史上重要的论战其实都是因为不同的人,在不同层面上,对保护思想的理性认知的不同表达,所以论战的双方似乎都言之凿凿,都很符合自身的逻辑体系,而两者相遇时,就产生了分歧。我们展示了历史学家与实践中的建筑师们的分歧,而保护思想表现出它本质上的矛盾,即回归历史的追求与再现历史的不可能之间的矛盾。

保护思想在价值层面和工具层面都进行了适当地改变,具有实践经验的建筑师参与到保护思想的理论总结中,因此,"可逆性""完整性"等具有实践意义的观点出现在保护思想中；另一方面，接受了保护思想的建筑师们，也在实践中创新地发展出新的修复技术。

6.2　保护思想的当代走向

我们已经看到历史意识的发展对保护思想在当代转变的影响，当客体被消解、历史不再可靠，那么保护思想就不再是依靠科学技术能够获得的纲领或原则，而是不断阐释与讨论的开放命题。从《威尼斯宪章》以来，保护思想不断地以国际文件、宪章的形式进行总结。保护理论和保护运动在 20 世纪后半叶继续发展说明，建筑遗产保护的重点已经从对再现过去的单体古迹和遗址的保护转向接受文化的可持续发展，并认为这是保持传统延续的重要手段。建筑遗产的保护本质上是一个文化问题。保护的概念被认为具有越来越多的动态特征，保护的准则也必须要考虑到多样性的问题。因此，当代的保护思想语义多元而语境转换。建筑遗产保护理论从纠缠了近两个世纪的"保护什么、如何保护"命题转为对"为何保护、为谁保护"的思考，从而开创了开放的、弹性的理论环境，并且从价值和工具层面进行突破。

1. 价值为核心的保护体系

从传统强调实体的保护到当代强调价值和文化意义是一个重要但是微妙的转变。这不是说实体不再是保护的关注点，而是人们更加清楚地了解了价值在保护理性中的核心地位，因此对保护对象价值开始重新解读，保护范围也逐步扩大；其次，价值的评估和权衡被纳入到决策和管理程序中，而全面而持久的管理保证了保护方案的活力；第三，"遗产社团"概念的提出说明，当代的保护不能仅仅依靠保护专业人士，认识到权益相关者的存在，以及界定他们的权利与义务范围，可以使得保护实践获得可持续的支持。

2. 方法论的实践

今天的保护思想更加强调价值与工具层面的统一。价值判断的过程需要通过包括工具手段的支持，而保护策略的选择、保护技术的发展、保护政策的制定，这种工具层面的内容也需要对价值因素进行考量。当代保护思想在工具层面的发展不仅包括技术方面的发展，更重要的是将"为谁保护、为何保护"价值层面的思考通过"如何保护"的方法论进行实践的过程。具体而言包括：首先，对遗产的价值评估手段的发展；其次，保护技术的选择更加关注材料的病理原因、传统材料、工艺的传承等的问题；第三，辩证地考虑遗产的再利用问题，从而在确保不损害历史信息的基础上使得遗产存活。

6.3 对中国遗产保护的意义

东西方不同语境之下,保护思想成形途径自然也不同。在近代以后,随着西方思想的传播,中国社会逐步在价值观和工具论上与国际接轨,但是本国固有的基因仍影响着遗产保护活动的方方面面,因此首先要明确中国固有的保护思想在价值与工具层面与西方的不同。

首先,在价值层面,中国的知识分子直到近代才明确提出了"横断"与"纵断"的历史研究方法,开始理性地看待历史和比较历史;在审美趣味上,中国人对于建筑这种使用中的器物是从来没有上升到神圣的崇拜高度的,缺乏宗教或民族情感上的奉献和敬畏,也就谈不上对建筑本体的看重。此外,民国时期,因为日本的影响,保护团体开始发挥作用,发展了清末产生的"保全建筑本体"的思想。在工具层面上,在中国传统修缮理念中,并存有"修旧如旧"与"因旧为新"两种思想,但这与西方的"保护"与"修复"思想决不能简单地划等号,具有中国传统的文化特色;中国的传统建筑也有自己的特殊性,譬如说木材与彩画。因此需要对个体案例进行讨论,从而得出合理的保护理论;而中国的保护在历史上只是偶发事件,并没有长效的制度,这是与西方很不相同的。

西方的保护思想逐渐引入及在中国传播主要有两个时间点:一是20世纪初,以梁思成为代表的中国建筑理论奠基人在国外接触到包含保护思想的建筑学教育,同时在中国的一些国外理论家也在传播现代的保护思想;二是20世纪80年代以后,以陈志华为代表的当代中国建筑理论家开始系统地翻译和介绍西方业已成熟的保护理论。

梁思成的保护观兼具历史的进步性与局限性。进步性表现在他对于历史建筑演变的认识,他采用科学的方法去记录与考据这些古迹,呼吁系统化、全社会投入地参与保护事业;而局限性表现在他对于形式和谐美的偏执,以及对特定时期建筑的偏好。这种复杂的思想既来源于那个时代知识分子的矛盾,又来自于他所受到的西方教育,以及日本的保护体制给予的借鉴。

以《威尼斯宪章》《奈良文件》为代表的西方成熟的保护理论在20世纪80年代的引入,给中国的保护界带来新的参考。《威尼斯宪章》所提倡的原则给中国文物界长期以来坚持的"整旧如旧"的原则带来新的思考,而《奈良文件》的引入又给已经被奉为"原则"的《威尼斯宪章》带来新的反思。

在中国传统哲学和营造观、梁刘以来形成的中国现代保护思想、以及西方保护观念和国际保护共识的影响下,中国的保护实践表现出富有特色的"中国式修复"。其特点包括:重式轻物、追求完形、对复建态度灵活,等等。而这些修复实践也影响了中国当代保护思想的表达。在《中国文物古迹保护准则》及其案例阐述文件、《曲阜宣言》等中国保护思想的理论阐述中都体现了"中国式修复"的影响。

　　在剖析了西方保护思想史的演变逻辑,以及其在中国的影响和传播之后,本书指出中国的保护思想在未来有可能的走向:首先,当代的保护思想在价值层面更加强调与社会的共同发展以及与文化的良性互动,因此中国的保护也将从标本式保护走向"活化";其次,在工具层面,中国的保护思想将结合传统的营造技术,从观念、发展背景、组织、设计依据和知识传承方式上与新兴的保护学科相适应。

附　录

附录 A　SPAB 宣言

在这个协会公之于众之前,必须要解释下这个协会名称的意义:它是如何以及为何要保护古代的建筑,这对于绝大多数人来说是没有什么疑问的,也有很多非常卓越的支持者。以下就是我们的解释:

无疑在过去的 50 年时间里,关于这些艺术历史纪念物诞生了一种新的兴趣;它们成了最有趣的研究之一,具有热情、虔诚、古老、艺术的特点,是我们这个时代最重要的收获之一;然而我们认为,如果现在这种对待方式持续下去,我们的后代将发现它们既无学习的价值也无欢愉的触动。我们认为过去 50 年来的研究和关注给它们造成的伤害已经超过了过去几个世纪的革命、暴力和蔑视的恶果。

对于建筑而言,逐渐衰坏直至毁灭,又像流行艺术一样,或中世纪艺术知识一样得到新生。因此,19 世纪的文明世界在其他世纪的风格包围中找不到自己的风格。因此,修复老建筑这个奇怪的想法就浮现出来;而最奇怪的致命的想法,是认为可以将建筑的这段或那段历史和生命剥离——而随心所欲地塑造某种历史的、活生生的形象,就仿佛它曾经这样存在过。

早期,这种伪造是不可能的,因为建造者没有这种知识,或者良知阻止了他们。如果需要修理,如果因为野心或恭敬需要改变,这种改变也必然符合当时的潮流;一所 11 世纪的教堂可能在 12、13、14、15、16 世纪甚至在 17、18 世纪被加建或改建;但是每次改变,无论它掩盖了什么历史,都留下了它那个时代的印记,也将伴随着那种风格的精神而长存。这样被多次改变的建筑,虽然粗糙扎眼、但是却因为这些对比强烈的、有趣的、有指导性的特征而不会蒙蔽你的眼睛。但是今天那些以修复为名更改我们建筑的人,虽然狡称能够将建筑恢复到历史上最好的时代,却没有任何指导,仅仅依靠个人的突发奇想就决定哪些是美好的,哪些是丑陋的;他们的使命迫使他们去毁灭一些,用对前人工作的想象来填补这些空白。而且,在这拆除或加建的双重作用下,建筑的整个面貌必然会被损坏;于是古物的形象就与留存下来的部分不一样了,而且没有给观者留下什么被抹去的线索;总之,这一切无用功的结果仅是一个脆弱的、无生命力的赝品。

很遗憾,英国和大陆上绝大多数大教堂和不计其数的普通建筑遭此厄运,它们曾经是富有天赋的人创造的,理应得到更好的对待,而今却对这些最激烈的诗人和历史学家的呼吁装聋作哑。

我们恳请建筑师、房屋的监护者们、包括一般大众,祈求让遗产可以铭记有过往的宗教、思想和习俗,不要异口同声地赞同修复;要权衡这些建筑是否可能被修复,那些存在于其上的灵魂,不可能再现,是与宗教、思想和过往的习俗密不可分的。我们认为这些修复是大胆的,因为最坏的情况是建筑上最有趣的特征被轻率地抹去;而最好的情况不过是修复古画,那些部分损坏的古代艺术家的作品被今天这些无知的手狡猾地弄整齐。也许有人会问,什么类型的艺术、风格或者建筑值得保护,答案是,任何具有艺术性的、如画的、历史的、古旧的或者具有内涵的——一切作品。总之,那些有学识和艺术感的人认为应该保存的东西。

所有的建筑、任何时代和风格,只要是使我们愉悦的,都应该以保存取代修复,用日常维护来阻止衰坏,用支撑危墙、修理铅屋顶这些明显的措施来支撑或覆盖,不要用其他风格来掩人耳目,此外,也应拒绝所有对建筑结构或是建筑装饰部件的干预;如果老建筑已经不适应当代的使用,应该修建新的建筑来满足,而不是随意改变或者加建老建筑;我们的老建筑是过往艺术的纪念物,由过去的方法建造,今天的艺术不可能干预它们而不造成伤害。

所以,唯有如此,我们才能从自己设下的圈套中逃离;也唯有如此,我们才能保护我们的老建筑,并将它们的意义和庄严传达给我们的后代。

附录 B　保护术语的图示[①]

保护的术语按照干预程度的高低进行如下的介绍,每个术语讨论以下三个方面:术语的意义及关联域;以图示的方式阐释;用实践案例来进一步说明该术语的操作过程。本术语的图示采用类似物理学的解释方法,横坐标为时间(Time,T),纵坐标为建筑的质量(Energy,E)[②],建筑物在建成之日,质量达到最高点,随着时间的推移,质量逐渐降低,而不同程度的干预机制将会给建筑物的质量带来不同的变化。

[①]　翻译自 SKARMEASG C. An analysis of architectural preservation theories: from 1790-1975 [D]. University of Pennsylvania,1983:8-35. 这种图示对描述干预措施非常直观,因此有必要批判性地了解。笔者对有些图示尚不认同,在适当的地方以脚注的形式表达自己的观点。

[②]　这里的 E(Energy)比较含糊,既包括建筑的美学质量又包括使用质量,原作者并没有区分这些不同质量的衰减状态,因此在干预措施对质量的提升表达上跳跃性也较大。

非直接保护　Indirect Conservation

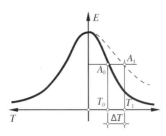

非直接保护的目的是控制影响建筑物寿命的外部环境。所有的操作过程都是在控制微环境,这样影响材料的环境不利因素就会最小化,因此建筑的寿命就得到延长。非直接保护的操作措施包括:日常的观察和维护;对湿度、温度和光的控制;预防火灾、失窃和破坏;减缓空气的污染和外部交通的振动;控制地基沉降。在图示中,可以看出,非直接保护的目的是延缓建筑衰减期。实线部分[1]是如果不加干预下建筑自然的衰败过程,而在非直接保护的作用下,建筑物的衰减期延长,而质量[2]的破败变缓。博物馆里面的藏品就是最好的案例。

保存　Preservation

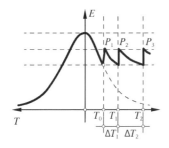

保存会直接作用在建筑物的物质结构上。目的是用必要的措施来减少将来的损坏,"不对人造物的美学做任何加减"。有两种措施可能会采用:①阻止现在发生的损害;②预防性的措施。第一类包括了阻止水、生物、化学物体的侵害,而第二类则包括火灾、安保和环境的自动化控制系统。所有非直接保护的措施都可以包括在保存的范围内。在图示中可以看出,保存是通过一系列最小化的、能接受的干预来改变建筑的衰减期。在每一次的保护实施后,建筑物的质量又得到一次提升,而这种提升没有完工时刻的质量高[3]。如果一个详尽的观察、维护和修理计划得到落实,那么衰减曲线就会不断提升。总之,保存是对人造物的物理结构进行最小的改变。在对富兰克林·罗斯福在海德公园的故居进行保护时,专业人员在总统去世当天,将他的遗物、房间甚至被褥都原样保存,试图将这个时刻凝固住。

解析重塑　Anastylosis

解析重塑是有限的干预手段,主要针对考古遗迹的再利用。它是将散落的残片重新在原址整合起来,目的在于完其形,解其意。在很多情况下,要新造些残片来填补空白。这种补缺(lacunae)的方法,需要十分谨慎和克制。这些新残片需要可识别,且谦

---

① 　原文为"虚线部分",与配图不符。

② 　这里的质量既指外观上的破败程度又指使用功能上的弱化。

③ 　很难保证每次保存的结果都是将建筑物的质量,无论在外观美学上还是在功能实用性上,提升至同一水平。

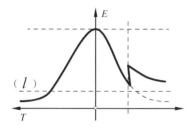

虚地修缮艺术品的形象。解析重塑的目的是要使艺术品可以传达意义，可以被解读，因此需要权衡遗迹的真实性、完形后的状态和补缺所运用到的合适的技术。在图示中，建筑物的复位使得建筑的衰减延缓，并且质量得到一次提升。这种提升是基于遗产的完整性和真实性，保持在一定的水平之上，这种水平是预设的。

19 世纪 20 年代瓦拉迪耶（G. Valadier）对提图斯凯旋门（Arch of Titus）所做的修复就是解析重塑最经典的例子。

直接保护　Direct Conservation

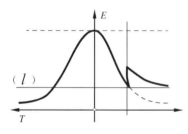

直接保护，也可以称为加固，是对建筑物本身结构的物理干预，来达到延长结构寿命和美学完整性的目的。这种干预将黏合物用附加、注射、贴面的方式与结构整合在一起来增加其的耐久性、完整性和连续性。对于建筑物的认识和技术的掌握是必要条件。干预手段包括传统的技术和当代的方法。选择适宜的技术将会保护建筑物的特征和真实性。通过加固，建筑物的风化和老化进程被改变了。

两种类型的建筑是需要直接保护来干预的，一种是因为岁月侵蚀导致结构老化出现了严重的问题，另一种是因为材料的失效或本身结构设计的错误造成的结构本身先天的问题。当代的技术提供了大量了可选措施。在图示中，直接保护是将建筑的质量提升在目前阶段之上的水平。[①] 在约克大教堂（York Minster）的保护是直接保护的典型案例。

修复　Restoration

对这个词的认识贯穿了整个保护运动的历史。牛津英语词典中这样定义："基于恢复建筑原貌想法的改动和修理。"塞缪尔·约翰逊（Samuel Johnson）在 1755 年出版的英语字典这样定义："复原早先状态的行为，来恢复已经失去或被带走的东西。"梅里美（Prosper Mérimée）这样定义："我们认为修复就是保护现存的，同时重建可以确认存在过的。"维奥莱特-勒-杜克，接替梅里美成为法国文物建筑委员会总监的人，在 1854 年写道："修复，就是重塑一个完整的状态，但是它可能从未在历史上出现过。"

修复是一个主观干预的过程，导致了大量建筑的形象在 19 世纪后半叶和 20 世纪

---

① 这是直接保护与解析重塑最大的不同，它不存在一种虚拟的恢复水平。

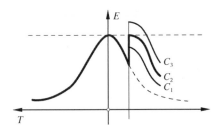

初被改变。但是一个世纪以后,对这个词的态度就完全不同了。在1964年的《威尼斯宪章》中,是这样说的:"目的是保护和展示纪念物的美学和历史价值,而这是基于原始材料和可信的材料……任何时期的贡献都要尊重,因为修复的目的不在于使风格统一。"

修复导致的结果可能有三种,一是理想中的,将已经损坏的建筑物恢复到初始状态,但这往往事与愿违。在一些案例中,原初的设计确实存在一些缺憾,适当的修复能够延长建筑物的寿命,减少未来日常介入的频率。但在绝大多数情况下,特别是在勒-杜克的影响下,修复将整个建筑彻底改变,提升到了前所未有的高度,同时也带来了彻底破坏的风险。在图示中包括了提升的三种可能,提升得比完工之时质量还高、恢复到原初和没有原初的质量高。[1]

独立纪念堂的修复就是一个典型的例子,它力图恢复这个建筑1776年的状态。从这个角度来看,它是属于第一种谨慎型修复。

修缮　Rehabilitation

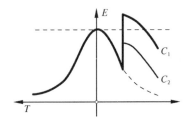

修缮是通过一系列的修理和改变使建筑物重新可以使用。这些措施包括一系列照明、供暖、制冷、卫生设施的改善,当然前提是保留建筑物原初的特征。在很多情况下,建筑的外壳是被保留的,而内部则彻底地改变了。在图示中,修缮提升了建筑的质量[2]。费城的交易所(Philadelphia Bourse building)就是一个很好的例子。这个建筑框架被完整保留,重新利用为办公室和商店。

以上的各种措施都尽可能原址原貌地保留建筑物,而下面两种保护措施则增加了更多的变数。

复建　Reconstitution

复建是将建筑物一块块地在原址,或在异地重新拼装起来。这种措施只有在结构因为天灾人祸,解体散落在一定范围内时,才可进行。复建需要投入很多的精力,还有

---

① 修复的目标是恢复至原初的水平(无论是美学上的还是功能上的),但在实践中,这种理想状态是不可能实现的。而超过了原初状态的修复很难说是将建筑物的质量提升了,所以本图并不全面。

② 修缮主要是对建筑功能使用上的性能的提升。而这种提升往往导致了美学上的损失,譬如说增加外挂的水管或者升降梯等等。因此在一张图上不能全面表现出质量的改变。

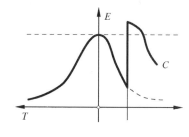

高超的技巧和技术。这种措施需要冒着很大的风险,因为原初的结构的真实性有可能遭到巨大的损失。[①]

异地复建是因为有的时候建筑在原址会遭到损害的威胁,例如很多露天的建筑博物馆,最后都变成了流浪者的栖身所。

移建　Relocation

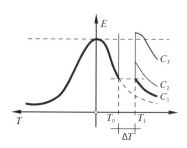

很多情况下,老建筑"挡了新项目的道",比方说高速公路、水坝、新区建设。考虑到建筑物的重要性和其结构的相对价值,人们往往决定将建筑平移到新的位置。基本上所有的建筑类型都可以平移,从小住宅到大型教堂,例如捷克的圣母玛利亚升天教堂(Church of the Assumption of the Virgin Mary)。有三种平移的方式:整体平移;部分拆解后平移;完全拆解在新址复原。第三种类型就和复建的效果是一样的。而前两者无一例外地也需要安置在新的基础上。在图示中以 C_1、C_2、C_3 来代表这三种情况。[②] 建筑物的平移会导致建筑物与其周围环境文化、历史纽带的割裂,因此在任何情况下都是需要尽可能避免的。

最后两种需要讨论的措施是重建(Reconstruction)和仿建(Replication)。重建的目的是在原址重新创造出消失的建筑。一般来说,会创造出一个完全新的建筑。仿建,则是在异地镜像一个现存的建筑。重建和仿建都会带来阐述、真实和历史真相上的伦理问题。消失的弗农山的绿屋就是一个重建的典型案例,而纳什维尔的万神庙就是古代纪念物的仿建的案例。

以上讨论的各种措施都是对历史建筑的改变,然而很多时候,变化是发生在建筑的内部的。为了延长建筑物的使用寿命,有三种方法可以发掘建筑物功能的潜力。一种是延续原初的使用功能。这不是一个很实际的措施,因为大多数情况下,原始设计的承载能力在数量和性质上都会发生改变,因此会产生很多问题。第二种是扩展功能(extended use),加入一些类似于原初功能的服务和环境,因此可以降低对一些新设备系统的需求,从而尽可能地保存建筑结构的特征和氛围。第三种是适应性再利用

[①] 复建是将建筑的碎片复原,在一定程度上说是与解析重塑类似的,因此,它不可能从美学上超过原初完工时的状态。因此笔者不认同该图示对复建的描述。

[②] 首先需要移建的建筑不存在缓慢衰减的过程,而是突然地被毁灭,其次移动的发生必然会对建筑的结构产生影响,不会按照原始衰减过程老化。其次,无论是哪种平移方式都不会造成外观美学上质量的提升,也不会带来使用性能上的优化,因此笔者不认同该图示的解释。

(adaptive re-use),新的功能可以完全不同于原初的设计。创造力、想象力、敏锐的观察力是确保适应性再利用成功的几大因素。

附录C 编年史①

该编年史定义了一些保护思想以及保护法规发展历史中的里程碑式事件,并不是打算全面,尤其不打算罗列新近的英国政府的政策和法律。

(加 * 部分为英国的情况)

1801-2 卡洛·费亚(Carlo Fea)被指定为古迹官员(Commissioner of Antiquities),安东尼奥·卡诺瓦(Antonio Canova)被指定为教皇辖地(8世纪至1870年意大利的中部和中北部)的艺术品监察员(Inspector of Fine Artsof Papal States)。

1807 丹麦古迹保护皇家委员会(Danish Royal Commission for the conservation of antiquities)成立。

1815 申克尔给普鲁士政府的报告:关于法国战争中被损坏的中世纪遗址。

1818 黑森大公国颁布纪念物登记和保护法律。其他普鲁士联邦开始效仿。

1830 法国任命古代纪念物常任监察员(General Inspector of Ancient Monuments)。

1834 第一部希腊纪念物立法(1899年重新编写和推广)。

1835 巴伐利亚任命全日制纪念物保护人员。

1837 法国设立历史纪念物委员会(Commission for Historical Monuments),开始清点和维修、修复历史纪念物,维奥莱特-勒-杜克被任命。

1852 法国委员会介绍保护壮丽景观(Great Vistas)和纪念物景观的措施。

1853 普鲁士纪念物委员会被任命(因为资金的缺乏鲜有建树)。

*1865 英国公众保护协会成立(Commons Preservation Society)。

1872 试图整合意大利各地的纪念物的措施失败。

*1872 英国基督教会建筑师和检测师联盟成立(Ecclesiastical Architects and Surveyors Association),设立"基督教会破旧建筑检测师"(Surveyors of Ecclesiastical Dilapidations)职务。

*1873 《英国古迹纪念物第一法案》(*First British Ancient Monuments Bill*)未通过。

*1874 旧伦敦遗迹摄影协会(Society for Photographing Relics of Old London)开

---

① 翻译自 EARL J. Building Conservation Philosophy [M]. Shaftesbury:Donhead Publishing,2003:149.

始工作，意识到老建筑的损坏状况。

＊**1877**　莫里斯（William Morri）s 给《雅典殿堂》（*Athenæum*）写信，SPAB 成立，协会宣言发表。

＊**1882**　《英国古代纪念物第一法案》颁布（*First British Ancient Monuments Act*）。68 个纪念物名列其中。法案宣布纪念物是公共财产，但对当前所有人没有强制要求。

1887-9　法国历史纪念物《1887 年 4 月 39 日法律》颁布（1889 年连同目录颁布），确定了国家对 2200 个目录内古典纪念物拥有征用和可扩展的权力。

＊**1893**　伦敦郡议会（London County Council，LCC）将约克水门（York Water Gate）称作需要关注的对象，因为其濒临衰败的危险。

＊**1894**　伦敦纪念物调查委员会（Committee for the Survey of the Memorials of Greater London）成立，阿什比（C. R. Ashbee）任主席，1890 年出版专著。

＊**1895**　英国国家名胜古迹信托协会（National Trust for Places of Historic Interest and Natural Beauty）成立。1907 年被整合进议会决议中，在英格兰/威尔士和爱尔兰都拥有土地。（1931 年在苏格兰成立。）

＊**1897**　LCC 召开会议列举伦敦历史建筑名录。

＊**1898**　LCC 号召各方力量来关注和保护历史建筑。

＊**1900**　《英国古代纪念物保护法案》（*Ancient Monuments Protection Act*）颁布，扩展了 1882 年的法案，议会赋予纪念物保存和维护的权利。

＊**1900**　《英国村庄的维多利亚时期历史》（*Victoria History of the Counties of England*，*VCH*）出版第一卷。

1902　意大利全境的纪念物立法。

＊**1905**　杰勒德·布朗（Gerard Baldwin Brown）的《历史纪念物保护》（*Care of Ancient Monuments*）出版。

＊**1908**　英格兰/威尔士/苏格兰皇家历史古迹协会（Royal Commissions on Historical Monuments）任命（关注调查与存档）。

＊**1913**　《古代纪念物修改法案》（*Ancient Monuments Consolidation and Amendment Act*）颁布，1931 年再次修改，1953 年《历史建筑和古代纪念物法案》（*Historic Buildings and Ancient Monuments Act*，1953）、1972 年《野外纪念物法案》（*Field Monuments Act*，1972）都是在其基础上制定的。

＊**1921**　英国宗教场所理事会（Council for Places of Worship）/教堂保护理事会（Council for the Care of Churches）成立。

＊**1924**　英国古代纪念物协会（Ancient Monuments Society）成立。

＊**1924**　英国皇家优秀艺术品委员会（Royal Fine Art Commission）成立。

* **1926**   保护英格兰郊区理事会（Council for the Protection of Rural England）成立。

 1931   《雅典宪章》颁布。

* **1932**   城镇规划法案中提出"建筑保护规范"。地方政府被授权确保规范的落实。

 1932   法国区（Vieux Carré/French Quarter）委员会立法保护该区的历史建筑。

* **1937**   乔治小组（Georgian Group）成立。

* **1941**   英国国家建筑（后改为纪念物）档案设立。

* **1944-7**   城镇规划法案中要求政府汇集特殊风格或历史意义的建筑名录。

* **1946**   《登录建筑目录调查指导》（*Instruction to Investigators for the Listing of Building*）颁布。

* **1950**   关于乡村住宅的《高尔报告》（*Gower Report*）。

* **1951**   佩夫斯纳的《英国建筑》（*Buildings of England*）第一卷出版。

* **1953**   通过《历史建筑和古代纪念物法案》（*Historic Buildings and Ancient Monument Act*）（见1913年），英格兰历史建筑委员会（Historic Buildings Council for England）成立。

* **1957**   英国国民托管组织（Civic Trust）成立。

 1957   巴黎召开国际建筑师和技术人员会议。

* **1957**   英国"举目无亲的教堂的朋友协会"（Friends of Friendless Church）成立。

* **1958**   英国维多利亚协会（Victorian Society）成立。

* **1962**   《（历史建筑）地方管理法案》（*Local Authorities（Historic Buildings）Act*）授予产权者修缮历史建筑的许可和贷款。

 1962   法国"马尔罗法令"（Loi Malraux）对历史地区的认定/保护和修复。

 1964   《威尼斯宪章》（保护古迹与遗址的国际宪章）由新成立的国际古迹与遗址理事会（ICOMOS）在第二届建筑师与技术人员国际会议上通过。基于1931年的《雅典宪章》和巴黎会议（1957），该宪章由ICOMOS于1966年出版。

* **1967**   《城市宜人环境法》（*Civic Amenities Act*）提出了保护区的概念。

* **1968**   《城镇及乡村规划法案》（*Town and Country Planning Act*）废除了1932年的建筑保护规范和注意事项。提出了登陆建筑通过程序。提出了维修注意事项，建筑保护注意事项和未来强化保护性法规。皇家建筑不再排除在名单以外。

 1968   UNESCO建议书关注濒危文化资产的保护。

* **1968**   历史建筑保护研究协会（Association for Studies in the Conservation of Historic Buildings）成立。

 1968   北美保护技术协会（Association for PreservationTechnology）成立。

＊**1968** 《牧师法案》(*Pastoral Measure*)，主要关注英国的教堂。

＊**1969** 《冗余教堂和其他宗教建筑法案》颁布，设立冗余教堂基金（Redundant Churches Fund）。

1969 欧洲理事会通过《保护考古遗产的欧洲公约》。

＊**1969** 环境保护委员会（Committee for Environment Conservation）成立。

＊**1969** 登录名单的广泛审查开始。

＊**1971** 《城镇及乡村规范法案(强化条例)》。

＊**1972** 《城镇及乡村规范(修订)法案》；保护方案需要提供资金。

1972 《保护世界文化与自然遗产公约》(世界遗产公约)由 UNESCO 通过。提出世界遗产地概念。

＊**1972** 《野外纪念物法案》(*Field Monument Act*)。

＊**1974** 《城镇及乡村规范修订法案》强调了在保护区拆除的控制。

＊**1975** 抢救英国遗产(SAVE Britain's Heritage)成立。

1975 《建筑遗产欧洲宪章》(阿姆斯特丹声明)由欧洲理事会通过。该年被称为欧洲建筑遗产年。

＊**1975** RIBA/COTAC 联合研究组最终报告建议再建筑保护工程中目标、形式和内容的流程。

1976 UNESCO 建议书关注历史地段的保护和当代角色。

1976 《文化旅游宪章》(布鲁塞尔宪章)由 ICOMOS 通过。

1976 美国内政部长的《历史建筑修复标准》出版(1984 年修订)。

＊**1979** 《古代纪念物和考古区域法案》提出了考古遗址的通过机制，类似于登录建筑名单；同样提出了"考古地区"的概念，要求开发商要允许考古调查。

1979 保护文化意义的《澳大利亚宪章》(巴拉宪章)由澳大利亚 ICOMOS 通过(在 1981、1988、1999 年修订)。

＊**1979** 三十协会(Thirties Society)成立(后来更名为 20 世纪协会(Twentieth Century Society))。

＊**1980** 《国家遗产纪念物法案》(*National Heritage Memorial Act*)。

＊**1981** 保护者协会(Association of Conservation Officers)成立(见 1997 年)。

1982 保护历史园林的《佛罗伦萨宪章》由 ICOMOS 通过。

1982 《保护魁北克遗产宪章》(德尚博宣言)(*Deschambault Declaration*)由魁北克纪念物理事会，ICOMOS 加拿大法语委员会通过。

＊**1983** 《牧师法案》(*Pastoral Measure*)(见 1968 年)。

1983 保护和加强建成环境的《阿普尔顿宪章》(Appleton Charter)由 ICOMOS

加拿大英语委员会通过。

  ***1983**   国家遗产法案确立英格兰和古苏格兰历史建筑和纪念物委员会(English Heritage)。

  1984   美国内政部长的《修复标准和修复历史建筑指南》修订并由内政部出版,国家公园管理局,保护协助部门。

  ***1984**   《世界遗产公约》在英国被批准。

  1985   加拿大《伦理法规》(*Code of Ethics*)与《保护加拿大文化资产指南》由保护国 际 研 究 院 (International Institute for Conservation), 渥 太 华 保 护 者 小 组 (Conservators'Group)出版。

  1985   《欧洲建筑遗产保护公约》(*Convention for the Protection of the Architectural Heritage of Europe*)/《格拉纳达公约》(*Granada Convention*)由欧洲理事会通过。

  1987   《保护历史城镇与城区宪章》(*Charter for the Conservation of Historic Towns and Urban Areas*)由 ICOMOS 通过。

  1987   保护与复兴历史中心城区第一次巴西研讨会召开;《彼得罗波利斯宪章》(*Carta de Petropolis*)由 ICOMOS 巴西委员会出版。

  ***1987**   第 8/87 号文件颁布;政府保护政策的声明。"30 年规定"提出具有 30 年及以上历史的建筑可以考虑列入登录名单。(见 1994 年 PPG15)。

  ***1988**   具有特殊历史价值的英国公园与园林首次普查完成(见 1995 年)。

  1990   《考古遗产管理国际宪章》(*International Charter for Archaeological Heritage Management*)由 ICOMOS 通过。

  ***1990**   RICS(英国皇家测量师学会)建筑保护学位设立。

  ***1990**   《城镇与乡村规划法案》与《1990 年(登录建筑与保护地段)规划法案》,成为核心法案,强化与重申了 1971 年条例(及修订版)的条款。古代纪念物立法(见 1979 年)不受影响。

  ***1990**   《考古与规划的规划政策指南》(*Planning Policy Guidance Note on Archaeology and Planning*,PPG16)颁布。

  ***1991**   《历史建筑修缮:原则与方法》(*Repair of Historic Building*:*Advice on Principles and Methods*)的建议由英国遗产出版。

  ***1992**   国家遗产局(Department of National Heritage)从环境局拆分出来,下设艺术与遗产处,具有管理历史建筑的权限。

  ***1993**   国家博彩法案使得"遗产"基金的来源多了一种渠道。

  ***1993**   《关注教堂与教会管辖措施的实践条例》(*Code of Practice on the Care of*

Churches and Ecclesiastical Jurisdiction Measure)（英格兰教会常务宗教会议）。

1993 ICOMOS 关于古建筑、建筑群与遗址保护的教育与培训指南公布。

＊**1994** 《规划与历史环境的规划政策指南》（*Planning Policy Guidance Note on Planning and the Historic Environmen*，*PPG*15）颁布，替代了 8/87 号文件作为政府的官方声明。

＊**1995** 规划当局向英国遗产与园林历史协会咨询开发对登录园林（见 1988 年）的影响。在第二年提升了开发申请的门槛。

＊**1997** 文化、传媒与体育局成立；负责建成遗产处，取代了国家遗产局（见 1992 年）。

＊**1997** 历史建筑保护研究院（IHBC）由前保护者协会成员成立（见 1981 年）。

＊**1998** 《保护历史建筑准则的英国标准指导》（*British Standard Guide to Principles of Conservation of Historic Buildings*）出版（BS 7913）。

1999 《巴拉宪章》修改，由澳大利亚 ICOMOS 重新出版。

＊**2001-2** 规划与保护法规与条例广泛地进行修订。

图片来源

图 1-1　FICACCIL. Piranesi［M］. Taschen GmbH，2011：37.

图 1-2　MIELE C. From William Morris：building conservation and the arts and crafts cult of authenticity，1877-1939［M］. Yale University Press，2005：11.

图 1-3　Henry Pether，*York Water Gate and the Adelphi from the River by Moonlight*，Museum of London. https://en. wikipedia. org/wiki/York_House，_Strand

图 2-1　http://upload. wikimedia. org/wikipedia/commons/f/fe/Plan_of_Circus_Neronis_and_St. _Peters. gif

图 2-2　彼得·默里. 文艺复兴式建筑［M］. 王贵祥，译. 北京：中国建筑工业出版社，1999：72.

图 2-3　http://www. saintpetersbasilica. org/Plans/Maerten%20van%20Heemskerck-f52r-s. jpg

图 2-4　VICTOR H. Notre-Dame of Paris. Translated by John Sturrock. New York：Penguin，1978：187.

图 2-6　http://www. wikipaintings. org/en/william-hogarth/time-smoking-a-picture

图 2-7　http://documents. stanford. edu/67/52

图 2-8　https://en. wikipedia. org

图 2-10　DVOŘÁK M. Katechismus der Denkmalpflege［M］. Wien，1916：45.

图 2-11　http://en. structurae. de/persons/data/index. cfm? id＝d005843

图 2-12　PUGIN A N W. Contrasts［M］. Leicester University press，1973：52.

图 2-13 http://fr. wikipedia. org/wiki/Henri_Gr%C3%A9goire

图 2-14 BRINE J. The religious intention of the Cambridge Camden Society and their effect on the gothic revival [J]. Fabrications, 1990: 4-18.

图 2-15 CROOK J M. William Burges and the High Victorian Dream [M]. London: Murray, 1981: 55.

图 2-16 *The magazine Athenaeum*, 1842, vol. 5.

图 2-17 *Gentleman's Magazine*, LVII, 1797, 638.

图 3-1 J. Bentham, *The History and Antiquities of the Cathedral and Conventual Church of Ely*. Cambridge, 1771: pl. XLII. 转引自 LINDLEY P. "Carpenter's gothic" and gothic carpentry: contrasting attitudes to the restoration of the octagon and removals of the choir at Ely Cathedral [J]. Architectural History, 1987, 30: 88.

图 3-2 Browne Willis, *A Survey of the Cathedrals of Lincoln, Ely, Oxford and Peterborough* (London, 1730), between pages 332 and 333 转引自同上: 89.

图 3-3 剑桥图书馆馆藏文件 MS EDC 4/6/8/IW. 转引自同上: 91.

图 3-4 剑桥图书馆馆藏文件 MS EDC 4/6/8/it. 转引自同上: 93.

图 3-5 Victoria and Albert Museum. 转引自同上: 96.

图 3-6 Victoria and Albert Museum. 转引自同上: 97.

图 3-7 COCKE T H, ESSEX J. Cathedral restorer [J]. Architectural History, 1975, 18: 12-22.

图 3-8 SCOTT G G. Personal and professional recollections [M]. London: Sampson Low, Marston, Searle, and Rivington, 1879.

图 3-9 JORDAN W J. Sir George Gilbert Scott R. A. , Surveyor to Westminster Abbey 1849-1878 [J]. Architectural History, 1980, 23: 87.

图 3-10 同上: 87.

图 3-11　SCOTT G G. Gleanings from Westminster Abbey [M]. Nabu Press，2010：87.

图 3-12　同上：88.

图 3-13　http://en. wikipedia. org/wiki/File：Herbert_Railton_The_Chapter-House_A_Brief_Account _of_Westminster_Abbey_1894. jpg

图 3-14　DENSLAGEN W. Architectural restoration in western european：controversy and continuity [M]. The Netherlands：Architectura & Natura Press，1994：附图.

图 3-15　JORDAN W J. Sir George Gilbert Scott R. A. ，Surveyor to Westminster Abbey 1849-1878 [J]. Architectural History，1980，23：90.

图 3-16　同上

图 3-17　CAMILLE M. The gargoyles of Notre-Dame [M]. Chicago：The University of Chicago Press，1992：5.

图 3-18　Reiff D D. Viollet le Duc and historic restoration：the West Portals of Notre-Dame[J]. Journal of the Society of Architectural Historians，1971，30(1)：25.

图 3-19　同上

图 3-20　本杰明·穆栋(Benjamin Mouton)提供

图 3-21　同上

图 3-22　Reiff D D. Viollet le Duc and historic restoration：the West Portals of Notre-Dame[J]. Journal of the Society of Architectural Historians，1971，30(1)：18.

图 3-23　同上：24.

图 3-24　同上：117.

图 3-25　同上

图 3-26　同上

图 3-27   http://en. wikipedia. org/wiki/James_Wyatt

图 3-28   http://www. npg. org. uk/collections/search/portrait/mw38688/Richard-Gough

图 3-29   Frew J M. Richard Gough, James Wyatt, and late 18th-century preservation [J]. Journal of the Society of Architectural Historians, 1979, 38(4): 369.

图 3-30   DENSLAGEN W. Architectural restoration in western european: controversy and continuity [M]. The Netherlands: Architectura & Natura Press, 1994: 46.

图 3-31   http://fr. wikipedia. org/wiki/Fichier: John_Ruskin_self_portrait_1861. jpg

图 3-32   http://en. wikipedia. org/wiki/Edward_Augustus_Freeman

图 3-33   MADSEN S T. Restoration and anti-restoration [M]. Oslo: Universitetsforlaget, 1976: 附图

图 3-34   同上

图 3-35   同上

图 3-37   MIELE C. From William Morris: building conservation and the arts and crafts cult of authenticity, 1877-1939 [M]. Yale University Press, 2005: 30.

图 3-38   同上: 87.

图 3-39   同上: 88.

图 4-2   左图: MEIER B. Goethe in Trummern: vor vierzig Jahren: der Streit um den Wiederaufbau des Goethehauses in Frankfurt[J]. Germanic Review, 1988, 43: 185。右图: http://www.altfrankfurt. com/spezial/krieg/altstdt2/GrHirschgraben/

图 4-3   http://www. ldsdaily. com/

图 4-4   SO S, NAKAGAWA T, NISHIMOTO S I. The drainage system of the Bayon Complex and its problem : master plan for conservation and restoration the Bayon, Angkor Thom (I) [C]// Summaries of technical papers of meeting Architectural Institute of Japan. F-2, History and theory of architecture. Architectural Institute of Japan, 2002.

图 4-5　张鹏提供

图 4-6　同上

图 4-7　同上

图 4-8　同上

图 4-9　MASON R. Assessing values in conservation planning：methodological issues and choices. research report［R］. Los Angeles：The Getty Conservation Institute，2002：6-7.

图 4-10　同上

图 4-11　张桂佩提供

图 4-12　张桂佩提供

图 4-13　张桂佩提供

图 4-14　瓦西利基·艾莱夫特里乌,迪奥尼西娅·马夫罗马蒂,陈曦.雅典卫城修复工程——兼论几何信息实录的先进技术［J］.建筑遗产，2016(2)：36.

图 4-15　QUE W，JI Z. Richard A. Engelhardt (Editor-in-Chief)，Asia Conserved：Lessons Learned from the UNESCO Asia-Pacific Heritage Awards for Culture Heritage Conservation（2000 - 2004），ISBN：92-9223-117-0，Published in August 2007 by UNESCO Bangkok，Printed by Clung Wicha P［J］. Journal of Cultural Heritage，2008，9(2)：100.

图 4-16　同上：114.

图 4-17　同上：132.

图 5-1　HARBESON J F. The study of architecture design［M］. New York：WW Norton & Co，2008：157.

图 5-2　同上

图 5-3　上海现代建筑设计(集团)有限公司.共同的遗产:上海现代建筑设计集团历史建筑保护工程

实录[M].北京:中国建筑工业出版社,2009:58.

图 5-4 同上

图 5-5 清华大学建筑学院,宁波保国寺文物保管所.东来第一山:保国寺[M].北京:文物出版社,2003:32.

图 5-6 同上

图 5-7 王瑞珠,CHEN C.卸荷存真——应县木塔介入式维护方案研究[J].建筑遗产,2016(1):73.

图 5-8 侯卫东.从周萨神庙到茶胶寺——中国参与吴哥古迹研究与保护纪实[J].建筑遗产,2016(1):88.

图 5-9 张鹏提供

图 5-10 中国文物研究所.周萨神庙(世界遗产柬埔寨吴哥古迹)[M].北京:文物出版社,2007:280

图 5-11 同上:281.

图 5-13 国际古迹遗址理事会中国国家委员会.中国文物古迹保护准则[M].国际古迹遗址理事会中国国家委员会,2002:93.

图 5-14 常青研究室提供

图 5-15 常青研究室提供

图 5-19 淳庆.世界文化遗产:苏州留园曲溪楼修缮监测研究[M].苏州大学出版社,2015:55.

图 5-20 http://www.mmsonline.com/articles/on-the-waterfront-composite-marine-piles-build-on-success

参考文献

[1] 科林武德.历史的观念[M].何兆武,张文杰,译.北京:商务印书馆,1999.

[2] 罗宾·米德尔顿.新古典主义与18,19世纪建筑[M].北京:建筑工业出版社,2000.

[3] EARL J. Building conservation philosophy [M]. Shaftesbury:Donhead Publishing. 2003.

[4] PRICE N S,TALLEY M K,VACCARO A M. Historical and philosophical issues in the conservation of cultural heritage [G]. Los Angeles:Getty Conservation Institute. 1996.

[5] 曼弗雷多·塔夫里.建筑学的理论和历史[M].郑时龄,译.北京:中国建筑工业出版社,2010.

[6] 柯布西耶.明日之城市[M].李浩,译.北京:中国建筑工业出版社,2009.

[7] JOKILEHTO J. A history of architecture conservation [M],Oxford:Butterworth-Heinemann,2002.

[8] RAB S. The "monument"in architecture and conservation - theories of architectural significance and their influence on restoration,preservation,and conservation [D]. Georgia Institute of Technology,1997.

[9] 陈平.李格尔与艺术科学[M].杭州:中国美术学院出版社,2002.

[10] CHOAY F. The invention of the historic monument [M]. Cambridge University Press,2000.

[11] WOODWARD C. In ruins [M]. Pantheon,2002.

[12] MIELE C. From William Morris:building conservation and the arts and crafts cult of authenticity,1877-1939 [M]. Yale University Press,2005.

[13] 卢永毅.建筑理论的多维视野[G].北京:中国建筑工业出版社,2009.

[14] 常青.历史建筑修复的"真实性"批判[J].时代建筑,2009(3):118-121.

[15] 阮仪三.文化遗产保护的原真性原则[J].同济大学学报(社会科学版),2003,14(2):1-5.

[16] 王景慧.真实性和原真性[J].城市规划,2009(11):87.

[17] 张松.建筑遗产保护的若干问题探讨——保护文化遗产相关国际宪章的启示[J].城市建筑,2006(12):8-11.

[18] 陆地.风格性修复理论的真实与虚幻[J].建筑学报,2012(6):18-22.

[19] 郑时龄.建筑理性论:建筑的价值体系与符号体系[M].台北:田园城市文化事业有限公司,1996.

[20] 陈嘉明.现代性与后现代性十五讲[M].北京:北京大学出版社,2006.

[21] 黑格尔.法哲学原理[M].范扬,等,译.北京:商务印书馆,1961.

[22] 汪晖.汪晖自选集[G].桂林:广西师范大学出版社,1997.

［23］ 佘碧平. 现代性的意义与局限［M］. 上海：三联书店，2000.

［24］ 康德. 历史理性批判文集［M］. 何兆武，译. 北京：商务印书馆，1991.

［25］ PEVSNER N. Pioneers of modern design［M］. Harmondsworth，Middlesex：Pelican，1960.

［26］ GLENDINNING M. A cult of the modern age［J］. Context，2000(68)：13-15.

［27］ BRETT D. The construction of heritage［M］. Cork University Press，1996.

［28］ JOKILEHTO J. A history of architectural conservation ［M］. Oxford：Butterworth-Heinemann，1999.

［29］ GRAHAM B，ASHWORTH G J，TUNBRIDGE J E. A geography of heritage［M］. London：Arnold，2000.

［30］ DELLHEIM C. The face of the past：the preservation of the medieval inheritance in Victorian England［M］. Cambridge University Press，1982.

［31］ 朱学勤. 卢梭二题［J］. 读书，1992(6)：67-75.

［32］ 马克斯·韦伯. 经济与社会(上卷)［M］. 林荣远，译. 商务印书馆，1997.

［33］ 雅克·巴尔赞. 从黎明到衰落：西方文化生活五百年 ［M］. 林华，译. 北京：世界知识出版社，2002.

［34］ LOWENTAL D. The past is a foreign country［M］. New York：Cambridge University Press，2011.

［35］ HELLER A. Renaissance man［M］. London：Routledge & Kegan Paul，1978.

［36］ PETRARCH F. Letters from Petrarch［M］. Indina University Press，1966.

［37］ THOMAS K. Religion and the Decline of Magic ［M］. London：British Museum/Colonnade，1981.

［38］ 范景中. 美术史的形状［M］. 北京：中国美术学院出版社，2003.

［39］ 阿尔伯蒂. 阿尔伯蒂论建筑［M］. 王贵祥，译. 北京：中国建筑工业出版社，2010.

［40］ 彼得·默里. 文艺复兴式建筑［M］. 王贵祥，译. 北京：中国建筑工业出版社，1999.

［41］ 雅克·勒高夫(Jacques Le Goff). 历史与记忆［M］. 方仁杰，等，译. 北京：中国人民大学出版社，2010.

［42］ 黑格尔. 美学(第一卷)［M］. 朱光潜，译. 北京：商务印书馆，1979.

［43］ 艾瑞克·霍布斯鲍姆. 革命的年代：1789—1848［M］. 王章辉，译. 南京：江苏人民出版社，1999.

［44］ MILL J S. The spirit of the age (1831)［M］. New Youk：Collier，1965.

［45］ CROOK J M. William Burges and the High Victorian Dream［M］. London：Murray，1981.

［46］ PEVSNER N. Some architectural writers of the nineteenth century ［M］. Oxford：Clarendon，1972.

［47］ DE MUSSET A. Oeuvres completes：Prose［G］. Paris：Gallimard，1960.

［48］ SUMMERSON J. Evaluation of Victorian architecture［J］. Victorian Society Annual，1968-9.

［49］ 雨果. 巴黎圣母院［M］. 陈敬容，译. 北京：人民文学出版社，1982.

［50］ CAMILLE M. The gargoyles of Notre-Dame［M］. Chicago：The University of Chicago Press，1992.

[51] 约翰·罗斯金.建筑的七盏明灯[M].张璘,译.济南:山东画报出版社,2006.

[52] 曼弗雷多·塔夫里.现代建筑[M].刘先觉,等,译.北京:中国建筑工业出版社.

[53] BLOCH M. Apologie pour l'histoire ou metier d'historien [M]. Paris: Colin, 1974.

[54] GIOVANNONI G. Norme per il restauro dei monumenti [Z]. 1932.

[55] 尤嘎·尤基莱托.建筑保护史[M].郭旃,译.北京:中华书局,2011.

[56] 波林·罗斯诺.后现代主义与社会科学[M].上海:上海译文出版社,1998.

[57] HEIDEGGER M. Poetry, Language, Thought [G]. London & New York: Harper & Row, 1975: 79.

[58] 高秉江.胡塞尔的内在时间意识与西方哲学的时间观[J].求是学刊,2001(11):29-35.

[59] BELLINI A. La Carta di Venezia trent'anni dopo: documento operativo od oggetto di riflessione storica? [J]. Restauro, 1995, 131-132: 126-127.

[60] 中国诗歌库.杜·贝莱(Joachim du Bellay)诗选[EB/OL].程依荣,译.[2016-08-26]. http://www.shigeku.org/shiku/ws/wg/bellay.htm.

[61] JOKILEHTO J. A history of architecture conservation [D]. University of York, 1986.

[62] 汉诺-沃尔特·克鲁夫特.建筑理论史:从维特鲁威到现在[M].王贵祥,译.北京:中国建筑工业出版社,2005.

[63] 张松.城市文化遗产保护国际宪章与国内法规[M].上海:同济大学出版社,2007.

[64] 迈耶.美术术语与技法词典[Z].邵宏,杨小彦,等,译.广州:岭南美术出版社,1992.

[65] 瓦萨里.著名画家、雕塑家、建筑家传[M].刘明毅,译.北京:中国人民大学出版社,2004.

[66] BATTISTI C, ALESSIO G. Dizionario etimologico italiano [Z]. Florence: G. Barbera, 1954.

[67] REYNOLDS B. The Cambridge Italian dictionary, vol. I [Z]. Cambridge: Cambridge University Press, 1962.

[68] HOGARTHW. The analysis of beauty (1753) [M]. New Haven-London, 1997.

[69] CONTI A, GLANVILLE H. History of the restoration and conservation of works of art [M]. Routledge, 2014.

[70] LIOTARD J É. Traité des principes et des regles de peinturè (1781) [M]. Geneva, 1945.

[71] 罗宾·米德尔顿,戴维·沃特金.新古典与19世纪建筑[M].北京:中国建筑工业出版社,2006.

[72] 唐纳德·雷诺兹.剑桥艺术史:19世纪艺术[M].钱乘旦,译.上海:译林出版社,2008.

[73] BOULTON J T. A philosophical inquire into the origin of our ideas of the sublime and the beautiful [M]. Oxford: Basil Blackwell Ltd., 1987.

[74] 威廉·弗莱明,玛丽·马里安.艺术与观念[M].宋协立,译.北京:北京大学出版社,2008.

[75] 里格尔(Alois Riegl).罗马晚期的工艺美术[M].陈平,译.北京:北京大学出版社,2010.

[76] 梅尼克.历史主义的兴起[M].陆月宏,译.南京:译林出版社,2010.

[77] 尼采.不合时宜的沉思[M].李秋零,译.上海:华东师范大学出版社,2007.

[78] RIEGL A. Der moderne Denkmalkultus [G]// Oppositions, selected readings from a journal for ideas and criticism in architecture 1973-1984. Princeton, 1998: 621-653.

［79］ DEHIO G. Kunsthistorische Aufsätze［G］. Muünchen，Berlin，1914.

［80］ BACHER E. Kunstwerk oder Denkmal? Alois Riegls Schriftenzur Denkmalpflege［G］. Wien，Köln，Weimar，1995.

［81］ DEHIO G. Geschichte der deutschen Kunst，vol 1［M］. Berlin，1930.

［82］ DVOŔÁK M. Katechismus der Denkmalpflege［M］. Wien，1916.

［83］ HOUGHTON W E. The Victorian frame of mind 1830-1870［M］. Oxford：Oxford University Press，1957.

［84］ 叶建军. 评 19 世纪英国的牛津运动［J］.世界历史，2007(6)：23-33.

［85］ KEBLE J. The Christian Year；Lyra Innocentium；and others poems；together with his sermon on "National Apostasy"［M］. Oxford：Oxford University Press，1914.

［86］ 克里斯托弗·哈维，科林·马修. 19 世纪英国［M］.韩敏中，译.北京：外语教学与研究出版社.

［87］ PEVSNER N，FAWCETT J. The future of the past：attitudes to conservation 1174-1974. London：Thames & Hudson Inc. ，1976.

［88］ PUGIN A N W. Contrasts［M］. Leicester University press，1973.

［89］ LOOSELEY D L. The politics of fun：cultural policy and debate in contemporary France［M］. Oxford：Berg Publishers，1995.

［90］ 邵甬.法国建筑、城市、景观遗产的保护与价值重现［M］.上海：同济大学出版社，2010.

［91］ SCHIDGEN B D. Heritage or heresy：preservation and destruction of religious art and architecture in europe［M］. Palgrave Macmillan，2008.

［92］ SAX J L. Historic preservation as a public duty：the Abbe Gregoire and the origin of an idea［J］. Michigan Law Review，1990，88(5)：1142-1169.

［93］ MURPHY K D. Memory and modernit，Viollet-Le-Duc at Vezelay［M］. Pennsylvania State University Press，1999.

［94］ BOURDIEU P，DARBEL A. L'amour de l'art［M］. Paris：Minuit，1966.

［95］ 本尼迪克特·安德森.想象的共同体［M］.吴叡人，译.上海：上海人民出版社，2011.

［96］ EVANS J. A history of the Society of Antiquaries［M］. London，1956.

［97］ BRINE J. The religious intention of the Cambridge Camden Society and their effect on the gothic revival［J］. Fabrications，1990：4-18.

［98］ WHITE J F. Cambridge movement：the ecclesiologists and the gothic revival ［M］. Cambridge：Cambridge University Press，1979.

［99］ CLARK K. The gothic revival, an essay in the history of taste［M］. J. Murray，USA，1974.

［100］ STANTON P B. The gothic revival & American church architecture：an episode in taste，1840-1856［M］. The Johns Hopkins Press，1968.

［101］ Anon. Waterhouse, the ravages of restoration［J］. Athen um，1878(2655)：345.

［102］ Anon. Theory of restoration［J］. The Builder，1870，XXVIII：649.

［103］ Anon. Moderation in restoration［J］. The Builder，1870，XXVIII：202.

［104］ SHARPE E. Against restoration［J］. The Builder，1873，XXXI：672.

[105] 以赛亚·伯林. 反潮流——观念史论文集[M]. 冯克利, 译. 南京: 译林出版社, 2002.

[106] SCOTT G G. On the conservation of ancient architectural monuments and remains [G]// Sessional Papers of the RIBA, 1862: 65-84.

[107] BARDESCHI C D, MESSERI B. Dal restauro alla conservazione[G]. Florence: Alinea Editrice, 2008.

[108] MADSEN S T. Restoration and anti-restoration [M]. Oslo: Universitetsforlaget, 1976.

[109] SCOTT G G. A rely to Mr. Stevenson [J]. Sessional Papers of the RIBA, 1877, 27: 242-256.

[110] SCOTT G G. A plea for the faithful restoration of our ancient churches [M]. London: John Henry Parker, 1850.

[111] RUSKIN J. The seven lamps of architecture (first edition 1849) [M]. London: George Allen and Unwin, 1925.

[112] THORNE J. Handbook to the environs of London. Vol. I [M]. [S. l.]: [S. n.], 1876.

[113] Anon. Annual report of the Society for the Protection of Ancient Buildings [J]. [S. l.]: [s. n.], 1880: 29.

[114] RICHMOND W B. The impossibility of restoration [J]. Annual Report of the Society for the Protection of Ancient Buildings, 1891: 47.

[115] STREET G E. Destructive restoration on the continent [J]. The Ecclesiologist, 1857, XVIII: 342.

[116] BODLEY G F. Church restoration in France [J]. The Ecclesiologist, 1861, XXI: 70-77.

[117] Anon. The Ecclesiological Society's debate on French restoration [J]. The Ecclesiologist, 1861, XXI: 215.

[118] MÉRIMÉE P. Rapport sur la restauration de Nôtre Dame de Paris [R]. 1845.

[119] VIOLLET-LE-DUC E-E. Dictionnaire raisonné de l'architecture française [Z]. Paris, vol. VIII, 1866.

[120] BORDEAUX R. Questions Ecclésiologiques [J]. Revue de l'art chrétien , 1866, X: 437-47.

[121] DE LASTEYRIE R. Conservation ou restauration [J]. L'Ami des monuments, 1889, III: 36-41.

[122] LASSUS A. A propos de la conservation des monuments [J]. L'Ami des monuments, 1890, IV: 8-12.

[123] LEROY-BEAULIEU A. La Restoration de nos monuments historique [J]. L'Ami des monuments, 1891, V: 192-203, 255-273.

[124] PLANAT P. Response [J]. L'Ami des monuments, 1891, VI: 49-52.

[125] CLOQUET L. Restauration des monuments anciens [J]. Bulletin de cercle historique et archaéologique de Grand, 1894, I: 23-47, 49-72, 77-106.

[126] DUCLOS A. Quels sont les principes généraux qui doivent prévaloir dans la restauration des monuments réligieux du moyen âge [J]. Bulletin de la Gilde de St. Thomas et de St. Luc,

1874-76，III：32-48.

[127] STRZYGOWSK J. Der Dom zu Aachen und seine Entstellung [M]. Leipzig，1904.

[128] COCKE T H，ESSEXJ. Cathedral restorer [J]. Architectural History，1975，18：12-22.

[129] LINDLEY P. "Carpenter's gothic" and gothic carpentry：contrasting attitudes to the restoration of the octagon and removals of the choir at Ely Cathedral [J]. Architectural History，1987，30：83-112.

[130] FERRIDAY P. The church restorers [J]. Architectural Review，1964：93.

[131] JORDAN W J. Sir George Gilbert Scott R. A.，Surveyor to Westminster Abbey 1849-1878 [J]. Architectural History，1980，23：60-90.

[132] SCOTT G G. Personal and professional recollections [M]. London：Sampson Low，Marston，Searle，and Rivington，1879.

[133] JACOBUS J M. The Architecture of Viollet-le-Duc [Z]. unpublished Ph. D. dissertation Yale University，1956.

[134] VIOLLET-LE-DUC E-E. Discourse on architecture [M]. trans. VAN BRUNT H. Boston，1875.

[135] DIDRON A-N. Notre-Dame est solide et n'apas besoin de réparation [J]. L'Univers 1841，5：311.

[136] SCHMIT J-P. Nouveau manuel complèt de l'architecte [M]. Paris，1845.

[137] Anon. Le vieux monuments ont fait toilette [J]. Le Journal amusant，1856(6)：2.

[138] VIOLLET-LE-DUC E-E. Entretiens sur l'architecture [M]. translated in Lectures，vol. 1. New York：Dover，1987.

[139] NULL J A. Restorers，villains，and vandals [J]. Bulletin of the Association for Preservation Technology，1985，17(3/4)，Principles in Practice：26-41.

[140] DENSLAGEN W. Architectural restoration in western european：controversy and continuity [M]. The Netherlands：Architectura & Natura Press，1994.

[141] ADDLESHAW G W O，ETCHELLS F. The architectural setting of anglican worship [M]. London：Faber and Faber，1948.

[142] PUGIN A W N. The true principles of pointed or Christian architecture [M]. London，1841.

[143] EASTLAKE C L. A history of the gothic revival [M]. Leicester University Press，1970.

[144] SKARMEAS G C. An analysis of architectural preservation theories：from 1790-1975 [D]. University of Pennsylvania，1983.

[145] Anon. Annals of the Masonry carried out by Henry Poole 1856-77 [J]. RIBA Journal，1890 (Jan. -Apr)：113.

[146] LEWIN S Z. The preservation of natural stone，1839-1965：an annotated bibliography [M]. International Institute for Conservation of Historic and Artistic Works，1966.

[147] MARSH J E. Preservation of stone：US，1 607 762 [P]. 1926-11-23.

[148] HEATON N. The preservation of stone [J]. J. Roy. Soc. Arts，1921，70：124-39.

[149] MANIKOWSKY V. The weathering of our large monuments [J]. Die Denkmalpflege，1910，12(7)：51-4.

[150] LAURIE A P. Stone decay and the preservation of buildings [J]. J. Soc. Chem. Ind. ，1925，44：86T-92T.

[151] BURNELL G R. On the present tendencies of architecture and architectural education in France [G]//Royal Institute of British Achitects. Sessional Papers，1864-65. 1865：127-37.

[152] DONOVAN A E. William Morris and the Society for the Protection of Ancient Buildings [M]. London：Routledge，2007.

[153] 彼得·拉克汉姆. 英国的遗产保护与建筑环境[J]. 城市与区域规划研究，2008(3)：160-185.

[154] SPAB Committee. Notes on the repair of ancient buildings [R]. London，1903.

[155] MARCUSE H. One-dimensional man. studies in the ideology of advanced industrial society [M]. London and New York：Beaeon Press，1991.

[156] 哈贝马斯. 作为意识形态的技术与科学[M]. 李黎，郭官义，译. 上海：学林出版社，1999.

[157] SANCHEZ HERNAMPEREZ A. Paradigmas conceptuales en conservación [EB/OL]. http://palimpsest. stanford. edu/byauth/hernampez/canarias. html.

[158] KIRBY TALLEY JR. M. Conservation，science and art：plum，puddings，towels and some steam [J]. Museum Management and Curatorship，1997，15(3)：271-283.

[159] ASHURST J. Conservation of ruins [M]. Butterworth-Heinemann，2006.

[160] STOVEL H. Considerations in framing the authenticity question for conservation，Nara Conference on Authenticity [M]. Nara：Japan Agency for Cultural Affairs；UNESCO，1994.

[161] ROWNEY B. Charters and ethics of conservation：a cross-cultural perspective [D]. University of Adelaide，2004.

[162] STOVEL H. Effective use of authenticity and integrity as World Heritage qualifying conditions [J]. City & Time，2007，2(3).

[163] CLAVIR M. Preserving what is valued. museums，conservation，and First Nations [M]. Vancouver：UBC Press，2002.

[164] SALVADOR M V. Contemporary theory of conservation [J]. Reviews in Conservation，2002，3：44.

[165] CAPLE C. Conservation skills. judgement，method and decision making [M]. London：Routledge，2000.

[166] 陈平. 李格尔与"艺术意志"的概念[J]. 文艺研究，2001(5).

[167] PEARCE S M. Museums of anthropology or museums as anthropology? [J]. Anthropologica，1999，41(1)，Anthropologie et musées：27.

[168] ARIZPE L. Cultural heritage and globalization [M]. The Getty Conservation Institute，2000.

[169] JENSEN U J. Cultural heritage，liberal education，and human flourishing [M]. The Getty Conservation Institute，2000.

[170] LOWENTHAL D. Stewarding the past in a perplexing present [M]. The Getty Conservation

Institute，2000.

[171] BLUESTONE D. Challenges for heritage conservation and the role of research on values [M]. The Getty Conservation Institute，2000.

[172] 约基莱赫托. 保护纲领的当代挑战及其教育对策[J]. 建筑遗产，2016(1)：4-9.

[173] HUYSSEN A. Present pasts：urban palimpsests and the politics of memory [M]. Stanford University Press，2003.

[174] URRY J. The tourist gaze [M]. London：Sage，1990.

[175] BUCAILLE R，PESEZ J-M. Cultura materiale in Enciclopedia：V，IV [Z]. Turin：Giulio Einaudi，1978.

[176] ROSSI A. The architecture of the city [M]. Cambridge，MA：MIT P，1982.

[177] CARTER E，Donald J，SQUIRES J. Space and place：theories of identity and location[J]. London：Lawrence，1993.

[178] LOWENTHAL D. The past is a foreign country [M]. Cambridge：Cambridge UP，1985.

[179] MEIER B. Goethe in Trummern：vor vierzig Jahren：der Streit um den Wiederaufbau des Goethehauses in Frankfurt [J]. Germanic Review，1988，43：185.

[180] DIEFENDORF J. In the wake of war：the reconstruction German cities after world war II [M]. New York：Oxford，1993.

[181] HUBBARD P. The value of conservation：a critical review of behavioural research [J]. TPR，1993，64：365.

[182] DELAU R. Ein Stadtbild in der Diskussion：erstarrt Dresden zur historischen Kulisse? [N] Suddeutsche Zeitung，1994-04-26：N. pag. Lexis Nexis Academic.

[183] ASCH K. Rebuilding Dresden [J]. History Today 49 .1999：3-4.

[184] SOL -MORALES I，Patrimonio arquitectónico o parque temático [J]. Loggia，Arquitectura & Rehabilitación，1998(5)：30-35.

[185] AVRAMI E. Values and heritage conservation：report on research [R]. Los Angeles：The Getty Conservation Institute，2000.

[186] MASON R. Assessing values in conservation planning：methodological issues and choices. research report [R]. Los Angeles：The Getty Conservation Institute，2002.

[187] 艾莱夫特里乌. 雅典卫城修复工程:兼论几何信息实录的先进技术[J].建筑遗产，2016(2)：71-93.

[188] 朱启钤.中国营造学社开会演词[J].中国营造学社汇刊，1930，1(1).

[189] 李士桥.现代思想中的建筑[M].北京:中国水利水电出版社，2009.

[190] 张十庆.民国时期的一项文化遗产保护工程:角直保圣寺古塑像的保护[J].建筑遗产，2016(1)：160.

[191] 张松.中国历史建筑保护实践的回顾与分析[J].时代建筑，2013(4)：24.

[192] 姚诗德,郑桂星.光绪巴陵县志[M].岳麓书社，2008.

[193] 周易知.从岳阳楼修复史看中国传统修复观[D].申请同济大学建筑学硕士学位论文，2011.

[194] 梁思成.修理故宫景山万寿亭计划[G]//梁思成.梁思成文集(二).北京:中国建筑工业出版社,1984:212.

[195] 梁思成.蓟县独乐寺观音阁山门考[G]//梁思成.梁思成文集(一).北京:中国建筑工业出版社,1984:221.

[196] 梁思成.曲阜孔庙之建筑及其修缮计划[G]//梁思成.梁思成文集(三)[M].北京:中国建筑工业出版社,1984:1.

[197] 梁启超.饮冰室合集·文集29[M].中华书局,1989.

[198] 梁启超.饮冰室合集·文集29[M].中华书局,1989.

[199] 梁启超.饮冰室合集·专集16[M].中华书局,1989.

[200] 梁思成.祝东北大学建筑系第一班毕业生[G]//梁思成.梁思成文集(一)[M].北京:中国建筑工业出版社,1984:313.

[201] 梁思成.为什么研究中国建筑[G]//梁思成文集(三)[M].北京:中国建筑工业出版社,1984:377.

[202] 赖德霖.梁思成、林徽因:中国建筑史写作表微[J].二十一世纪,2001(4):90-99.

[203] 林徽因.林徽因文集(文学卷)[M].天津:天津百花文艺出版社,1999.

[204] 王红军.美国建筑遗产保护历程研究——对四个主题事件及其相关性的剖析[D].同济大学,2006.

[205] 林徽因.论中国建筑之几个特征[J].中国营造学社汇刊,1932-3,3(1).

[206] 梁思成.平郊建筑杂录(上)[G]//梁思成.梁思成文集(一).北京:中国建筑工业出版社,1984:293.

[207] HARBESON J F. The study of architecture design [M]. New York:WW Norton & Co,2008.

[208] 彼得·柯林斯.现代建筑设计思想的演变[M].北京:中国建筑工业出版社,2003.

[209] 关野贞.日本古代建筑物之保存[J].中国营造学社汇刊,1932,3(2):101-123,119.

[210] 陈志华.谈文物建筑的保护[J].世界建筑,1986(3):15.

[211] Ш·E·娜基亚.苏联建筑纪念物的保护工作[J].罗哲文,译.文物参考资料,1956(9).

[212] 林洙.建筑师梁思成[M].天津:天津科学技术出版社,1997.

[213] 王其明."修旧如旧"感言[G]//中国文物学会传统建筑园林委员会.建筑文化遗产的传承与保护论文集.天津:天津大学出版社,2011:45.

[214] 楼庆西.重读梁思成的文物建筑保护思想[G]//朱诚如.中国紫禁城学会论文集(第四辑).北京:紫禁城出版社,2004.

[215] 关肇邺.从"假古董"谈到"创新"[J].建筑学报,1987(3):14.

[216] 常青.瞻前顾后,与古为新:同济建筑与城市遗产保护学科领域述略[J].时代建筑,2012(3):42-47.

[217] 陈志华.必须坚持"可识别性原则"[N].中国文物报,2002-08-30(3).

[218] 董卫.一座传统村落的前世今生—新技术、保护概念与乐清南阁村保护规划的关联性[J].建筑师,2005(6).

［219］ 陆地.《历史性木结构保存原则》解读［J］.建筑学报，2007(12).

［220］ 中国文物学会传统建筑园林委员会.建筑文化遗产的传承与保护论文集［G］.天津：天津大学出版社，2011.

［221］ 上海现代建筑设计(集团)有限公司.共同的遗产：上海现代建筑设计集团历史建筑保护工程实录［M］.北京：中国建筑工业出版社，2009.

［222］ 巨凯夫.上海真如寺大殿形制探析［D］.东南大学，2010：39.

［223］ 梁思成.杭州六和塔复原状计划［G］//梁思成.梁思成文集(二).北京：中国建筑工业出版社，2001：355.

［224］ 清华大学建筑学院，宁波保国寺文物保管所.东来第一山：保国寺［M］.北京：文物出版社，2003.

［225］ 中国文物研究所.周萨神庙(世界遗产柬埔寨吴哥古迹)［M］.北京：文物出版社，2007.

［226］ 罗哲文."康乾盛世"是紫禁城宫殿建筑最辉煌的一段历史时期——兼谈有中国特色的文物建筑保护维修的理论与实践问题［J］.故宫博物院院刊，2005(5).

［227］ 祝东海.生活在此处——上海步高里的生活空间演变研究［D］.申请同济大学硕士论文，2010.

索引

后　记

我生于金陵,长于金陵。秦淮河边的那些旧街僻巷早已和儿时的回忆一起,湮没在旧城改造的洪流中。当我再回到故乡时,再也找寻不到在繁华的三山街背后,曾经存在过的,如此精巧的,尽管低矮,逼仄,潮湿,但又温暖和安全的铜作坊。幸好,今天越来越多的人认识到建筑遗产所包含的价值,认识到其所承载的文化寓意与地方属性,也有越来越多的人投身到遗产保护这份伟大的事业当中。

建筑遗产保护已经成为时代的显学,我很荣幸能将自己的学术研究融入到这股浪潮中。书稿倾注了我六年的时光,这也是我人生最重要的时光:从一个懵懂的学子逐步开始思考社会问题,并试图寻找原因和答案。我还记得博士研究生开题时的兴奋与茫然、查阅资料的艰难与不眠不休、写作遇到瓶颈时的痛苦与踟蹰,以及在不断修改过程中的反思与再反思。

在博士论文撰写过程中,我始终得到了导师常青先生和师母华耘女士的悉心指导和亲切关怀。从论文的选题、资料的搜集到最终成文,常青先生都倾注了大量的心血。先生治学严谨,思路宏阔,目光敏锐,时常指出我论文中的谬误,为我厘清研究的线索。在陷入困境时,与先生的讨论总是能让我豁然开朗。跟随常青先生多年,他对我无论是学术还是为人上的教诲都难以用短短的文字表达。先生和师母对学生的宽容与理解,以及生活上的关怀也时常让我感念在心。

本书依托于常青先生主持的"十一五"国家科技支撑计划课题:"重点历史建筑可持续利用与综合改造技术研究"。在课题支持下,我获得了大量珍贵资料,包括国内外关于保护思想发展的各种研究书籍、文章,为我创造了非常良好的写作条件。同时,课题组中的卢永毅、张松、钱宗灏、李浈、戴仕炳、唐玉恩、陆地、朱晓明等诸位学者、老师的观点与意见都成为我论文的重要依托。在此,对所有参与过该课题研究,给予我以启发的课题组成员致以感谢。

研究过程中还多次向国内外其他著名专家、学者请教,展开访谈调研。上海保护界的章明、谭玉峰先生曾给予了重要的指导,感谢台湾的阎亚宁、薛琴、傅朝卿、李东明、郑钦方等学者的协助,黄天浩、林钜贸建筑师的介绍与讨论,与你们的交谈扩展了我写作的思路,让我能够了解两岸对建筑遗产保护问题不同的认识途径与发展阶段。而研究兴趣相近的 ROMUALDO DEL BIANCO 基金会的 András MORGÓS 博士也就保护的伦理问题多次与我邮件讨论,拓展了我的思路。

另外还要感谢研究室王红军、沈黎、董珂、董一平、刘旻、齐莹、蒲仪军、都銘、舒畅雪、尧云、李颖春、邹勋、陈慧倩、汤诗旷、付涌、华轲、周易知、睢燕等学长与好友的帮助。

感谢《建筑遗产》编辑部的同仁们,是你们在我写作最忙碌的时期,分担了大量的工作,同时也督促及启发我完成书稿。在此对刘雨婷、刘涤宇、祝东海等诸位同仁致以感谢。

感谢我曾经求学过的东南大学、香港大学、德国包豪斯欧洲城市研究中心的支持和帮助。

感谢国家自然科学基金委对本书出版的支持。

感谢我的父母,你们的支持是我前行的勇气。在研究工作的艰辛过程中,先生张鹏给予了无微不至的帮助,我们时常为一个问题讨论至凌晨。这些讨论成为家庭生活中最独特的人生经历。

最后,本论文送给我亲爱的宝贝,你的记忆将延续我们的过去!

陈曦

2016 年 11 月 30 日